"无废城市"
建设的探索与实践

WUFEI CHENGSHI
JIANSHE DE TANSUOYU SHIJIAN

生态环境部固体废物与化学品管理技术中心 / 编

主 编
刘国正

副主编
胡华龙 陈 瑛

中国环境出版集团·北京

图书在版编目（CIP）数据

"无废城市"建设的探索与实践/生态环境部固体废物与化
学品管理技术中心编；刘国正主编. —北京：中国环境出版集团，
2021.11（2023.10 重印）

ISBN 978-7-5111-4164-4

Ⅰ. ①无… Ⅱ. ①生… ②刘… Ⅲ. ①城市—固体废物
处理—研究 Ⅳ. ①X705

中国版本图书馆 CIP 数据核字（2021）第 234729 号

出 版 人	武德凯	
责任编辑	韩　睿	
责任校对	任　丽	
封面设计	岳　帅	

出版发行	中国环境出版集团
	（100062　北京市东城区广渠门内大街 16 号）
	网　　　址：http://www.cesp.com.cn
	电子邮箱：bjgl@cesp.com.cn
	联系电话：010-67112765（编辑管理部）
	发行热线：010-67125803，010-67113405（传真）
印　　刷	北京盛通印刷股份有限公司
经　　销	各地新华书店
版　　次	2021 年 11 月第 1 版
印　　次	2023 年 10 月第 2 次印刷
开　　本	787×960　1/16
印　　张	21.25
字　　数	343 千字
定　　价	116.00 元

编　委　会

主　编：刘国正

副主编：胡华龙　陈　瑛

编写组（按姓氏拼音排序）：

郭琳琳　侯　琼　胡　楠　兰孝峰　梁浩轩

刘　刚　罗庆明　马嘉乐　秦天羽　桑　宇

佘玲玲　滕婧杰　王　芳　王永明　薛　军

张宏伟　张　喆　赵娜娜　郑　洋

前　言

　　受制于传统生产、生活方式的影响，我国固体废物污染防治形势不容乐观。我国工业活动强度居于世界首位，是全球第一大资源能源生产国和消费国，也是工业固体废物产生大国，一般工业固体废物、危险废物、生活垃圾、农业固体废物等的产生量巨大[1]。2016—2019 年，我国一般工业固体废物产生量由 37.1 亿吨上升至 44.1 亿吨，危险废物产生量由 2016 年的 5 219.5 万吨上升到 2019 年的 8 126.0 万吨。全国生活垃圾清运量总体呈现逐年增加的态势，由 2009 年的不足 1.6 亿吨增加到 2019 年的 2.42 亿吨。每年产生畜禽养殖废弃物近 40 亿吨，主要农作物秸秆约 10 亿吨，建筑垃圾约 20 亿吨[2, 3]。全国每年新增固体废物 100 多亿吨，历史堆存总量高达 600 亿~700 亿吨。工业固体废物大量堆存导致大气扬尘、土壤和地下水环境污染等问题十分突出，环境突发事件时有发生，已经成为影响区域环境质量改善和局部地区社会稳定的突出问题之一。一些地区危险废物、生活垃圾等固体废物的产生量大面广，减量化、资源化滞后，地方政府组织建设处置设施责任落实不到位，处置能力缺口较大，导致存量固体废物有增无减，部分地区固体废物贮存环境风险隐患突出。废物处置设施建设"邻避效应"凸显，社会风险不容忽视。从城市整体层面深化固体废物综合管理改革，统筹经济社会发展中的固体废物管理，系统推进固体废物减量化、资源化和无害化，最大限度地降低对生态环境的影响，已势在必行。

　　党中央、国务院高度重视固体废物污染治理工作。党的十八大以来，以习近平同志为核心的党中央把生态文明建设和生态环境保护摆在治国理政的突出位置，对固体废物污染治理的重视程度前所未有。习近平总书记多次就推进垃圾分类、禁止洋垃圾入境、应对塑料污染等固体废物污染防治工作作出重要指示。党的十九大报告中明确提出，加快生态文明体制改革，建设美丽中国，并要求加强固体废弃物和垃圾处置。党的十九届五中全会审议通过的《中共中央关于制定国民经济和社会发展第十四个五年规划和二〇三五年远景目标的建议》，把"生态文明建设实现新进步"作为"十四五"时期经济社会发展的主要目标之一，将"广泛形成绿色生产生活方式，碳排放达峰后稳中有降，生态环境根本好转，美丽中国建设目标基本实现"作为到 2035 年基本实现社会主义现代化远景目标之一，对新发展阶段进一步做好生态环境保护工作提出了新要求。

开展"无废城市"建设试点是党中央决策部署的一项改革任务。为探索建立固体废物管理长效体制机制，推进固体废物领域治理体系和治理能力现代化，2018 年年初，中央全面深化改革委员会将"无废城市"建设试点工作列入年度工作要点。2018 年 6 月，中共中央、国务院印发《关于全面加强生态环境保护 坚决打好污染防治攻坚战的意见》，明确提出"开展'无废城市'试点，推动固体废物资源化利用"。2018 年 12 月，国务院办公厅印发了生态环境部会同 18 个部门编制的《"无废城市"建设试点工作方案》（国办发〔2018〕128 号）（以下简称《工作方案》）。这是党中央、国务院在打好污染防治攻坚战、决胜全面建成小康社会关键阶段作出的重大改革部署，是深入落实习近平生态文明思想和全国生态环境保护大会精神的具体行动，是在城市层面统筹落实《固体废物污染环境防治法》《循环经济促进法》《清洁生产促进法》，融会贯通"减量化""资源化""无害化"的具体实践。

2021 年 8 月 30 日，党中央全面深化改革委员会第二十一次会议审议通过了《关于深入打好污染防治攻坚战的意见》。会议指出，"十四五"时期，我国生态文明建设进入以降碳为重点战略方向、推动减污降碳协同增效、促进经济社会发展全面绿色转型、实现生态环境质量改善由量变到质变的关键时期，污染防治触及的矛盾问题层次更深、领域更广，要求也更高。《关于深入打好污染防治攻坚战的意见》提出，稳步推进"无废城市"建设。健全"无废城市"建设相关制度、技术、市场、监管体系，推进城乡固体废物精细化管理。"十四五"期间推进 100 个左右地级及以上城市开展"无废城市"建设。

开展"无废城市"建设试点具有深远意义。推进"无废城市"建设，对推动固体废物源头减量、资源化利用和无害化处理，促进城市绿色发展转型，提高城市生态环境质量，提升城市宜居水平具有重要意义。

一是推进"无废城市"建设，对推动固体废物源头减量、资源化利用和无害化处理，促进城市高质量发展具有重要意义。推进"无废城市"建设，将引导全社会减少固体废物产生，提升城市固体废物管理水平，加快解决久拖不决的固体废物污染问题，不断改善城市生态环境质量，增强民生福祉。推进"无废城市"建设，从城市整体层面继续深化固体废物综合管理改革，为探索建立分工明确、相互衔接、充分协作的联合工作机制，加快构建固体废物源头产生量最少、资源充分循环利用、非法转移倾倒和排放量趋零的长效体制机制提供了有力抓手。推进"无废城市"建设，使提升固体废物综合管理水平与推进城市供给侧改革相衔接，与城市建设和管理有机融合，将推动城市加快形成节约资源和保护环境的空间格局、产业结构、工业和农业生产方式、消费模式，提高城市绿色发展水平。

二是开展"无废城市"建设试点是推动减污降碳的重要举措。由此可见，固体废物治理一头连着减污，一头连着降碳，中共中央、国务院部署开展"无废城市"建设试点，从城市层面推动固体废物治理，可以有效缓解资源环境压力，发挥减污降碳协同效应，推动绿色低碳循环发展。

三是开展"无废城市"建设试点可以协同推动《固体废物污染环境防

治法》的贯彻实施。2020年9月1日，由中华人民共和国第十三届全国人民代表大会常务委员会第十七次会议修订通过的《固体废物污染环境防治法》正式施行。这部法规从监督管理，工业固体废物，生活垃圾，建筑垃圾、农业固体废物，危险废物，保障措施等方面对固体废物污染防治进行了明确规定。"无废城市"建设试点工作以法律规定的"减量化、资源化、无害化"为基本原则，将法条内容具体化，提出有效的举措，并在城市层面逐步推进落地，可以说"无废城市"建设试点工作是《固体废物污染环境防治法》贯彻实施的有力手段。

参考文献

[1] 陈瑛，胡楠，滕婧杰，等. 我国工业固体废物资源化战略研究[J]. 中国工程科学，2017，19（4）：109-114.

[2] 生态环境部. 2016—2019年全国生态环境统计公报[R]. https://www.mee.gov.cn/hjzl/sthjzk/sthjtjnb/.

[3] 国家统计局. 生活垃圾[ER/OL]. https://data.stats.gov.cn/search.htm？s=%e7%94%9f%e6%b4%bb%e5%9e%83%e5%9c%be.

【前言作者：滕婧杰，胡楠】

目　录

第1章

绪论

1.1 "无废城市"内涵

现代经济社会发展面临着资源日益枯竭的巨大压力，与此同时，资源无序开发，以及未得到充分利用即被废弃，由此产生的固体废物堆存或填埋需求占用了大量土地资源，也遗留了环境风险。在世界范围内，固体废物产生量正在不断上升。根据世界银行的预测[1]，随着人口的快速增长和城市化进程的加快，2050 年废弃物产生量将在 2016 年的水平上增加 70%，达到 34 亿吨。与发达国家相比，发展中国家居民受到不可持续管理的废物的影响更为严重。在低收入国家，有超过 90%的废物通常被丢弃在不受监管的垃圾场或公开焚烧，这些做法会造成严重的健康、安全和环境后果。根据目前固体废物的管理方式，温室气体排放量在 2025 年将达到 26 亿吨二氧化碳当量，导致全球气候变化。妥善管理废物对于建设可持续和宜居的城市至关重要，但它仍然是许多发展中国家和城市面临的挑战。传统的城市发展模式难以为继，多个国家及地区相继提出了"循环经济""可持续""零废弃"的发展理念，并开始不断地实践和探索。循环经济模式旨在将废物流用作二次资源的来源，并回收废物以进行再利用和循环利用。这种方法有望实现有效的经济增长，同时最大限度地减少对环境的影响。

在循环经济的背景下，建设"无废城市"成为越来越多国家和城市的规划目标。日本、新加坡、欧盟在固体废物综合管理方面进行了积极的尝试与探索，可为"无废城市"建设试点提供借鉴经验。日本持续推进建设循环经济社会基本规划，目前已处于第四阶段，提出建设循环型社会，通过促进生产、物流、消费以至废弃过程中资源的有效使用与循环，将自然资源消耗和环境负担降到最低限度，同时提出"绿色增长战略"，提出能源利用、资源循环等 14 个重点产业低碳转型的具体目标、时间表和路线图。新加坡提出迈向"零废物"的国家愿景，通过减量、再利用和再循环，努力实现食物和原料无浪费，并尽可能将其回收和再利用。欧盟委员会先后发布了"迈向循环经济：欧洲无废计划""循环经济一揽子计划""新循环经济行动计划"，通过深化循环经济，推动产品、材料和资源的经济价值维持时间最大化、废物产生量最小化。尽管提法不尽相同，但目的是相似的——建设一种新的经济体系和社会发展模式，从根本上解决自然资源"瓶颈"及废物处置对稀缺土地资源的占用问题。

英国、法国、芬兰、美国等国家的多个城市已明确提出"无废城市"战略，将实现垃圾零填埋、充分资源化利用作为"无废"目标。英国伦敦市政府于 2017 年发布了《伦敦循环经济路线图与规划》，为伦敦加速向循环城市转型提供指导。2021 年 3 月 2 日公布的《伦敦发展计划 2021》进一步提出了今后二十年到二十五年的可持续发展方向和市长对循环经济转型的设想；法国巴黎的《循环经济全面行动方案》规划了 2017—2019 年的两条循环经济路线图及 15 个行动要点，重点关注建筑环境、产品维修与重复使用、公共采购、有机废弃物高效利用，并提出多方利益相关者共商机制；荷兰芬洛在《通过"从摇篮到摇篮"认证的市政厅》中规定未来城市建筑都要根据"从摇篮到摇篮"的原则，对城市建筑周边环境进行自然系统再生改造，旨在实现材料在技术或生物系统中的连续回收和再利用；美国得克萨斯州首府奥斯汀在《无废愿景》中提出到 2040 年实现零废弃的宏伟愿景，同时制定了多项举措，包括建立在线物料交换平台——奥斯汀物料市场，以实现 400 多吨物料免于填埋，相当于减少了 9.5 亿吨二氧化碳排放。

考虑到我国目前的发展阶段和管理水平，围绕我国经济社会现阶段突出的固体废物管理问题和国家长远发展需求，《"无废城市"建设试点工作方案》（以下简称《工作方案》）将"无废城市"的内涵定位为以"创新、协调、绿色、开放、共享"的新发展理念为引领，通过推动形成绿色发展方式和生活方式，持续推进固体废物源头减量和资源化利用，最大限度地减少填埋量，将固体废物环境影响降至最低。"无废城市"并不是没有固体废物产生，也不意味着固体废物能完全资源化利用，而是一种先进的城市管理理念，旨在最终实现整个城市固体废物产生量最小、资源化利用充分、处置安全的远景目标，这一目标的实现需要一个长期的探索与建设过程。

我国"无废城市"的概念是对国际上"无废"理念和实践的继承与发展。"无废城市"所要解决的是将固体废物减量化、资源化、无害化的理念和需求与经济社会可持续发展的要求有机融合。这意味着"无废城市"建设不是仅局限于对经济领域和消费领域固体废物的重新审视，而是要基于发展需求的客观规律，将固体废物减量化、资源化、无害化的需求融入社会治理、产业布局和产业结构升级、公共意识提高和思想文化建设的各个层面。

1.2 "无废城市"建设目标

我国的"无废城市"建设已有一定的基础。党的十八大以来，国家相关部门组织开展了一系列固体废物回收利用工作。如国家发展改革委牵头推动的循环经济示范城市（县）、资源综合利用"双百工程"、餐厨废弃物资源化利用和无害化处理试点建设，工业和信息化部组织实施的工业固体废物综合利用基地建设，自然资源部组织开展的矿产资源综合利用试点，农业农村部开展的畜禽粪污资源化利用、农作物秸秆综合利用试点、农膜回收试点等，商务部开展的再生资源回收体系建设试点，住房和城乡建设部实施的城市生活垃圾强制分类、建筑垃圾治理试点，原环境保护部推动的生态文明城市试点等。这些试点为推动固体废物减量化、资源化和无害化，开展"无废城市"建设做了必要的铺垫。

"无废城市"建设是一项系统工程，不仅要解决城市固体废物问题，还要解决包括环境、社会、文化等在内的多维城市治理问题。我国幅员辽阔，各地的城市定位、发展阶段、资源禀赋、产业结构、经济技术基础等存在较大差异，不可能采取统一的建设模式，因此，需要通过"无废城市"建设试点，建立形成一批可复制、可推广的"无废城市"建设示范模式，为下一步次第推进"无废城市"建设，推动建设"无废社会"奠定良好基础。

我国"无废城市"建设试点，是研究破解制约我国固体废物减量化、资源化、无害化方面的制度、模式等方面突出问题的探索。因此，试点阶段的目标，是通过在试点城市/地区深化固体废物综合管理改革，总结试点经验做法，形成可复制、可推广的"无废城市"建设模式，为在我国全面推行"无废城市"建设，最终建成"无废社会"奠定坚实基础。到2020年，系统构建"无废城市"建设指标体系；探索建立"无废城市"建设的综合管理制度和技术体系；试点城市/地区在固体废物重点领域和关键环节取得突破性进展，全国形成一批可复制、可推广的示范模式：大宗工业固体废物贮存处置总量趋零增长，主要农业废物全量利用，生活垃圾分类体系全覆盖，建筑垃圾充分利用处置，危险废物全面安全管控，非法转移、倾倒、处置固体废物事件零发生；培育一批固体废物资源化利用骨干企业。

2019—2020年试点期间，"11+5"个试点城市/地区通过先行先试、大胆创新，在城市层面深化固体废物综合管理改革，形成了一批可复制、可推广的经验模式，成效显著。在此基础上，生态环境部会同相关部门出台《"十四五"时期"无废城市"建设工作方案》，明确了"十四五"时期建设目标：推动 100 个左右地级及以上城市开展"无废城市"建设，到 2025 年，"无废城市"固体废物产生强度较快下降，综合利用水平显著提升，减污降碳协同增效作用明显，基本实现固体废物管理信息"一张网"，"无废"理念得到广泛认同，固体废物治理体系和治理能力得到明显提升。

1.3　"无废城市"建设指标

"无废城市"建设是最终实现"无废社会"的必经之路，也是我国生态文明建设的重要组成部分。我国"无废城市"建设评价指标体系充分借鉴发达国家发展循环经济统计评价实践，在国家生态文明建设评价考核指标体系的总体框架下，以"可调查、可统计、可测算"为原则，以反映资源利用效率和固体废物管理成效为核心，设置"无废城市"建设评价指标体系，用于指导和引领"无废城市"建设试点工作和长期发展。

1.3.1　发达国家和地区循环经济指标体系建设情况

1. 日本循环型社会建设指标

日本建设循环经济社会基本规划涵盖了日本所有的物质流——从将物质从自然界转移到人类社会的自然资源提取阶段一直到将物质自人类社会归还到自然界的废物的最终处置阶段。为此，日本将循环利用率、最终处置量（专指填埋量）与资源产出率一并作为循环型社会的统领性和约束性目标，并在资源输入、循环、废物排放、其他 4 个方面分别设置了一系列定性和定量的物质流指标和努力指标。在资源输入环节，设置了人均资源消费、城市垃圾减少量、每户每天废物产生量、耐用消费品平均使用年限等努力指标，其中城市垃圾减少量作为落实最终处置量目标的核心支撑性指标，被设定为约束性指标。

2. 新加坡"零废物"国家愿景

新加坡"零废物"国家愿景是在《新加坡可持续发展蓝图》框架下提出的，

其目标是将新加坡建设成为"适宜居住和可持续发展"的地方。在此愿景下，新加坡建立了以回收率为核心的量化目标指标体系，并对废物产生量、回收量和处理量进行全面统计。新加坡在 2015 版发展蓝图中提出，到 2030 年，新加坡的废物回收率将达到 70%，生活垃圾回收率将达到 30%，非生活垃圾回收率将达到 81%。

　　3. 欧盟"零废物"计划指标体系

　　2016 年欧洲环境局出版的《欧洲循环经济：构建知识库》中给出了用于监测欧洲循环经济的指标体系，包括原料供给、生态设计、生产、消费和废物循环 5 个方面的具体统计指标。原料供给指标主要包括国内物质消费（Domestic Material Consumption，DMC）或原料消费（Raw Material Consumption，RMC）、物料在产业链循环中的损失比例、减少废物进入填埋场比例、再生资源在原料消耗中的比例、可持续发展认证原料在原料中的占比。其中 DMC 或 RMC 与经济之间的关系是重要的指标之一。生态设计指标主要包括产品耐久性、产品拆解所需的时间和工具数量、再生原料在产品中的占比、产品物料能安全循环利用的占比。生产指标主要包括资源产出率、危险物质（化学品）使用、单位产品的工业废物产生量、单位产品的危险废物产生量、公司参与循环产业网络情况、再制造产业在制造产业中的份额。其中资源产出率是核心指标。消费指标主要包括消费的生态足迹、单位欧元消耗物料生态足迹、产品的实际使用寿命、再使用和维修服务的使用份额、废物产生量。废物循环指标主要包括废物循环利用率（按照类别）、再生料与原料品质对比、关键再生料的成交量、生活垃圾的环境管理和成本/收益。

1.3.2　我国循环经济和生态文明建设指标

　　1. 我国循环经济评价指标体系

　　2007 年，国家发展改革委会同环境保护总局、国家统计局印发了《循环经济评价指标体系》（发改环资〔2007〕1815 号）。经过 10 年实践，2017 年国家发展改革委、财政部、环境保护部、国家统计局等相关部门对该评价指标体系进行了修正。该指标体系从体例上分为综合指标、专项指标和参考指标，综合指标与专项指标在统计调查范围、对象等方面存在着重合的情况。综合指标是通过对多个单项统计指标按照一定的方法计算得出的。专项指标是在单项重点领域内重点关注的统计指标。参考指标主要是指废弃物末端处理处置指标，主要用于描述工业固体废物、工业废水、城市垃圾和污染物的最终排放量，不作为评价指标。在数据获取方面，尽可能地选用现有统计口径和统计范围的成熟指标，经专项调查后得出。综合指标包括主要资源产出率和主要废弃物循环利用率，主要从资源利用水平和资源循环水平方面进行评价。专项指标包括11个具体指标，主要分为资源产出效率指标、资源循环利用（综合利用）指标和资源循环产业指标。在专项指标的选择上，从能源资源、水资源、建设用地等方面分别计算资源产出效率。资源循环利用（综合利用）指标兼顾了农业、工业、城市生产生活等领域大宗废弃物的综合利用等统计调查。在农业方面，包括农作物秸秆综合利用率；在工业方面，重点从工业固体废物处理和水循环利用方面进行考察，包括大宗工业固体废物综合利用率和规模以上工业企业重复用水率等指标；在城市指标方面，重点从再生资源回收、城市典型废弃物处理、城市污水资源化等方面进行考察，包括主要再生资源回收率、城市餐厨废弃物资源化处理率、城市建筑垃圾资源化处理率、城市再生水利用率等指标。资源循环产业指标，主要是从产业规模方面进行考察，包括资源循环利用产业总产值指标。受限于现有统计数据基础，该指标体系中部分指标需要推算得出，如各地的主要再生资源废弃量、餐厨废弃物产生量、建筑垃圾产生量等。目前已初步具备了相应的测算方法。

2．生态文明示范区指标体系

2013年，环境保护部研究制定《国家生态文明建设试点示范区指标（试行）》，设立了生态经济、生态环境、生态人居、生态制度、生态文化5大领域、29项指标，并在2017年进行了修订。在这一指标体系中，考虑到区域间经济发展不平衡，各地资源禀赋、城镇化、工业化差异明显，考核资源产出效率的绝对值意义不大，因此采用资源产出增加率，即某一地区创建目标年度资源产出率和基准年度资源产出效率的差值与基准年度资源产出率的比值。

3．生态文明建设评价指标体系

2016年12月，中共中央办公厅、国务院办公厅印发了《生态文明建设目标评价考核办法》，要求对各地生态文明建设开展评价考核，提出生态文明建设目标评价考核实行党政同责，地方党委和政府领导成员生态文明建设一岗双责，按照"客观公正、科学规范、突出重点、注重实效、奖惩并举"的原则进行评价。生态文明建设目标评价考核在资源环境生态领域有关专项考核的基础上综合开展，采取评价和考核相结合的方式，实行年度评价、五年考核。其中，年度评价采用"绿色发展指标体系"，五年考核采用"生态文明建设考核目标体系"。

绿色发展指标体系由国家统计局、国家发展改革委、原环境保护部会同有关部门制定，可以根据国民经济和社会发展规划纲要以及生态文明建设进展情况做相应调整。在指标构成方面，包括《国民经济和社会发展第十三个五年规划纲要》确定的资源环境约束性指标、《国民经济和社会发展第十三个五年规划纲要》和《中共中央　国务院关于加快推进生态文明建设的意见》等提出的主要监测评价指标，以及其他绿色发展重要监测评价指标，总计 56 项。

生态文明建设考核目标体系主要包括国民经济和社会发展规划纲要中确定的资源环境约束性指标，以及党中央、国务院部署的生态文明建设重大目标任务完成情况，共 23 项指标，其中 21 项指标来自"绿色发展指标体系"。

1.3.3　我国"无废城市"建设指标体系

2019 年，生态环境部会同相关部门制定印发了《"无废城市"建设指标体系（试行）》（环办固体函〔2019〕467 号）（以下简称《指标体系》）。《指标体系》充分借鉴国内外先进经验，从固体废物源头减量、固体废物资源化利用、固体废物最终处置、保障能力、群众获得感 5 个方面进行设计，通过 5 项一级指标、18 项二级指标、59 项三级指标综合计算或评估产生。各项指标数据主要源于现有的统计调查数据，或专项调查数据，用于反映城市试点建设成效和发展趋势。试点城市/地区可结合自身城市发展定位、试点建设实际需求等，科学设定各项指标于 2020 年达到的目标值，但不应低于国家、所在省（区、市）的要求。其中，固体废物源头减量、固体废物资源化利用、固体废物最终处置 3 个方面指标为指导试点城市/地区深入践行绿色发展理念，实现城市固体废物产生量最小、资源化利用充分、处置安全提供了路径指引，反映了不同领域工作成效和发展水平；由制度、技术、市场、监管 4 大体系组成的保障能力指标，为试点建设提供动力支撑；以宣传教育和群众满意程度为核心的群众获得感指标，成为检验试点工作成效的试金石。试点期间，《指标体系》的实施情况如下：

1. 试点城市/地区指标设置情况

在 22 项必选指标中，人均生活垃圾日产生量，医疗废物收集处置体系覆盖率,"无废城市"建设地方性法规或政策性文件制定,"无废城市"建设成效纳入政绩考核情况,生活垃圾减量化和资源化技术示范,发现、处置、侦破固体废物环境污染刑事案件数量,公众对"无废城市"建设成效的满意程度7项必选指标满足各试点城市/地区固体废物治理实际需求,被12个试点城市/地区纳入指标体系。对于其余15项必选指标,个别试点城市/地区由于产业结构或固体废物类别不符而未选取。在37项可选指标中,选取绿色建筑占新建建筑的比例、生活垃圾分类收运系统覆盖率、开展"无废城市细胞"建设的单位数量等指标的试点城市/地区大于10个。在自选指标方面,试点城市/地区根据自身特色和固体废物治理需求对指标进行了选择,其中深圳市、绍兴市、中新天津生态城自行设置了装配式建筑占新建建筑比例指标,深圳新增了污泥无害化处置率,威海市新增了海洋牧场,北京经济技术开发区新增了开展绿色供应链管理的龙头企业数量等指标。具体指标设置情况见表1-1。

表1-1 "无废城市"试点指标设置情况

序号	一级指标	二级指标	三级指标	选取该指标的试点城市/地区/个
1	固体废物源头减量	工业源头减量	工业固体废物产生强度	10
2			实施清洁生产工业企业占比	11
3			开展生态工业园区建设、循环化改造的工业园区数量	8
4		生活领域源头减量	人均生活垃圾日产生量	12
5	固体废物资源化利用	工业固体废物资源化利用	一般工业固体废物综合利用率	10
6		农业废弃物资源化利用	农业废弃物收储运体系覆盖率	8
7		建筑垃圾资源化利用	建筑垃圾综合利用率	11
8		生活领域固体废物资源化利用	生活垃圾回收利用率	11
9			医疗卫生机构可回收物资源回收率	10
10	固体废物最终处置	危险废物安全处置	工业危险废物安全处置量	10
11			医疗废物收集处置体系覆盖率	12

序号	一级指标	二级指标	三级指标	选取该指标的试点城市/地区/个
12	固体废物最终处置	一般工业固体废物贮存处置	一般工业固体废物贮存处置量	9
13		生活领域固体废物处置	生活垃圾日填埋量	11
14			农村卫生厕所普及率	9
15	保障能力	制度体系建设	"无废城市"建设地方性法规或政策性文件制定	12
16			"无废城市"建设成效纳入政绩考核情况	12
17		市场体系建设	固体废物回收利用处置投资占环境污染治理投资总额比重	9
18			固体废物回收利用处置骨干企业数量	11
19		技术体系建设	生活垃圾减量化和资源化技术示范	12
20			危险废物全面安全管控技术示范模式	9
21		监管体系建设	发现、处置、侦破固体废物环境污染刑事案件数量	12
22	群众获得感	群众获得感	公众对"无废城市"建设成效的满意程度	12

2．试点城市/地区指标完成情况

12 个试点城市/地区的农业废弃物收储运体系覆盖率、医疗卫生机构可回收物资源回收率、医疗废物收集处置体系覆盖率、"无废城市"建设成效纳入政绩考核情况、固体废物回收利用处置投资占环境污染治理投资总额比重、固体废物回收利用处置骨干企业数量、危险废物全面安全管控技术示范模式 7 项必选指标全部完成。在其余 15 项必选指标中，除个别试点城市/地区外，大部分试点城市/地区达到了 2020 年指标的目标值。深圳市医疗废物收集处置体系覆盖率达到 100%，一般工业固体废物贮存处置量已清零，农村卫生厕所普及率达到 100%，编制印发了 102 项"无废城市"建设相关政策法规文件。北京经济技术开发区实施清洁生产工业企业占比由 14%提升至 29%，建筑垃圾综合利用率由 13%提升至 57%，医疗废物收集处置体系覆盖率达到 100%。徐州市一般工业固体废物综合利用率达到 98%，农业废弃物收储运体系覆盖率达到 95%以上，生活垃圾实现"零填埋"，危险废物全量安全处置。

2021 年 12 月，为指导"十四五"期间全国范围内的城市做好"无废城市"建设工作，在全面总结试点经验的基础上，生态环境部会同相关部门研究制定了《"无废城市"建设指标体系（2021 年版）》。该版本维持指标结构稳定性，坚持减量化、资源化和无害化的导向不变，充分体现了高质量发展理念，推进减污降碳协同增效，同时强化了不同城市之间建设成效的可比性，调整完善了相关指标的适用性。经修改，该版本由 5 个一级指标、17 个二级指标和 58 个三级指标组成。一级指标涵盖固体废物源头减量、资源化利用、最终处置、保障能力、群众获得感 5 个方面。二级指标覆盖工业、农业、建筑业、生活领域固体废物的减量化、资源化、无害化，以及制度、市场、技术、监管体系建设与群众获得感等 17 个方面。三级指标划分为两类：第Ⅰ类为必选指标，共 25 项，是所有城市均须开展建设的约束性指标（城市具体情况不涉及的个别必选指标，可出具说明材料申请该项指标不纳入建设内容）；第Ⅱ类为可选指标，共 33 项，各地可结合城市类型、特点及任务安排选择。此外，各地可结合城市自身发展定位、发展阶段、资源禀赋、产业结构、经济技术基础等方面的特征，聚焦减污降碳协同增效，合理设置自选指标。各项指标数据主要源于现有的统计调查数据和专项调查数据，用于反映"无废城市"建设基础与成效。

1.4   "无废城市"建设路径

1.4.1   发达国家和地区循环经济建设对我国"无废城市"建设的启示

1. 日本循环型社会建设经验

我国"无废城市"与日本循环型社会在理念上是相通的。学习日本循环型社会建设的成功做法和经验，对我国加快建设"无废城市"，并最终建成"无废社会"

具有重要的启示和借鉴意义[3]。

（1）制定梯次推进"无废城市"试点和建设"无废社会"的长期战略。对比日本循环型社会建设历程，我国建设"无废社会"注定是一项长期工程，不可能毕其功于一役，必须立足现实，建立长期战略。首先，结合美丽中国 2035 年和 2050 年目标，制定建设"无废社会"的时间表和路线图，按照每 5～10 年一个阶段，明确各阶段的主要目标和重点任务，久久为功，梯次推进。其次，支持浙江省、吉林省等积极性较高的省份，开展全省域"无废城市"建设试点；同时，结合京津冀协同发展、粤港澳大湾区建设、长三角一体化发展重大战略，推进区域"无废城市"建设试点，实现"无废城市"建设试点"由点到面"推进。最后，建立和完善"无废城市"指标体系和定期评估机制，并在实施过程中边建设边评估，把准方向稳步推进。

（2）加快完善与"无废城市"建设需求相适应的现代化固体废物治理体系。从日本循环型社会建设的成功经验来看，不断完善法制体系是建设循环型社会的关键所在。结合《中华人民共和国固体废物污染环境防治法》（以下简称《固体废物污染环境防治法》）本次修订的新要求，建议我国"无废城市"应着力建设并完善制度、技术、市场、监管四大体系。制度体系方面，加快资源综合利用立法，全面建立资源高效利用制度；加快完善《固体废物污染环境防治法》和《循环经济促进法》的配套制度，如生活垃圾分类制度和处理收费制度，电器电子、铅蓄电池、车用动力电池等产品的生产者责任延伸制度等。技术体系方面，加强固体废物减量化、资源化和无害化技术创新，形成大宗工业固体废物的零增长、农业废弃物全量利用、生活垃圾减量化和资源化、危险废物全面安全管控等有效的技术模式。市场体系方面，引入市场化机制，通过优化财政、税收和价格政策，完善环境信用评价、环境责任保险、绿色金融、绿色采购、生态补偿等机制，促进固体废物回收利用处置产业发展。监管体系方面，加快固体废物监管能力和风险防范能力建设，完善工业固废集中处置设施，建立联合执法机制，应用信息化手段实现固体废物全过程监管。

（3）建立多渠道、常态化宣传教育体系，引导全社会践行"无废城市"理念。环境优先理念的确立和环境教育的普及是日本公众参与环保的前提和保证。建议将"无废文化"培育作为"无废城市"建设的重要任务。首先，积极推动常态化环保教育，将环保课程纳入中小学教学计划，努力提高公民的环境素质和环境责任感。其次，积极利用媒体平台、环境教育基地等向社会大力宣传"无废城市"理念、工作举措和进展，提升公众对"无废城市"的认知水平。再次，支持社会公益组织开展相关的活动，凝聚社会力量。最后，积极开展节约型机关、绿色家庭、绿色学校、绿色社区、绿色出行、绿色商场、绿色建筑等"无废城市细胞"创建工作，树立"无废生活"示范样板，引导全社会共同践行"无废城市"理念。

2. 新加坡可持续发展经验

新加坡 50 余年的可持续发展经验对中国探索绿色发展道路具有一定的参考价值，特别是对于中国绿色城市建设有很好的借鉴意义[4]。

（1）从城市社会发展各个领域分别入手，多措并举，协同促进。可持续发展需要全社会共同发力，任何一个环节的缺失都将影响最终成效。新加坡可持续发展蓝图对社会经济生活的各个领域均有相关任务安排，确保每个环节都对可持续发展社会的建设有所贡献。

（2）注重公众相关领域的任务设计，切实通过绿色生活模式的形成推动可持续发展社会的建设。《新加坡可持续发展蓝图》对于与社会公众衣食住行等日常生活相关的任务设计尤其充分，不仅在促进社会生活绿色化方面发挥了积极作用，更为重要的是借助日常生活习惯和消费习惯的改变，使可持续发展的理念深入人心，并由此顺利推动新加坡最低能源效能标准、新清洁标志认证公司等目标的实施，推动政府、企业等自愿实施可持续发展策略。

（3）大力推动城市基础设施建设，为可持续发展道路的实践创造可靠条件。城市绿色空间和蓝色空间、城市自行车道、集中式管道垃圾回收系统等城市基础设施的建设和有效运行是保障新加坡可持续发展策略，特别是"无废"战略实施的重要基础条件，新加坡为此进行了持续性投入，以保证其减少用车、"无废"国家战略等战略举措的顺利实施。

3. 欧盟循环经济建设经验

欧盟近年来通过循环经济行动计划等一系列政策文件系统推进循环经济转型，其中完善和高效的废物管理系统是循环经济的重要组成部分。通过分析欧盟在循环经济转型过程中的相关经验做法，为我国进一步落实新修订的《固体废物污染环境防治法》和提升固体废物管理水平提供以下启示[2]。

（1）加强顶层设计，持续推进减量化、资源化、无害化。从《欧洲资源效率路线图》到《循环经济行动计划》，再到包含新《循环经济行动计划》的《欧洲绿色新政》，欧盟逐渐扩大了行动范围，适时对重点关注领域进行调整。我国在固体废物管理中，应根据《固体废物污染环境防治法》《清洁生产促进法》《循环经济促进法》的贯彻实施情况，系统评估国家和地方已有制度的适用性、机制的有效性、模式的可操作性、标准规范与管理政策的配套性，针对固体废物污染防治工作面临的突出问题和关键矛盾，以"无废城市"建设为抓手，进一步深化行动措施要求，逐步推动从末端治理向前端生态设计和绿色制造转变，系统持续推进固体废物源头减量、资源化利用和无害化处置。同时，我国与发达国家在发展循环经济的优先领域选择方面各有侧重。要通过"无废城市"建设试点，探索我国不同地域、不同类型、不同发展阶段城市的优先关注领域和有效措施，在下一阶段区域范围内梯次推进"无废城市"建设工作，进一步针对我国固体废物产生量大、环境风险高且资源消耗大的重点行业，出台并完善有针对性的管理措施。

（2）完善指标体系，建立指标监测制度。欧盟建立了比较完善的循环经济统计核算体系，利用物质流工具对欧盟范围内的资源输入、使用、利用、排放情况进行分析。这对统筹掌握欧盟范围内资源利用水平具有重要意义。同时，欧盟针对生活垃圾、塑料包装、电子废物、生物质废物、建筑垃圾等重点类别的固体废物，动态监测数据。我国建立了指标体系，应根据实施情况动态调整，纳入更能体现固体废物减量化、资源化、无害化的相关指标，实现对固体废物产生、利用、处置的追踪监测。探索建立基于物质流分析的国家或区域层面典型资源利用关键数据测算方法，掌握资源输入、使用、循环利用、排放情况。该指标体系一方面可反映固体废物管理在减量化、资源化、无害化方面取得的进展；另一方面也可用于对未来固体废物产生情况的预测，为中长期目标的制定提供数据支撑。

（3）创新商业模式，促进资源利用市场发展。欧盟在循环经济建设中非常重视政府、企业及消费者各利益相关方的参与，促进资源利用市场可持续发展。我国应重视人工智能和数字化技术的应用，通过搭建利益相关者平台加强信息交流，促进上下游产业共生，支撑循环经济商业模式。另外，中小企业在我国经济发展中起到十分重要的作用，通过规范化管理、技术指导和经济激励措施，鼓励其参与开发再生原料交易市场，将会大大增加再生产品的市场和商业机会。探索建立有利于向消费者提供完善的维修、共享和循环利用的服务体系，同时向消费者提供与产品能效、原材料及产品生命周期末端回收的可能性、环境成本相关的充分信息，促使消费者选择循环型产品和服务。

1.4.2　我国"无废城市"建设路径

我国是世界上最大的发展中国家，"无废城市"和"无废社会"建设面临的挑战异常严峻。党的十八大以来，为贯彻落实《生态文明体制改革总体方案》，国家相关部门组织开展了一系列固体废物回收利用的单项试点工作，工作内容涉及循环经济、工业固体废物综合利用、餐厨垃圾资源化处理、农村废弃物回收利用、生活垃圾分类、建筑垃圾治理、再生资源回收体系建设等多个方面。在此基础上，2018 年 12 月，国务院办公厅印发《"无废城市"建设试点工作方案》，部署开展"无废城市"建设试点工作。这项试点是一项综合性试点，是从城市整体层面继续深化固体废物综合管理改革的重要措施，旨在集成党的十八大以来固体废物领域生态文明改革成果，通过推动形成更加优化高效的固体废物综合治理模式，探索出一条符合新时代中国可持续绿色发展的路径。

1. 管理体制机制的优化和市场模式的建设

"无废城市"建设首先要尊重物质在社会经济生活中从资源到固体废物的转变规律，核心是全面统筹管理体制机制的建设。"无废城市"建设试点，将制度改革作为核心，由固体废物入手，聚焦工业、农业、生活三大领域的发展模式问题，围绕理顺各类固体废物全过程管理体制机制，开展路径探索。

（1）根据国民经济活动中物质全生命周期资源化、能源化流动的客观规律，梳理各类固体废物管理环节和管理措施，强化源头减量优先原则和末端处置限制的倒逼机制，确保资源能够有序开发、有效利用，并在不得不废弃后得到无害化处置。

（2）根据资源配置的市场规律，探索通过政府的激励和约束措施，建立能够促进固体废物快速、高效、有序配置的市场机制，促进固体废物产生者自觉落实最大限度地降低固体废物产生量和危害性的义务，落实生产者责任延伸制；为固体废物资源利用企业提供可靠的外部政策环境保障，促进其市场化稳定运行，并不断提升技术水平；建立有效的不可利用的固体废物无害化处置保障制度和第三方服务管理机制,确保固体废物无害化处置。

2.工业领域固体废物减量化、资源化和无害化的主要建设路径

导致我国工业固体废物大量产生、大量贮存处置、循环利用不畅等突出问题的原因主要有 3 个:一是自然资源禀赋条件特殊,尾矿、煤矸石等固体废物产生强度客观上难以下降;二是企业主体责任落实不到位,工业固体废物减量化、资源化、无害化控制缺少内生动力;三是综合利用产品附加值低、市场认可度不高,综合利用规模提升缓慢。针对以上问题,我国工业领域应以实施工业绿色生产为统领,针对不同环节、不同类别的固体废物开展针对性试点。

针对尾矿、煤矸石等矿业固体废物,以严格限制贮存处置总量增长、逐步消除历史堆存量为核心,深化绿色矿山战略,积极推广充填采矿等能够有效减少尾矿产生的绿色矿山技术,严格限制尾矿库等贮存设施的数量、容量等,推动尾矿等固体废物规模化利用技术的应用。

针对冶炼渣等制造业产生的工业固体废物,结合绿色制造战略的实施,以减少源头产生量、降低固体废物的危害性等为核心,不断降低重点行业固体废物的产生强度和危害性。以汽车、电子电器、机械等具有核心带动作用的重点行业、重点企业为核心,推进产品绿色设计、绿色供应链设计等,落实生产者责任延伸制,逐步带动提升全产业链的资源生产率和循环利用率。

对于工业副产品石膏、粉煤灰等产生量大、分布广泛、综合利用技术较为成熟的固体废物,以替代天然原料产品、促进最大化综合利用为核心,建立完善的标准体系,完善同类产品市场准入,为综合利用产品腾换市场空间。围绕重点产品,建立覆盖综合利用过程污染控制、综合利用产品质量控制、综合利用产品环境风险评估、副产品鉴别和质量控制等各环节的标准体系,推动和规范综合利用产业发展。同时,对于可替代的同类产品,严格限制利用天然矿产资源生产的产品的市场准入。

对于历史遗留工业固体废物,一是控制新增量,对于堆存量大、利用处置难的重点类别,探索实施"以用定产"政策,实现固体废物产销平衡。二是全面摸底调查和整治堆存场所,逐步减少历史遗留固体废物贮存和处置总量。

3.农业废弃物资源化利用的主要建设路径

我国农业废物以畜禽粪污、秸秆、农膜、废弃包装物等为主。受我国农业生

产需求和生产特点影响，农业废物产生量难以降低，且具有受农时影响大、收集难度大等问题。应以发展绿色农业为引领，以生态农业建设和资源化利用为核心，促进农业废物就地就近全量利用。

对于畜禽粪污，以规模化养殖场为核心，与周边农业种植特点相结合，构建种养结合的生态农业模式，推动畜禽粪污肥料化和能源化的多途径利用。对于秸秆，推广秸秆还田、种养结合、能源化利用、基质利用、还田改土等多渠道利用技术，促进秸秆全量、及时利用。对于农膜和农药包装等废弃物，以建立有效回收体系、促进最大化回收为重点，建立起有效的回收机制。

4. 生活领域固体废物源头减量和资源化利用的主要建设路径

生活领域固体废物主要是指非工业生产活动产生的各类固体废物，目前受到广泛关注的主要包括生活垃圾、餐厨垃圾、建筑垃圾等。

生活垃圾的产生和管理与公众的生活方式、生活习惯息息相关。我国的城市与农村，以及不同地区的城市与城市、农村与农村之间，在经济条件、生活习惯、基础设施建设等方面差异很大，单一路径不能满足不同地区的管理需求。在城市建成区，应以简便易行、前后统筹为原则，充分考虑各地的自然资源、经济条件、管理能力等基本条件，统筹生活垃圾投运、清运、收集、利用、处置全链条顺畅运行，突出投运、清运环节分类收集，强化末端利用处置能力配套；强化垃圾处置设施信息公开和向公众开放，逐步化解"邻避效应"。在农村地区，将垃圾治理与村容村貌整治相结合，促进就地减量化、就近资源化。

对于餐厨垃圾，首先应积极推广绿色生活理念，避免食物浪费；同时，以机关事业单位、餐饮服务业等为重点，开展"光盘行动"、强化餐厨垃圾的规范收集和利用处置，发挥示范效应。

对于建筑垃圾，在源头减量方面，推广绿色建筑、全屋装修等产品和服务，强化建设施工过程中对各类固体废物综合利用产品的使用要求，强化建筑垃圾流向管理，强化规范化消纳场的建设和运营管理。

5. 危险废物全过程规范化管理与全面安全管控

对不同类别的危险废物进行分类分级管理、提升回收和利用能力，是应对危险废物非法转移、非法倾倒等环境风险问题的主要措施。

对于产生量大、产生源相对集中的工业危险废物，以源头减量和分类分级管理为主线。对于产生量大、综合利用价值较高、综合利用技术较成熟的危险废物，以梯级利用、高值化利用为重点。对于物质特性相对稳定，在收集、运输、贮存等部分环节环境风险可控的危险废物，以规范流向为重点，优化豁免管理和转移联单管理机制。对于环境风险高、综合利用价值低的危险废物，一方面严格源头准入管理，逐步实行有毒有害原料、产品替代；另一方面强化最终处置管理，严控环境风险。

参考文献

[1]　KAZA S，YAO L，BHADA-TATA P，et al. What a waste 2.0：a global snapshot of solid waste management to 2050[M]. World Bank Publications，2018.

[2]　滕婧杰，赵娜娜，于丽娜，等. 欧盟循环经济发展经验及对我国固体废物管理的启示[J]. 环境与可持续发展，2021，46（2）：120-126.

[3]　王永明，任中山，桑宇，等. 日本循环型社会建设的历程、成效及启示[J]. 环境与可持续发展，2021，46（4）：128-135.

[4]　于丽娜，郭琳琳，黄艳丽，等. 新加坡可持续发展经验[J]. 世界环境，2018（6）：83-85.

【本章作者：滕婧杰，赵娜娜，王永明】

第2章 『无废城市』建设实施策略

　　"无废城市"是一种先进的城市管理理念。"无废"并不是指没有固体废物产生，也不意味着固体废物能完全资源化利用，而是指以新发展理念为引领，通过推动形成绿色发展方式和生活方式，持续推进固体废物源头减量和资源化利用，最大限度地减少填埋量，将固体废物环境影响降至最低的城市发展模式。"无废城市"建设的远景目标是最终实现整个城市固体废物产生量最小，资源化利用充分和处置安全。[1]

　　"无废城市"建设是一个长期的探索过程，需要试点先行，先易后难，分步推进。2019 年 4 月，生态环境部会同相关部门综合考虑城市政府积极性、代表性、工作基础及预期成效等因素，筛选确定了广东省深圳市、内蒙古自治区包头市、安徽省铜陵市、山东省威海市、重庆市（主城区）、浙江省绍兴市、海南省三亚市、河南省许昌市、江苏省徐州市、辽宁省盘锦市、青海省西宁市 11 个城市作为"无废城市"建设试点，河北雄安新区、北京经济技术开发区、天津生态城、福建省光泽县、江西省瑞金市 5 个特例地区参照"无废城市"建设试点一并推动。截至 2020 年年底，试点城市/地区以指标体系为引领，共安排固体废物源头减量、资源化利用、最终处置工程项目 562 项，完成 422 项，涉及资金投入逾 1 200 亿元；安排有关保障能力的相关任务 956 项，完成 850 项。试点城市/地区通过先行先试、大胆创新，在城市层面深化固体废物综合管理改革，在顶层设计引领、大宗工业固体废物贮存处置总量趋零增长、主要农业废弃物全量利用、生活垃圾源头减量和资源化利用、强化危险废物全面管控、培育产业发展新模式等方面形成 97 项改革举措和经验做法。目前，试点工作发挥了良好的示范带动作用，"无废城市"建设呈现由点到面的良好态势。浙江省政府印发了《浙江省全域"无废城市"建设工作方案》；广东省政府发布了《广东省推进"无废城市"建设试点工作方案》；重庆市在巩固中心城区试点成果的同时，推动万州等 9 个区开展新一轮"无废城市"建设，并与四川省共同推进成渝地区双城经济圈"无废城市"建设。"无废城市"建设试点工作为推进固体废物治理体系和治理能力现代化提供了可复制、可推广的改革经验，为在全国范围内深入开展"无废城市"建设、最终实现"无废社会"积累了经验，探索了路径。

2.1 探索实践

2.1.1 加强顶层谋划和协调推进

试点工作启动以来,生态环境部会同国家发展改革委等18个部门和单位认真落实中共中央、国务院决策部署,扎实推进《"无废城市"建设试点工作方案》实施工作,建立"无废城市"建设试点部际协调小组(以下简称部际协调小组),加强对试点工作的指导、协调和督促;印发《"无废城市"建设试点工作方案》(以下简称工作方案)《"无废城市"建设试点2020年工作计划》等,系统谋划试点筛选、方案编制、任务推进、成果凝练等工作。

"11+5"试点基本情况及入选理由

1. 深圳市 深圳市地处珠江三角洲前沿,位于粤港澳大湾区,是中国经济中心城市,2020年经济总量列中国城市第三位。深圳是国家环保模范城市、卫生城市,部分区荣获"国家生态区""国家绿色生态示范区""国家生态文明建设示范区"称号,全市6个项目获评中国人居环境范例奖等。深圳市作为超大城市、经济特区、国际化城市代表入选试点。

2. 包头市 包头市位于华北地区北部,内蒙古中部,是内蒙古自治区的经济中心之一,人均国内生产总值在内蒙古自治区位列前三,是我国重要的基础工业基地和全球轻稀土产业中心,被誉为"草原钢城""稀土之都"。包头是国家节能减排财政综合城市、生态文明先行示范区、循环经济示范区、城市矿产示范基地,先后荣获联合国人居奖、中华环境奖、全国文明城市等20多项荣誉,在环境保护方面,连续4次获得"全国环境保护系统先进集体"的称号。包头市作为西部地区传统工业型城市转型发展代表入选试点。

3. 铜陵市 铜陵市位于安徽省中南部,长江下游,是长江经济带重要节点城市和皖中南中心城市。铜陵素有"中国古铜都,当代铜基地"之称,是国家首批循环经济试点城市/地区之一、第二批资源枯竭型城市转型试点市之一、首批循环经济示范创建市之一、工业绿色转型发展试点市。铜陵市作为有色金属工业基地、长江经济带资源枯竭型城市转型发展代表入选试点。

4. 威海市 威海市位于山东半岛东端，是山东半岛的区域中心城市、重要的海洋产业基地和滨海旅游城市，人均 GDP 排在山东省前列。威海是第一批国家新型城镇化综合试点地区之一，是国家卫生城市、国家环保模范城市、省级生态市。威海市作为沿海开放城市、旅游型城市代表入选试点。

5. 重庆市（主城区） 重庆市位于中国西南部，长江上游地区，2020 年经济总量列中国城市第四位。重庆是国家循环经济示范城市、餐厨废弃物资源化利用和无害化处理试点城市/地区、国家首批推进建设的 50 个资源循环利用基地之一、建筑垃圾治理试点、国家第二批废铅酸蓄电池收集试点之一、国家生态文明建设先行示范试点、环保模范城市等。重庆市作为直辖市及西部地区和长江上游经济中心城市代表入选试点。

6. 绍兴市 绍兴市地处浙江省中北部，杭州湾南岸，是长三角城市群重要城市、环杭州湾大湾区核心城市、杭州都市圈副中心城市。绍兴市民营经济活跃，2020 年 GDP 列浙江省第四位，是首批国家历史文化名城之一、"联合国人居奖"获得者、全国文明城市、国家环境保护模范城市、国家卫生城市。绍兴市作为东部地区文化和生态旅游城市代表入选试点。

7. 三亚市 三亚市位于海南岛的最南端，是中国最南部的热带滨海旅游城市，"一带一路"海上合作战略支点城市，入选国家首批"全国生态示范区"，荣获"年度可持续发展低碳城市奖"。旅游产业是三亚市的支柱产业。2019 年三亚市接待游客数量高达 2 294 万人次。三亚市作为旅游型城市代表入选试点。

8. 许昌市 许昌市位于河南省中部，是中原城市群、中原经济区核心城市之一。2020 年 GDP 列河南省第四位。许昌市是国家生态园林城市、国家卫生城市、全国文明城市，开展了国家循环经济试点、国家"城市矿产"示范基地、国家循环经济教育示范基地、全国 100 个农村生活垃圾分类和资源化利用示范城市等试点示范。许昌市作为中部地区区域副中心城市、农业主产区城市代表入选试点。

9. 徐州市 徐州市位于江苏省西北部、华北平原东南部，是"一带一路"重要节点城市、淮海经济区中心城市、"中国工程机械之都"，经济总量排在江苏省中间位置。徐州是国家级循环经济试点示范市、国家级生态工业示范区、国家餐厨垃圾资源化利用和无害化处理试点城市/地区、资源综合利用"双百工程"示范基地等试点示范，荣获"2018 年度联合国人居奖"。徐州市作为东部地区资源型城市转型发展代表入选试点。

10. 盘锦市 盘锦市位于辽宁省西南部，渤海北岸，辽河三角洲的中心地带，是一座新兴的石油化工城市，国内生产总值常年位居辽宁省前列，人均国内生产总值连续 8 年位居辽宁省第一。盘锦是国家卫生城市、全国文明城市、全国资源型城市转型试点市、辽宁省城乡一体化综合配套改革试点市、国家首批生态文明先行示范区之一、国家生态文明建设示范市、国家全域旅游示范市、国家级海洋生态文明建设示范区、循环经济示范市等，是全国率先建设城乡一体化大环卫体系的城市之一。盘锦市作为振兴东北老工业基地战略下资源型城市转型发展代表入选试点。

11. 西宁市 西宁市位于青海省东部，是青海省的省会，青藏高原的东方门户。西宁是绿色"一带一路"建设重要支点城市，肩负"三江之源"和"中华水塔"国家生态安全屏障建设服务基地重任，是生态文明先行示范区、国家卫生城市、全国文明城市。西宁市作为欠发达地区、生态脆弱区城市代表入选试点。

12. 雄安新区 雄安新区位于河北省中部，地处北京、天津、保定腹地，是国家级新区，肩负"千年大计"的历史使命，旨在打造新时代高质量发展的新型城市样板。雄安新区作为新建城市代表入选试点。

13. 北京经济技术开发区 北京经济技术开发区位于北京市大兴区亦庄地区，是国家级经济技术开发区和国家高新技术产业园区，是北京市全国科技创新中心"三城一区"重要组成部分，旨在打造北京改革开放新高地和宜居宜业新城。北京经济技术开发区作为工业园区代表入选试点。

14. 天津生态城 天津生态城位于天津滨海新区，是中国、新加坡两国政府战略性合作项目，旨在打造可持续发展的城市型和谐社区。天津生态城作为城市型社区代表入选试点。

15. 光泽县 光泽县位于福建省西北部，闽江富屯溪上游，武夷山脉北段，是国家重点生态功能区、国家生态保护与建设示范区、国家级生态县。光泽县作为东部地区县代表入选试点。

16. 瑞金市 瑞金市是江西省直管县级市，位于江西省东南部，赣州市东部，是著名的红色故都、"共和国摇篮"、国家历史文化名城。瑞金市作为中部地区县级市代表入选试点。

各省（区、市）积极推动《工作方案》的落实，推荐 60 个城市和地区作为试点候选城市。生态环境部会同相关部门结合国家重大发展战略，综合考虑不同地域、不同发展水平及产业特点、地方政府积极性等因素，坚持好中选优，最终确定广东省深圳市、内蒙古自治区包头市、安徽省铜陵市、山东省威海市、重庆市（主城区）、浙江省绍兴市、海南省三亚市、河南省许昌市、江苏省徐州市、辽宁省盘锦市、青海省西宁市 11 个城市，以及河北雄安新区、北京经济技术开发区、天津生态城、福建省光泽县、江西省瑞金市 5 个特殊地区作为"无废城市"建设试点（以下简称"11+5"试点城市/地区）。

2.1.2　精准指导地方科学编制实施方案

2019 年 5 月，生态环境部会同相关部门印发《"无废城市"建设指标体系（试行）》，从固体废物源头减量、资源化利用、最终处置、保障能力、群众获得感 5 个方面设置了 18 类 59 项指标，系统涵盖了固体废物管理的重点领域和关键环节，发挥了重要的导向、引领作用；印发《"无废城市"建设试点实施方案编制指南》，并在北京组织开展"无废城市"建设专题培训，指导地方细化实化试点实施方案编制。2019 年 8 月，生态环境部组织开展实施方案预评审；2019 年 9 月，组织开展正式评审。通过精心指导，"11+5"试点城市/地区高水平编制完成实施方案，顺利通过国家评审，并均以党委、政府文件的形式印发实施（表 2-1）。

表 2-1　"11+5"试点城市/地区实施方案印发时间和印发形式

城市	印发时间	印发形式
深圳市	2019 年 12 月 6 日	深圳市人民政府办公厅函
包头市	2019 年 12 月 31 日	包头市人民政府办公室文件
铜陵市	2019 年 11 月 26 日	中共铜陵市委办公室文件 铜陵市人民政府办公室文件
威海市	2019 年 10 月 5 日	威海市人民政府办公室文件
重庆市 （主城区）	2019 年 11 月 15 日	重庆市"无废城市"建设试点工作 领导小组文件
绍兴市	2019 年 10 月 31 日	中共绍兴市委办公室文件 绍兴市人民政府办公室文件

城市	印发时间	印发形式
三亚市	2019 年 11 月 21 日	三亚市人民政府办公室文件
许昌市	2019 年 10 月 31 日	中共许昌市委文件 许昌市人民政府文件
徐州市	2019 年 10 月 16 日	中共徐州市委办公室文件 徐州市人民政府办公室文件
盘锦市	2019 年 11 月 6 日	盘锦市人民政府办公室文件
西宁市	2019 年 12 月 19 日	中共西宁市委办公室文件 西宁市人民政府办公室文件
雄安新区	2019 年 12 月 30 日	河北雄安新区管理委员会文件
北京经济技术开发区	2019 年 10 月 25 日	中共北京市委经济技术开发区工委文件 北京经济技术开发区管理委员会文件
天津生态城	2019 年 9 月 30 日	中新天津生态城管理委员会文件
光泽县	2019 年 11 月 7 日	中共光泽县委文件 光泽县人民政府文件
瑞金市	2019 年 11 月 25 日	中共瑞金市委办公室文件 瑞金市人民政府办公室文件

"11+5"试点实施方案的特点

1. 深圳市　立足于中国特色社会主义先行示范区的总体要求,以"绿色、循环、安全、创新、共治"为切入点,对标国际一流水平,全面推行绿色生产方式和生活方式、提升城市综合治理水平、提高固体废物资源化利用和安全处置能力,对区域中心城市和超大型城市开展"无废城市"建设具有重要借鉴意义。

2. 包头市　立足祖国北部生态屏障定位,在统筹推进绿色农牧业生产和生活的同时,以解决工业固体废物、稀土尾矿围城与资源型重工业城市绿色升级发展的矛盾为着力点,通过管理制度、技术标准和市场机制创新,探索大宗工业固体废物贮存处置总量趋于零增长的模式,对于其他资源型城市可持续发展具有重要借鉴意义。

3. 铜陵市　立足长江经济带节点城市、铜工业基地和资源型城市定位,通过技术、制度、管理和文化创新，提升工业固体废物"资源化"利用、农业废弃物"全量化"循环、生活垃圾"链条化"管理、危险废物"零风险"管控能力的水平，统筹推进高质量发展和高品质生活，对探索沿江资源型工业城市绿色发展模式具有重要借鉴意义。

4．威海市 将"无废城市"建设与"精致城市"定位和规划相融合，深入挖掘自身在海洋经济和旅游方面的优势，对打造创新型国际海洋城市具有重要借鉴意义。

5．重庆市 立足长江经济带上游城市定位，以原生生活垃圾零填埋、全面提升工业固体废物综合利用、危险废物全面安全管控为目标，全面推行绿色生产模式、生产者责任延伸和绿色循环产业链，倡导绿色生活方式，提高城乡固体废物智慧化管理水平，为综合性城市（直辖市）固体废物管理提供系统的解决方案，为支持长江经济带绿色发展作示范。

6．绍兴市 借鉴"五水共治""美丽乡村"工作模式，坚持和发展"枫桥经验"，将绿色工业、农业和生活水平提升和固体废物综合管理有机融合，通过"补短板、创特色"，实现制度体系"无废城市"数字化系统和产业培育方面的重点突破，对浙江省全省以及全国其他地区的城市开展"无废城市"建设试点具有重要借鉴意义。

7．三亚市 立足国际滨海旅游城市定位，将"无废城市"建设与支撑国家生态文明试验区（海南）建设、打造国际化全域旅游城市充分融合，对探索滨海旅游城市可持续发展路径具有重要借鉴意义。

8．许昌市 立足"智造之都 宜居之城"的城市发展定位，统筹"产城一体"推进过程中的固体废物管理，从生产、生活、乡村、安全、产业、智慧、文化、机制等方面探索"无废产城"管理链、"无废乡村"生态链、"无废经济"发展链、"无废文化"传承链，对中原城市群城市推进"无废城市"建设具有借鉴意义。

9．徐州市 将"无废城市"建设与徐州煤炭资源枯竭城市绿色转型发展相融合，通过制度创新、技术创新和市场创新，探索系统化的全产业链减废模式、多元化的农作物秸秆利用模式、可持续的矿山生态修复模式、园区化的固体废物协同增效处置模式和精细化的固体废物综合管理模式，对于其他资源型城市可持续发展具有重要借鉴意义。

10．盘锦市 立足成长型的"石油之城""湿地之都"和"鱼米之乡"的城市定位，将"无废城市"建设与工业、农业、生活和生态环境的绿色、协调、高质量发展相融合，探索"无废矿区"和石化及精细化工产业绿色高质量发展模式，种养结合推进畜禽粪污资源化利用模式，城乡固体废物一体化、全过程、精细化大环卫模式，具有重要的借鉴和示范意义。

11. 西宁市　立足"三江之源"和"中华水塔"国家生态安全屏障的城市定位，通过推动城市产业转型升级、基础设施完善和城乡有机融合，完善固体废物综合管理体制，探索高原高寒缺氧特色技术体系，对西部高海拔生态脆弱区可持续发展具有示范意义。

12. 雄安新区　以《河北雄安新区总体规划（2018—2035年）》为指引，以建设绿色低碳之城为目标，推广绿色低碳的生产生活方式和城市建设运营模式，统筹谋划历史遗留、规划建设和未来发展过程中固体废物综合管理问题，探索具有前瞻性、创新性、可复制、可推广的"雄安模式"，可为其他新城建设提供借鉴参考。

13. 北京经济技术开发区　充分发挥"亦庄新城"区位优势，以"无废城市"建设试点为抓手，通过推动形成绿色生产方式和生活方式，探索出绿色园区发展模式，具有鲜明的特色。

14. 天津生态城　对标国际，以"中新合作、绿色发展、智慧应用、协同处理"为着力点，实现固体废物大幅减量、资源化水平全面提升和精细化管控，打造可复制、可推广的"无废城市"建设试点示范工程，具有鲜明的特色。

15. 光泽县　依托农业养殖主产业链，把"无废城市"建设与乡村振兴有机结合，通过三产融合，为探索县域农业废弃物全面利用提供了思路。

16. 瑞金市　立足红色旅游和绿色生态特色，通过发扬瑞金红色基因，打造"无废城市"建设理念宣传高地；践行绿色生活方式，建设"无废"红色旅游生态圈；发展绿色生态农业，推行"种养平衡、生态循环"；培育产业绿色发展，持续推进生态脱贫共享发展的模式，对于农业重点地区、红色旅游城市开展"无废城市"建设试点工作具有借鉴意义。

2.1.3　开展全过程全覆盖技术帮扶

生态环境部会同部际协调小组成员单位建立技术指导帮扶机制。组建"无废城市"建设试点咨询专家委员会，负责对试点实施方案编制和实施过程中的重大技术问题的解决进行指导。成立 7 个技术帮扶工作组（表 2-2），组织 100 余名专家，累计开展 5 轮、60 余次对口技术帮扶，解决建设试点工作中出现的问题。组建 10 个专题研究组，围绕"无废城市"建设试点体系建设研究和建设指标（试行）评估及"无废城市"标准体系，"无废城市"建设环境经济政策与市场模式评估，"无废城市"建设试点技术体系，"无废城市"建设试点监管体系，"无废城市"责任清单，"无废城市"建设试点城市/地区遥感动态监管，"无废城市"可视化监管平台建设，"无废城市"建设相关固体废物减量化、资源化、无害化技术筛选和评估，旅游型（滨海）城市生活垃圾和海洋垃圾管理模式，"无废城市"公众科普教育及教育基地建设等开展专题研究。组织试点城市/地区代表赴日本开展交流访问、参加相关国际会议，借鉴学习发达国家（地区）的做法。开展试点城市/地区全覆盖调研，督导试点工作进展，压实地方政府主体责任。实施双月工作调度，形成比、学、赶、超的良好氛围。先后在深圳、三亚、徐州、绍兴、北京经济技术开发区组织召开 1 次启动会、2 次推进会、2 次专题座谈会，部署"无废城市"建设试点重点任务，听取各方意见建议，扎实推进试点各项工作。

表 2-2　7 个技术帮扶工作组分组情况

序号	对口帮扶城市	组长单位
第一组	深圳市、雄安新区	生态环境部巴塞尔公约亚太区域中心、生态环境部固体废物与化学品管理技术中心
第二组	绍兴市、许昌市	生态环境部环境规划院
第三组	包头市、西宁市	中国环境科学研究院
第四组	重庆市、铜陵市	生态环境部固体废物与化学品管理技术中心
第五组	徐州市、盘锦市、瑞金市	生态环境部环境工程评估中心
第六组	威海市、三亚市、光泽县	生态环境部华南环境科学研究所
第七组	北京经济技术开发区、天津生态城	中国环境科学研究院

2.1.4　上下联动全面形成改革合力

围绕改革目标，国家和试点城市/地区共同发力，集聚制度、技术、资金等核心要素资源，为试点工作创造良好条件。

一是完善法律法规标准体系。生态环境部、交通运输部、市场监管总局、国家邮政局等部门积极推动《固体废物污染环境防治法》《国家危险废物名录》的修订工作，出台《邮件快件包装管理办法》，完善固体废物利用贮存处置等一系列国家标准（图2-1）。国家统计局指导试点城市/地区完善固体废物统计制度和方法。试点城市/地区因地制宜地制订、修订280多项制度，涉及工业固体废物、生活垃圾管理、绿色金融等地方立法，固体废物跨区域处置生态补偿制度，危险废物跨省转移"白名单"合作机制等，解决固体废物管理中的堵点、难点。二是加强技术推广应用。生态环境部建立"无废城市"技术示范推广平台，发布先进适用技术74项，其中8项技术在试点城市/地区落地（表2-3）；发布《国家先进污染防治技术目录（固体废物和土壤污染防治领域）》，征集并筛选28项固体废物领域污染防治先进技术。工业和信息化部、科技部、生态环境部联合发布《国家鼓励发展的重大环保技术装备目录（2020年版）》。科技部在"固体废物资源化"重点专项中设置并启动3项试点相关课题。试点城市/地区选择应用110余项固体废物减量化、资源化和无害化技术，有力地推动了试点城市/地区加快补齐设施短板，疏通高值化利用技术"瓶颈"。三是加大政策和资金支持力度。国家发展改革委、农业农村部会同有关部门安排中央资金，支持试点城市/地区开展固体废物资源化利用。财政部、税务总局调整完善磷石膏、废玻璃资源综合利用增值税优惠政策，对符合条件的从事污染防治的第三方企业减按15%的税率征收企业所得税。人民银行、银保监会大力支持试点城市/地区发展绿色金融。工业和信息化部支持试点城市/地区加快推进工业绿色生产，培育1个工业资源综合利用基地、16家绿色供应链管理企业、10家绿色设计示范企业。自然资源部支持铜陵市、西宁市开展绿色矿山建设。住房和城乡建设部、商务部、文化和旅游部、国管局、国家邮政局、供销合作总社指导试点城市/地区开展生活垃圾分类、再生资源回收、快递包装绿色转型。卫生健康委通过指导试点城市/地区开展医疗机构废弃物专项整治工作，提高医疗机构废弃物规范化管理水平。试点城市/地区通过专项债券、政府和社会资本合作（PPP）、设立绿色发展基金等多种渠道筹措资金逾1 200亿元。"11+5"试点城市/地区在试点期间出台的政策文件情况如图2-2所示。

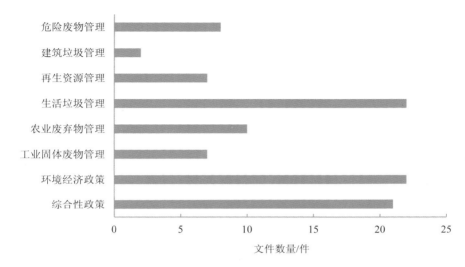

图 2-1　国家在试点期间出台的政策文件情况

表 2-3　8 项先进适用技术推广应用情况

序号	技术名称	应用地区	工程投资/万元
1	高温干热处置医疗废弃物设备及技术	徐州市	8 000
2	利用河湖底泥及农业固体废物制备高性能蓄水材料	雄安新区	1 200
3	有机垃圾机械强化高温好氧发酵小型化协同处理技术及装备	雄安新区	28
4	有机垃圾（餐厨垃圾、绿化垃圾、城市污泥、粪渣污泥等）小型化协同处理技术及装备	深圳市	3 561
5	工程渣土多相分级处理成套技术及装备	深圳市	1 000
6	工程弃土快速多级原位分离及高效资源化利用技术	深圳市	28 800
7	工业固体废物综合利用陶粒生产技术	包头市	27 347
8	工业油品在线系统净化循环再利用技术	西宁市	374
	小计		70 310

资料来源：生态环境部环境发展中心。

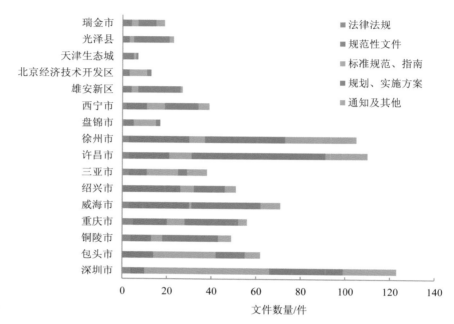

图 2-2 "11+5"试点城市/地区在试点期间出台的政策文件情况

2.1.5 带动重点区域积极参与

随着试点工作的深入，由点及面的示范效应逐渐显现。浙江省人民政府印发《浙江省全域"无废城市"建设工作方案》，率先在全省开展"无废城市"建设，计划到 2023 年年底，全省所有设区市及 50%的县（市、区）完成"无废城市"建设，基本实现产废无增长、资源无浪费、设施无缺口、监管无盲区、保障无缺位、固体废物无倾倒的"六个无"工作目标。广东省人民政府发布《广东省推进"无废城市"建设试点工作方案》，提出在珠三角地区的所有城市开展"无废试验区"试点，鼓励粤东、粤西、粤北各城市同步开展试点工作。重庆市在巩固中心城区试点成果的同时，推动万州、涪陵、黔江、长寿、永川、江津、璧山、合川、武隆等 9 个区开展新一轮的"无废城市"建设，并与四川省共同推进成渝地区双城经济圈"无废城市"建设。吉林省、江苏省、河南省都在积极推动全省域次第开展"无废城市"建设工作。

浙江省全域"无废城市"建设工作方案

工作目标：将全域"无废城市"建设作为打好打赢污染防治攻坚战、深化提升美丽浙江建设的重要载体。到 2023 年年底，全省所有设区市及 50% 的县（市、区）完成"无废城市"建设，基本实现产废无增长、资源无浪费、设施无缺口、监管无盲区、保障无缺位、固体废物无倾倒。

工作内容：注重制度创新，努力构建政府引领、企业为主体、公众参与的共建共享机制，形成权责明晰、分工协作、齐抓共管的管理格局。加快能力建设，发展污染物从产生到处理全过程、全方位的产业链，促进污染防治产业做大做强。培育"无废"理念，努力形成资源节约、环境友好的生产方式和简约适度、绿色低碳的生活方式。

广东省推进"无废城市"建设试点工作方案

工作思路：以绿色低碳循环发展理念为引领，围绕固体废物源头减量、资源化利用和安全处置 3 个关键环节，创新体制机制、优化建设模式、引导全员参与，着力解决当前固体废物产生量大、利用不畅、非法转移倾倒、处置设施选址难和处理处置能力结构性失衡等问题，逐步构建"无废城市"建设长效机制。

试点范围：珠三角所有城市（以下称"无废试验区"）。鼓励粤东、粤西、粤北各城市同步开展试点工作。

试点目标：到 2023 年年底，各试点城市/地区在推行绿色工业、绿色生活、绿色农业，培育固体废物处置产业，推行固体废物多元共治等方面取得明显成效，工业固体废物和生活垃圾减量化、资源化水平全面提升，危险废物全面安全管控，主要农业废弃物得到有效利用。"无废试验区"协同机制初步建立，区域联动不断加强，合作更加广泛深入。

2.2 模式案例

　　"无废城市"建设试点是一项探索性的系统工程，涉及一般工业固体废物、危险废物、农业废弃物、生活垃圾、建筑垃圾等多个领域，以及生态环境部、国家发展改革委、工业和信息化部、农业农村部、住房和城乡建设部等多个部门。如何科学合理地编制实施方案，调动各方积极性，加强相关工作的统筹衔接，形成工作合力，发挥综合效益，是"无废城市"建设试点能否取得实效的关键。针对该问题，"11+5"试点城市/地区将"无废城市"建设作为固体废物领域治理体系和治理能力现代化、城市管理精细化的重要载体，通过以问题、目标为导向，因地制宜地科学编制方案；通过统筹各部门职责，重塑管理机制，形成改革合力；通过发动群众、依靠群众，形成全民参与建设试点工作的良好局面（图 2-3）。

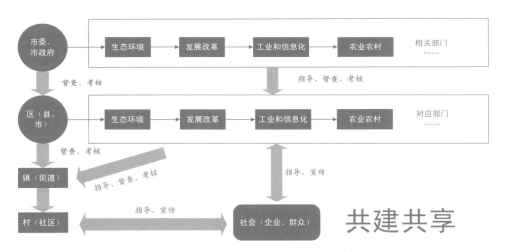

图 2-3　横向到边、纵向到底的推进机制

2.2.1　立足城市实际，科学设计"无废"蓝图

　　试点城市/地区坚持系统性、科学性的原则，因地制宜地编制实施方案。绍兴市将方案编制工作落实到基层，编制 1 个总体方案、4 个专项子方案、7 个区（县）

子方案，通过专项子方案和区（县）子方案的制定，既充分调动了各部门和各区（县）的工作积极性，又使实施方案具有可操作性。天津生态城借鉴《新加坡无废城市国家发展蓝图》的经验，与新加坡国家环境局合作，聘请新加坡专业咨询团队规划编制生态城"无废城市"总蓝图。雄安新区紧扣"建设新时代的生态文明典范城市"的总体定位，提出"存量处理全量化、建设过程无废化、高质发展无废化"的"无废城市"建设基本路径。威海市立足海洋经济大市和滨海旅游城市的实际，在布置国家方案规定的主要任务的同时，新增"海洋经济绿色发展"和"旅游绿色发展"两大任务。光泽县立足南方山区农业县、禽类养殖大县、生态环境优质县的县情特色，将做好"无废农业""无废农村""无废圣农"三篇文章作为核心任务。

---

1. 深圳市　作为中国改革开放的排头兵、先行地、实验区，深圳市以"无废城市"建设试点为契机，全方位推进固体废物综合治理体制机制改革创新。2019年7月，中共中央、国务院印发的《关于支持深圳建设中国特色社会主义先行示范区的意见》中提出，要加快建立绿色低碳循环发展的经济体系，构建以市场为导向的绿色技术创新体系，大力发展绿色产业，促进绿色消费，发展绿色金融。深圳市开展"无废城市"建设试点工作，正是其建设中国特色社会主义先行示范区的题中应有之义。深圳充分利用特区立法权优势，编制4个地方法规和3个地方规章，出台77个政策文件，强制推进生活垃圾分类管理，强制开展建筑垃圾限额排放，拓展绿色信贷、绿色税收、绿色债券产品种类，完善各类固体废物全过程监管、申报登记、电子联单等管理制度。深圳市建立人大、政协参与"无废城市"建设工作机制，人大设立代表问政会、政协设立委员议事厅，对照《深圳市生活垃圾分类管理条例》和"无废城市"建设试点实施方案，对政府职能单位落实"无废城市"建设任务情况进行监督检查，对公众关注的问题进行咨询问政，参加生态文明建设考核评审，开展项目现场检查督导。深圳市以"无废城市"建设试点为契机，进一步强化制度创新、推动绿色生产、倡导绿色生活、完善风险管控，加快实现固体废物减量化、资源化、无害化。深圳市在"无废城市"建设试点上发挥引领作用，在着力打造具有深圳特色的"无废城市"建设新模式的同时，为我国"无废城市"建设探索道路、积累经验，力争提供可复制、可推广的示范模式。

2. 雄安新区 雄安新区从顶层设计、融入规划、指导建设 3 个方面，推进"无废城市"建设试点。《中共中央　国务院关于支持河北雄安新区全面深化改革和扩大开放的指导意见》提出，建立具有国际先进水平的生活垃圾强制分类制度，探索和推广先进的城市资源循环利用模式，率先建成"无废城市"。《河北雄安新区规划纲要》《河北雄安新区起步区控制性规划》均明确提出推进"无废城市"试点，全面推动绿色建筑设计、施工和运行，引导选用绿色建材，积极稳妥推广装配式、可循环利用的建筑方式。《雄安新区生活垃圾全过程分类管理体系研究报告》《雄安新区生活垃圾分类工作实施方案》提出新建区和提升改造区分区施策、环卫设施科学布局的建议和要求。《雄安新区绿色建筑设计导则（试行）》《雄安新区绿色建造导则（试行）》推动对建筑进行绿色、高标准、全过程管理。

3. 威海市 威海市将"无废城市"建设作为精致城市建设的重要内容和有力抓手，开展系统性城市建设工作，编制《威海市精致城市建设条例》《威海市精致城市建设三年行动方案》《关于开展"美丽城市"建设试点　推进精致城市建设的实施方案》等文件，这些文件都将固体废物管理作为精致城市建设的重要内容进行规定。结合"精致城市"六大内涵和五大建设目标，提出了"精致城市"背景下的"无废城市"建设重点内容，包括精细化管理机制、精准化城市治理、精准化公共服务、精致化固体废物回收等，对城市生活源固体废物减量具有重要意义。同时，威海市立足海洋经济大市和滨海旅游城市的实际，在布置国家方案规定的主要任务的同时，新增"海洋经济绿色发展"和"旅游绿色发展"两大任务。统筹全域各类要素资源，高标准编制并相继出台《威海市全域旅游发展规划》《威海市康养旅游千亿级产业集群三年行动计划》《威海市推进乡村旅游提档升级的实施意见》《关于扶持东部滨海新城旅游产业发展的意见》《威海市旅游业"十三五"发展规划纲要》，为威海市旅游发展提供规划引领，推动威海市旅游绿色高质量发展。威海市多次召开专题会议，督导加快创建进程。

2.2.2　加强组织领导，高位推动"无废城市"建设

试点城市/地区党委、政府高度重视"无废城市"建设，将试点工作作为"一把手"工程，均成立了以党委、政府负责同志为组长的"无废城市"建设试点领

导小组，并以市委、市政府为核心，建立横向包括市级各职能部门，纵向市、县、镇、村到底的"无废城市"推进机制。其中，深圳、包头、铜陵、威海、许昌、绍兴等城市成立了由书记和市长任组长的领导小组。徐州、威海等城市抽调优秀的年轻干部和主要职能部门的精干力量建立实体化运作专班，并建立了每周例会制度和重要事项会商制度。

试点城市/地区均建立工作落实机制，细化责任、任务和项目清单，建立了工作简报、专报、通报制度。试点城市/地区政府负责同志定期召开推进会、协调会、专题会，研究解决重点难点问题。深圳市、包头市、铜陵市、威海市、绍兴市、许昌市、徐州市、西宁市、光泽县、瑞金市等试点城市/地区将"无废城市"建设工作纳入党委、政府绩效考核（表 2-4）。深圳市人大设立代表问政会，强化工作监督；政协设立委员议事厅，广泛沟通信息、交流思想。重庆市委将"无废城市"建设列入年度重点改革任务和污染防治攻坚战考核目标。西宁市人民代表大会常务委员会组织各委员、人大代表组成专项视察组，对"无废城市"建设试点工作进展情况进行专项视察，对人大代表关于"无废城市"建设方面的建议进行督办。许昌市把"无废城市"建设试点纳入全市重点改革事项、重点民生实事，列入黄河流域生态保护和高质量发展工作要点。绍兴市、徐州市、包头市、盘锦市制定"无废城市"建设试点工作考核办法、评分细则，按年度下发考核任务书，通过倒排时间、挂图作战、定点销号全面抓好落实工作。

表 2-4　部分试点城市/地区将"无废城市"建设工作纳入党委、政府绩效考核情况

序号	城市/地区	纳入党委、政府绩效考核情况
1	深圳市	纳入生态文明考核。生态文明考核总分100分，"无废城市"建设占5分，占比为5%。生态文明是党委、政府绩效考核的重要内容
2	包头市	纳入党政考核。总分1 000分，生态环境占70分，其中"无废城市"建设占10分，占比为1%
3	铜陵市	2020年纳入县区政府年度环保目标责任书，2021年纳入县区污染防治成效统一考核，总分100分，"无废城市"建设占3分，占比为3%
4	威海市	纳入绩效考核。总分1 000分，"无废城市"建设占20分，占比为2%
5	绍兴市	纳入绩效考核。总分100分，"无废城市"建设、大气污染防治、生态环保督察、城市管理合占3分，其中"无废城市"建设试点年度重点项目每少完成一项扣0.1分

序号	城市/地区	纳入党委、政府绩效考核情况
6	许昌市	市无废办印发《许昌市"无废城市"建设试点工作成效考核办法》,考核结果分为优秀、良好、合格、不合格4个等级,考核结果报市委组织部,作为领导班子和领导干部政绩考核的重要参考
7	徐州市	纳入绩效考核。总分100分,"无废城市"建设占2分,占比为2%
8	西宁市	纳入绩效考核。总分100分,按照任务量,"无废城市"建设在县、区、部门绩效考核中分别占1~2分、2~3分、3~5分
9	光泽县	纳入绩效考核。总分100分,"无废城市"建设占5分,占比为5%
10	瑞金市	纳入绩效考核。2020年乡镇绩效考核总分1 000分,生态文明建设(含"无废城市"建设等13项工作,"无废城市"建设未单独考核)占126分,占比为12.6%;部门(单位)绩效考核总分1 000分,生态文明建设(含环境污染治理攻坚、"无废城市"建设、公共机构节能共3项工作,"无废城市"建设未单独考核)占21分,占比为2.1%。目前正在制定2021年绩效考核细则,"无废城市"建设拟单独考核,乡镇和部门(单位)考核总分保持一致,约占生态文明考核总分的1/3

截至 2020 年年底,试点城市/地区共安排固体废物源头减量、资源化利用、最终处置工程项目 562 项,完成 422 项;安排有关保障能力的相关任务 956 项,完成 850 项;在推动工业固体废物贮存处置总量趋于零增长、推动主要农业废弃物全量利用、提升生活垃圾减量化和资源化水平、强化固体废物环境监管等方面形成 97 项改革举措和经验做法,为推进固体废物治理体系和治理能力现代化提供了可复制、可推广的改革经验。

绍兴建立设计科学、高位推进、长效常治的"无废"推进模式

绍兴市委、市政府将"无废城市"建设试点工作作为"一把手"工程,第一时间成立了由书记、市长任组长的"无废城市"建设试点工作领导小组,将"无废城市"建设试点工作列入目标责任制考核和市深改重点工作,并将其作为"不忘初心、牢记使命"主题教育八大专项行动之一,纳入政党协商和人大调研内容,市政府主要领导亲自参与统战部政党协商和政协"请你来协商"活动。2020 年,市委书记马卫光领办的两件政协提案中,"无废城市"建设试点是其中的一件。同时,绍兴

市将"无废城市"建设列入 2020 年绍兴自然生态年工作重点。市委书记将"无废城市"建设作为全市干部培训的重要内容之一,统筹推进试点建设工作,并三次高规格地召开书记、市长参加的全市性启动、部署、推进工作会议,覆盖市、县、镇、村四级,形成了上下联动、全域推进的良好局面。

全市各部门均成立了相应的"无废城市"建设试点工作小组,由专人负责相关工作;全面完成市、县两级"无废"工作体系构建,由组织部抽调优秀的年轻干部和主要职能部门的精干力量成立市级实体化运作专班,并建立了每周例会制度和重要事项会商制度。各区、县(市)也对应建立工作专班,按照综合、宣传、业务各条线工作建立了对应的钉钉群,对应工作口通过"浙政钉"及时交流、发布消息、总结亮点。分管副市长不定期召开各部门工作推进会,不断压实各级各部门责任。绍兴市借鉴"五水共治"和"美丽乡村"建设先进经验,配套实施方案和三张清单,按照年度制定《绍兴市"无废城市"建设试点工作考核办法》《各区、县(市)"无废城市"建设试点考核任务及评分细则》《市级成员单位"无废城市"建设试点考核任务及评分细则》,下发考核任务书,通过倒排时间、挂图作战、定点销号全面抓好落实工作。在制度保障后,为进一步压实属地政府责任,建立了市政府分管市长带队督导、各季度市级部门联合进行现场督导、"无废"专班常规例行检查的督导机制,针对督导过程中发现的问题及时下发督办单,要求相关部门单位立行立改。

通过"无废城市"建设试点的开展,绍兴市基本完成了固体废物领域各部门职责的梳理,通过部门协商、市领导协调等确立了较明确的职责边界,形成了一套各部门协同、全流程无缝衔接的闭关管理模式,并逐步形成长效机制。

2.2.3 强化要素保障,凝聚形成工作合力

试点城市/地区围绕推进"无废城市"建设的政策、土地、资金、技术等方面的需求,着力抓好要素保障,推动实施方案各项任务落地见效。绍兴市全面梳理各级规章制度,按照"好的实施,不足的修订,空白的制订"的原则重点推进,制定了"无废城市""62+X"项制度体系,强化制度供给。重庆市级财政安排 5 000余万元专项资金支持"无废城市"建设。深圳市成立"无废城市"技术产业协会,吸收国内 80 余家从事固体废物利用处置的骨干企业,与"一带一路"沿线 55 个

国家的 200 多个华侨商会进行对接，推动交流合作。许昌市利用"无废城市"试点机遇，吸引 9 个对德战略和技术合作项目以及 7.9 亿元投资，有力地推动了传统支柱产业升级。徐州市与国家开发银行展开深入合作，通过统筹融资内容、还款来源、增信方式，获得国家开发银行贷款授信约 45.5 亿元支持循环经济产业园建设。三亚市统筹城市基础设施用地，规划建设总用地面积约 3 043 亩①的循环经济产业园，全面解决生活垃圾、建筑垃圾、餐厨垃圾、危险废物、医疗废物等固体废物利用处置设施的用地问题。绍兴市组建了由 79 名专家组成的"无废城市"本地专家团队，建立专家帮扶机制，指导区、县落实"无废城市"建设各项工作。北京经济技术开发区围绕"无废城市"建设试点核心任务，安排"无废园区"建设、危险废物豁免管理、餐厨垃圾就地处理、污泥减量等 4 项课题研究，输出绿色智慧和技术。

徐州市创新实施"三统筹" 破解融资难题

徐州市循环经济产业园包含生活垃圾焚烧发电、餐厨垃圾处理、危险废物处置、饱和废活性炭再生利用等 11 个环保项目，"中国无废城市文化"展示馆、"中国循环经济产业"博览馆、国家级工程技术研发中心等 3 个科研宣教类项目，以及相关配套工程，总投资达 60 亿元。针对产业园中各项目"小而散、选址难、公益性强"导致的融资难问题，徐州市按照"项目系统规划、资源充分整合、园区分步建设、收益整体平衡"的原则，发挥新盛集团国资平台融资优势，加强与国家开发银行对接，利用"无废城市"建设试点、长江大保护、江苏省全域生态提升等国家和地区重大战略契机，创新性地提出统筹融资内容、还款来源、增信方式的"三统筹"融资模式，解决了产业园起步区建设资金需求，有力推进了徐州市"无废城市"建设。

一是统筹融资内容。徐州市突破传统贷款项目不得与不相关其他项目建设内容捆绑申请的限制，即污水处理、建筑垃圾处理等环保项目、园区基础设施建设项目与影响区居民搬迁安置项目之间无直接关联性，项目互相独立，在融资方案设计中，将上述互相独立的板块、项目以起步区建设的名义打包作为一个整体，推进贷款评

---

① 1 亩=1/15 公顷。

审工作。

　　二是统筹还款来源。综合材料处置、污水处理、建筑垃圾处置等环保项目自身具有较好的现金流，符合银行贷款的评审政策，但园区基础设施建设项目及影响区居民搬迁安置项目现金流较弱，难以满足银行贷款评审要求。因此，将上述项目以起步区建设的名义整体打包后，各子板块的现金流汇总成为起步区建设项目的整体收入，并作为贷款的第一还款来源，同时以母公司新盛集团的综合现金流作为有效补充，突破传统贷款中项目自身收入必须覆盖贷款本息的限制，使得打包后的项目在收入能力上符合贷款评审要求。

　　三是统筹增信方式。本次纳入贷款范畴的环保项目建设、园区基础设施建设及影响区居民搬迁安置 3 个板块实施内容中，仅环保产业项目具有可抵押的土地或房产，符合贷款评审合规性要求；基础设施建设具有少量可供抵押的土地及房产，影响区居民搬迁安置项目无可供抵押的土地或房产资源，均不满足贷款评审合规性要求。在贷款方案设计中，将 3 个板块涉及的所有土地、房产、机器设备统一作为抵押物向国家开发银行进行贷款抵押，并增加母公司新盛集团担保，使得项目整体具有自我抵押增信的能力，同时增加了新盛集团 AAA 级信用评级的担保增信，满足了贷款评审增信要求，突破了项目自身资产评估抵押价值必须覆盖贷款本息的限制。

　　通过创新实施"三统筹"融资模式，徐州市循环经济产业园项目最终获得国家开发银行授信贷款约 45.5 亿元，期限 20 年，有效解决了产业园融资难题，成为国家开发银行系统内资源循环利用产业园类项目中"首例"获批的贷款项目。

2.2.4　加强宣传教育，引导全民共同参与

　　试点城市/地区将提高"无废城市"知晓度和民众参与度作为重点，努力营造全社会广泛认同、广泛参与的氛围，制定"无废城市"建设宣传工作方案，通过宣传册、海报、报纸、电视、电影院、公交、出租车、商业户外电子屏、微信公众号等多渠道，采取多种形式，全方位、多渠道宣传"无废"理念。绍兴市、铜陵市设计"无废城市"卡通形象。深圳市、徐州市、绍兴市、威海市、北京经济技术开发区、天津生态城、光泽县等拍摄宣传片，制作系列科普动画片。深圳市、重庆市组织开展"无废城市"线上专家讲座和线下主题活动等。

试点城市/地区充分发挥群团组织作用，针对不同群体，开展差异化宣传。三亚市以旅游行业为媒介，打造机场—酒店—景区—商场—海岛的第一印象区，树立绿色旅游品牌形象，打造"无废城市"宣传窗口。重庆市在市自然博物馆地球厅举办"无废"科普展，面向全市青少年开展生态文明教育。深圳市建立"无废城市"宣传教育基地，供全体市民免费参观。瑞金市发挥红色资源优势，将"无废城市"建设理念融入红色培训教育全过程，全方位打造"无废城市"建设理念的宣传高地，如发挥课堂教学主渠道作用，编制"无废城市"生活手册、中小学生"无废城市"教材等。雄安新区率先编制"无废城市"教材，并将其纳入新区15年教育体系，植入"无废基因"。试点城市/地区以"无废细胞"为载体，有力推动试点工作。《"无废城市"建设指标体系（试行）》中提出，"无废城市细胞"是指社会生活的各个组成单元，包括机关、企事业单位、饭店、商场、集贸市场、社区、村镇、家庭等，是贯彻落实"无废城市"建设理念、体现试点工作成效的重要载体。试点城市/地区制定评价标准，培育节约型机关、绿色饭店、绿色学校、绿色商场、绿色社区、绿色快递网点（分拨中心）等"无废细胞"7 200余个。

参考文献

[1] 陈瑛，滕婧杰，赵娜娜，等．"无废城市"试点建设的内涵、目标和建设路径[J]．环境保护，2019，47（9）：21-25.

【本章作者：郭琳琳，王永明，滕婧杰】

第3章

工业领域『无废城市』建设的探索与实践

3.1　试点背景

随着改革开放 40 多年来的高速工业化发展进程,我国已经从一个农业大国转变为一个工业大国,并形成了庞大的生产能力,工业经济在整个国民经济中占主体地位。

矿产资源、能源是经济发展的基础。我国 90%以上的能源、80%以上的工业原料、70%以上的农业生产原料都来自矿产资源[1]。在资源开发和利用的过程中,无法被利用或被认为无用的部分及产品被丢弃,由此产生了固体废物。我国处于全球工业产业链的前端,资源能源开采及初级加工比重高于发达国家水平,工业活动强度居世界首位,是全球第一大资源能源生产国和消费国,也是工业固体废物产生大国。

2019 年,我国工业固体废物产生量达到了 44.1 亿吨,但综合利用率仅为 53% 左右。我国每年不得不对约 21 亿吨新产生的固体废物进行填埋处置或贮存,历年堆存的工业固体废物总量约为 600 亿吨。其中,金属矿产资源开采和加工过程中产生的尾矿、冶炼渣,煤炭消费生产过程中产生的粉煤灰、脱硫石膏等固体废物,以及资源深加工过程中产生的危险废物等固体废物综合利用问题尤为突出。在资源开发加工工业集中的西部地区、大中型城市等地,工业固体废物大量堆存导致的大气扬尘、土壤和地下水环境污染等问题十分突出,环境突发事件时有发生,已经成为影响区域环境质量改善和局部地区社会稳定的突出问题之一。

固体废物不仅仅是"废物",其中未能利用的有价值的资源在一定技术、经济条件下可以被再次提取和利用。尤其是金属生产过程中产生的尾矿、冶炼渣等固体废物中,赋存大量未能提取的低品位矿产资源,如能充分资源化,可形成稳定的二次资源供应能力,可在一定程度上降低我国战略资源的对外依存度。如能将我国有色金属总回收率提升至发达国家 70%~80%的水平,在维持现有消费水平不变的情况下,可减少开采有色金属原生矿产 7 亿~7.5 亿吨,将我国有色金属平均对外依存度从目前的 54%降低到 20%~23%,同时从根本上消除固体废物堆存导致的长期环境风险。因此,工业固体废物分类资源化利用是缓解我国资源环境约束的重要途径之一,是我国生态文明建设的重要途径和基本保障之一。

3.1.1 工业固体废物的产生、利用处置情况

1. 我国工业固体废物产生、利用处置情况

一般工业固体废物，是指在工业生产活动中产生的除危险废物之外的固体废物。根据生态环境部的统计数据[2]，2010—2019 年，我国一般工业固体废物产生量、综合利用量、处置量总体呈上升趋势。2019 年，一般工业固体废物产生量为 44.1 亿吨，综合利用量为 23.2 亿吨，处置量为 11.0 亿吨（图 3-1），相比于 2010 年，一般工业固体废物产生量增加了 83%，约 20 亿吨；综合利用量增加了 43%，约 7 亿吨；处置量增加了 93%，约 5.3 亿吨。

根据《2019 年中国生态环境统计年报》[2]，2019 年，一般工业固体废物产生量排名前 5 位的地区依次为山西、内蒙古、河北、山东和河南，分别占全国一般工业固体废物产生量的 11.8%、9.7%、7.4%、7.3%和 5.7%（表 3-1）。一般工业固体废物综合利用量排名前 5 位的地区依次为山东、山西、河北、安徽和河南，分别占全国一般工业固体废物综合利用量的 10.9%、7.9%、7.6%、5.7%和 5.2%。一般工业固体废物处置量较大的地区主要为山西和内蒙古，处置量分别为 2.7 亿吨和 1.9 亿吨，占全国一般工业固体废物处置量的 24.8%和 17.6%。

图 3-1　2010—2019 年我国工业固体废物产生量、综合利用量、处置量

数据来源：历年《中国生态环境统计年报》。

表 3-1 2019 年一般工业固体废物产生量排名前 5 位的地区[2] 单位：亿吨

省份	一般工业固体废物产生量	一般工业固体废物综合利用量	一般工业固体废物处置量
山西	5.203 8	1.832 8	2.728
内蒙古	4.277 7	1.136 8	1.936
河北	3.263 4	1.763 2	0.572
山东	3.219 3	2.528 8	0.33
河南	2.513 7	1.206 4	0.638

2．主要工业行业和大宗工业固体废物产生、综合利用和处置情况

2019 年，一般工业固体废物产生量有 9 个行业超过 1 亿吨，居前 5 位的行业依次为电力、热力生产和供应业，有色金属矿采选业，煤炭开采和洗选业，黑色金属冶炼和压延加工业，黑色金属矿采选业，均超过 5 亿吨，分别占全国一般工业固体废物产生量的 17.50%、14.90%、14.00%、12.80%和 12.20%（图 3-2）。

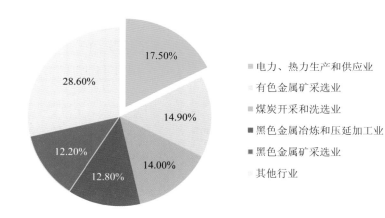

图 3-2 2019 年一般工业固体废物产生量行业构成

数据来源：《2019 年生态环境统计年报》。

一般工业固体废物综合利用量排名前 5 位的行业依次为电力、热力生产和供应业，黑色金属冶炼和压延加工业，煤炭开采和洗选业，化学原料和化学制品制造业和非金属矿采选业，均超过 1 亿吨，分别占全国一般工业固体废物综合利用量的 23.80%、20.20%、12.50%、9.90%和 5.40%。一般工业固体废物处置量排名

前 5 位的行业依次为有色金属矿采选业，煤炭开采和洗选业，黑色金属矿采选业，电力、热力生产和供应业，化学原料和化学制品制造业，分别占全国工业企业一般工业固体废物处置量的 22.2%、21.9%、15.1%、14.3% 和 6.3%。

大宗工业固体废物，是指我国各工业领域在生产活动中，年产生量在 1 000 万吨以上、对环境影响较大的固体废物，主要包括尾矿、粉煤灰、煤矸石、冶炼废渣、炉渣、脱硫石膏、磷石膏、赤泥和污泥等。大宗工业固体废物的综合利用作为我国构建绿色低碳循环经济体系的重要组成部分，既是资源综合利用、全面提高资源利用效率的本质要求，更是助力实现碳达峰碳中和、建设美丽中国的重要支撑。根据《2020 年全国大、中城市固体废物污染环境防治年报》，我国大宗工业固体废物资源化利用情况如下：

1）尾矿

尾矿是指金属非金属矿山开采出的矿石，经选矿厂选出有价值的精矿后产生的固体废物，包括各种金属和非金属矿石的选矿。2019 年，重点发表调查工业企业尾矿产生量为 10.3 亿吨，综合利用量为 2.8 亿吨（其中利用往年贮存量为 1 777.5 万吨），综合利用率为 27%。尾矿产生量最大的两个行业是有色金属矿采选业和黑色金属矿采选业，其产生量占比分别为 44.5% 和 42.5%（图 3-3），综合利用率分别为 27.1% 和 23.4%。

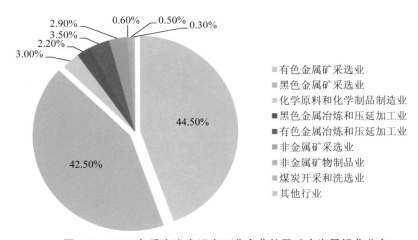

图 3-3　2019 年重点发表调查工业企业的尾矿产生量行业分布

数据来源：2020 年全国大、中城市固体废物污染环境防治年报。

2）粉煤灰

2019 年，重点发表调查工业企业的粉煤灰产生量为 5.4 亿吨，综合利用量为 4.1 亿吨（其中利用往年贮存量为 213 万吨），综合利用率为 74.7%。粉煤灰产生量最大的行业是电力、热力生产和供应业，其产生量为 4.7 亿吨，综合利用率为 75.2%；其次是化学原料和化学制品制造业，有色金属冶炼和压延加工业，石油、煤炭及其他燃料加工业，造纸和纸制品业，其产生量分别为 2 312.2 万吨、1 363.9 万吨、993.5 万吨和 656.7 万吨，综合利用率分别为 64.20%、63.00%、70.20% 和 76.60%（图 3-4）。

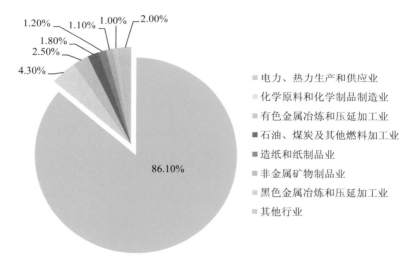

图 3-4　2019 年重点发表调查工业企业的粉煤灰产生量行业分布

数据来源：《2020 年全国大、中城市固体废物污染环境防治年报》。

3）煤矸石

煤矸石，是指与煤层伴生的一种含碳量低、比煤坚硬的黑灰色岩石，包括巷道掘进过程中的掘进矸石，采掘过程中从顶板、底板及夹层里采出的矸石以及洗煤过程中挑出的洗矸石。2019 年，重点发表调查工业企业的煤矸石产生量为 4.8 亿吨，综合利用量为 2.9 亿吨（其中利用往年贮存量为 525.7 万吨），综合利用率为 58.9%。煤矸石主要是由煤炭开采和洗选业产生，其产生量为 4.7 亿吨，综合利用率为 58.9%。

4）冶炼废渣

冶炼废渣，是指在冶炼生产中产生的高炉渣、钢渣、铁合金渣等，不包括列入《国家危险废物名录》中的金属冶炼废物。2019 年，重点发表调查工业企业的冶炼废渣产生量为 4.1 亿吨，综合利用量为 3.6 亿吨（其中利用往年贮存量为 498.8 万吨），综合利用率为 88.6%。冶炼废渣产生量最大的行业是黑色金属冶炼和压延加工业，其产生量为 3.6 亿吨，综合利用率为 91.2%；其次是有色金属冶炼和压延加工业，其产生量为 3 132.3 万吨，综合利用率为 66.8%。

5）炉渣

炉渣，是指企业燃烧设备从炉膛排出的灰渣，不包括燃料燃烧过程中产生的烟尘。2019 年，重点发表调查工业企业的炉渣产生量为 3.2 亿吨，综合利用量为 2.3 亿吨（其中利用往年贮存量为 121.4 万吨），综合利用率为 72.7%。炉渣产生量最大的行业是电力、热力生产和供应业，其产生量为 1.7 亿吨，综合利用率为 72%；其次是黑色金属冶炼和压延加工业，产生量为 7 745.8 万吨，综合利用率为 87.3%；第三位是化学原料和化学制品制造业，产生量为 3 655.4 万吨，综合利用率为 59.1%。

6）脱硫石膏

脱硫石膏，是指在废气脱硫的湿式石灰石/石膏法工艺中，吸收剂与烟气中二氧化硫等反应后生成的副产物。2019 年，重点发表调查工业企业的脱硫石膏产生量为 1.3 亿吨，综合利用量为 9 617.4 万吨（其中利用往年贮存量为 75.9 万吨），综合利用率为 71.3%。脱硫石膏产生量最大的行业是电力、热力生产和供应业，其产生量为 1.1 亿吨，综合利用率为 71.3%；其次为黑色金属冶炼和压延业，其产生量为 783.7 万吨，综合利用率为 76.1%。

3.1.2 工业固体废物主要管理政策

我国现行的法律法规中，明确了固体废物管理的减量化、资源化、无害化的原则，并提出了较为完整的制度要求。

《固体废物污染环境防治法》以减少固体废物的产生量和危害性、充分合理利用固体废物和无害化处置固体废物为原则，建立了污染环境防治责任制度、工业固体废物申报登记制度、推广先进淘汰落后制度、污染环境防治监督制度等核心制度；明确了以产生、收集、贮存、运输、利用、处置设施和场所管理为抓手；规定了工业固体废物污染防控措施及产生者、收集者、贮存者、运输者、利用者、处置者及管理者的原则责任或具体要求。

《循环经济促进法》比较侧重于鼓励性手段，约束性手段比较弱。该法以减量化优先、保障再利用和资源化过程中的生产和产品安全为原则，在主要污染物排放总量控制、评价考核、监督管理、统计、标准、名录、生产者责任、产品推广、专项资金、税收优惠、信贷支持、价格政策等方面建立起了相应的制度和措施，明确了工业固体废物产生者、循环利用者、销售者、监督管理者等的责任和发展工业固体废物循环利用的措施抓手。

《清洁生产促进法》同样是一部促进法，约束性较弱。该法以源头削减污染、提高资源利用效率为原则，以清洁生产责任制度为核心，在推行经济、技术、导向目录、政府优先采购、重点企业监督、重点行业清洁生产指南、重点地区清洁生产指南、清洁生产信息管理系统、评估验收、产品宣传推广、财政税收政策、专项资金、表彰奖励等方面建立起了相应的制度和措施，明确了产生者、循环利用者、销售者、第三方评估验收者、监督管理者的责任和清洁生产的措施抓手。

同时，我国在围绕固体废物源头减量化环节、资源化利用环节、无害化贮存、处置环节以及绿色制造体系环节出台了一系列的法规及相关政策性文件。

1. 源头减量化环节

技术政策方面，《火电厂污染防治技术政策》（环境保护部公告　2017 年第 1 号）提出了火电厂粉煤灰和脱硫石膏的产生、利用、贮存和污染防治等方面的要求；《矿山生态环境保护与污染防治技术政策》（环发〔2005〕109 号）提出了矿山废物尾矿、煤矸石的源头削减、综合利用和贮存方面的规定；《钢铁工业污染防治技术政策》（环境保护部公告　2013 年第 31 号）提出了钢渣、含铁尘泥、高炉渣（水渣、干渣）等钢铁工业固体废物的减量化、处理利用等要求；《铅锌冶炼工业污染防治技术政策》（环境保护部公告　2012 年第 18 号）提出了铅锌冶炼工业铅锌渣污染防治要求；《铝行业规范条件》（工业和信息化部公告　2013 年第 36 号）提出了赤泥的源头减量和综合利用的规定；《关于含钾岩石等矿产资源合理开发利用"三率"最低指标要求（试行）的公告》（自然资源部公告　2020 年第 4 号）强化了含钾岩石等矿产资源合理开发利用的监督管理，促进矿山企业节约与综合利用矿产资源;自然资源部印发《绿色矿山评价指标》(自然资矿保函〔2020〕28 号),开展年度绿色矿山遴选,发布全国绿色矿山名录,督促矿山企业减少各类矿业固体废物产生量和贮存量;《关于印发全面开展尾矿库风险隐患排查治理工作方案的通知》(应急〔2020〕21 号),强化防范化解尾矿库重大安全风险和重大环境风险各项责任措施的落实,遏制重特大生产安全事故和重特大突发环境事件的发生。

技术指南方面,《火电厂污染防治可行技术指南》(HJ 2301—2017)、《铜冶炼污染防治可行技术指南(试行)》(环境保护部公告 2015 年第 24 号)明确了火电厂、铜冶炼行业污染防治可行技术及最佳可行技术;《玻璃制造业污染防治可行技术指南》(HJ 2305—2018)、《陶瓷工业污染防治可行技术》(HJ 2304—2018)、《印刷工业污染防治可行技术指南》(HJ 1089—2020)、《纺织工业污染防治可行技术指南》(HJ 1177—2021)、《工业锅炉污染防治可行技术指南》(HJ 1178—2021)、《汽车工业污染防治可行技术指南》(HJ 1181—2021),明确了印刷业、玻璃制造业、陶瓷业、工业锅炉、汽车等行业固体废物污染防治技术。

2. 资源化利用环节

在管理办法和指导意见方面,《粉煤灰综合利用管理办法》(2013 年第 19 号令)、《煤矸石综合利用管理办法》(2014 年修订版)、《关于工业副产石膏综合利用的指导意见》(工信部节〔2011〕73 号)、《赤泥综合利用指导意见》(工信部联节〔2010〕401 号),对粉煤灰、煤矸石、工业副产石膏和赤泥等固体废物的产生、运输、利用和贮存等环节的管理,提出了详细的管理办法;目前,生态环境部正在修订《防治尾矿污染环境管理规定》,规范尾矿污染防治,强化环境监督管理。

在推荐技术目录方面,《煤矸石利用技术导则》(GB/T 29163—2012)、《工业固体废物综合利用先进适用技术目录》(工信部公告 2013 年第 18 号)、《国家工业资源综合利用先进适用技术装备目录》(工信部)、《金属尾矿综合利用先进适用技术目录》(工联节〔2011〕139 号)、《矿产资源节约与综合利用鼓励、限制和淘汰技术目录》(国土资发〔2014〕176 号),对尾矿、煤矸石、粉煤灰、工业副产石膏、赤泥、钢铁冶炼固体废物、有色冶金固体废物综合利用的先进适用技术和重点发展技术作了详细介绍。

在管理措施抓手方面,《关于加快建设绿色矿山的实施意见》(国土资规〔2017〕

4 号）提出在绿色矿山建设过程中，将矿业固体废物综合利用作为重要验收指标。

在激励性政策方面，《关于企业范围内的荒山、林地、湖泊等占地城镇土地使用税有关政策的通知》（财税〔2014〕1 号）提出对已按规定免征城镇土地使用税的企业范围内荒山、林地、湖泊等占地，在两年限期内按应纳税额减半征收城镇土地使用税；《关于构建绿色金融体系的指导意见》（银发〔2016〕228 号）提出通过发展绿色信贷、推动证券市场支持绿色投资、设立绿色发展基金，通过政府和社会资本合作（PPP）模式动员社会资本等方式，提高资源节约高效利用；《关于创新和完善促进绿色发展价格机制的意见》（发改价格规〔2018〕943 号）提出健全固体废物处理收费机制；《关于印发城镇污水处理提质增效三年行动方案》（建城〔2019〕52 号）加大资金投入污水收集设施建设工程、完善污水处理收费政策，补偿污水处理和污泥处理处置设施正常运营成本；《关于从事污染防治的第三方企业所得税政策问题的公告》（财政部公告　2019 年第 60 号）提出对符合条件的从事污染防治的第三方企业减按 15% 的税率征收企业所得税。

3．无害化贮存、处置环节

监督管理方面，《尾矿库安全监督管理规定》（安全监管总局令　第 38 号令）对尾矿库的建设、运行、回采、闭库的安全技术要求和安全管理与监督工作作了规定。

处理处置方面，《一般工业固体废物贮存、处置场污染控制标准》（GB 18599—2001）对一般工业固体废物贮存、处置场在建造和运行过程中涉及的环境保护要求做了规定；《磷石膏的处理处置规范》（GB/T 32124—2015）规定了磷石膏处理处置的方法原理、生产工艺流程、原辅材料、生产工艺路线和操作步骤、安全以及环境保护；《非金属行业绿色矿山建设规范》等 9 个行业绿色矿山建设规范，规定各类矿山资源开采的 "三率" 指标，并要求固体废物处置率达到 100%；《煤炭工业污染物排放标准》（GB 20426—2006）规定了煤矸石堆置场管理技术要求。

4．绿色制造体系环节

《固体废物污染环境防治法》第三十七条提出："拆解、利用、处置废弃电器电子产品、废弃机动车船等，应当遵守有关法律、法规的规定，采取防止污染环境的措施。"

《循环经济促进法》第十九条提出：对在拆解和处置过程中可能造成环境污染的电器电子等产品，不得设计使用国家禁止使用的有毒有害物质。禁止在电器电子等产品中使用的有毒有害物质名录，由国务院循环经济发展综合管理部门会同国务院环境保护等有关主管部门制定。第三十八条提出：对废电器电子产品、报废机动车船、废轮胎、废铅酸电池等特定产品进行拆解或者再利用，应当符合有关法律、行政法规的规定。第三十九条提出：回收的电器电子产品，经过修复后销售的，必须符合再利用产品标准，并在显著位置标识为再利用产品。回收的电器电子产品，需要拆解和再生利用的，应当交售给具备条件的拆解企业。

《清洁生产促进法》规定，在产品的设计中，应考虑在产品生命周期中对人类健康和环境的影响，优先选择无毒、无害、易于降解或者便于回收的方案；采用资源利用率高、污染物产生量少的工艺和设备。

2016 年以来，工业和信息化部单独或联合相关部委颁布实施的《工业绿色发展规划（2016—2020 年）》《绿色制造工程实施指南（2016—2020 年）》及《绿色制造标准体系建设指南》等文件，都将打造绿色供应链作为工业绿色发展的一项重点工作，明确围绕汽车、电子电器、通信、大型成套装备等行业龙头企业开展试点示范工作，旨在到 2020 年，在这些行业初步建立绿色供应链管理体系。2017 年，国务院办公厅印发了《关于积极推进供应链创新与应用的指导意见》，提出要建立供应链回收平台，落实生产者责任延伸制度，为绿色供应链的末端环节也提供保障。《绿色制造　制造企业绿色供应链管理导则》（GB/T 33635—2017）对制造企业开展绿色供应链管理工作提出了明确要求。《企业绿色采购指南（试行）》和《环保"领跑者"制度实施方案》鼓励企业在满足有关环境标准、产品质量和安全要求的情况下，优先采购和利用可再生资源作为原材料。商务部、工业和信息化部、生态环境部等八部委联合发布《关于开展供应链创新与应用试点的通知》，明确提出积极发展工业供应链。

3.1.3　工业固体废物存在的突出问题

1. 矿业固体废物大量产生，历史遗留贮存总量居高不下

开展资源综合利用是我国深入实施可持续发展战略的重要内容，大宗工业固体废物产生量大、环境影响突出、利用前景广阔，是资源综合利用的核心领域，推进大宗工业固体废物综合利用对提高资源利用效率、改善环境质量、促进经济社会发展全面绿色转型具有重要意义。在我国，矿业固体废物是我国产生量最大的一类固体废物，矿业固体废物指开采和洗选矿石过程中产生的废石和尾矿，当前矿业固体废物产生总量大、利用率低，导致尾矿等大量堆存。据国土部门不完全统计，截至 2016 年年底，全国仍有尾矿库 9 656 个，2017 年，我国尾矿等一般工业固体废物累计堆存量已达到 600 亿～700 亿吨，部分地区历史遗留工业固体废物堆存问题始终未能得到有效解决，环境风险问题十分突出，特别是尾矿库等设施，运行维护难度大，容易引发次生环境风险。部分资源能源开发基地历史遗留固体废物堆存问题始终未能得到根本解决。2019 年黑色金属和有色金属开采行业工业固体废物贮存处置总量占到全国工业固体废物贮存处置总量的 44%。除此之外，水泥、混凝土、砖、砂石骨料等建材生产作为消纳工业固体废物的重点行业，产能过剩问题突出，综合利用产品市场空间十分有限。

2. 绿色制造体系发展缓慢，固体废物产生缺少有效控制

绿色制造体系主要包括以下几方面内容：绿色工厂、绿色产品、绿色园区、绿色供应链、绿色制造标准体系、绿色制造评价机制和绿色制造服务平台等。在我国绿色制造体系发展缓慢，主要体现在工业生产体系中，资源利用效率高的先进技术和工艺应用不足；二次资源在生产原料中占比不高；有利于产品废弃后拆解、回收等的产品绿色设计开展较少；以减少资源消耗和废物产生，开展废弃产品回收利用的绿色供应链设计相对滞后；固体废物产生环节管理粗放，源头分类不足，固体废物品质较低等问题，导致大量固体废物难以利用。

（1）产品绿色设计不足。采取绿色设计的产品相对于其他产品来说，生产成本高、收益较低，由于现有法律制度缺少强制要求，对外部性成本内化缺少足够激励措施和机制，我国电子电器、汽车、机械等产品制造的部分龙头企业虽然开展了一些相关工作，但更多的是关注自身产品生产过程，对产品全生命周期考虑不足，特别是在替代和减少有毒有害物质使用、提高产品可拆解性、提高再生原材料使用比例、限制一次资源使用等方面仍然相对薄弱。产品绿色设计评价规范覆盖类别相对较少，汽车和机械产品相关技术规范尚未出台。

（2）绿色供应链管理政策及配套制度不完善。我国在绿色供应链管理建设方面缺少技术规范标准等制度政策，对大型企业开展绿色采购等缺少强制性要求和激励机制，缺乏评价标准和激励措施。在实施绿色供应链管理过程中，缺少评价标准和认证体系，企业开展绿色供应链建设缺少技术指引。绿色供应链管理推广

机制不完善，对产业链带动作用不明显。

（3）重点工业产品生产者责任延伸制仍存在较大差距。除电子电器产品外，汽车、机械等产品生产者责任延伸制尚未建立有效管理措施，生产者对报废汽车、废动力电池、报废机械装备等生产者责任制具体要求不清楚。特别是各类废弃产品回收环节，生产者参与不足，现有销售网络的逆向回收能力未能发挥作用。生产者对于报废产品在拆解、贮存、梯级利用、再制造、无害化处置等方面参与不足，缺少相关标准体系指引，废弃产品拆解、利用、处理过程中资源浪费现象比较普遍。

3. 综合利用政策标准尚不完善，产业发展缺少规范和引领

我国对于工业固体废物综合利用过程二次污染控制、高价资源有效回收、非金属资源替代，以及综合利用产品环境健康风险评估与控制等方面，缺少明确的技术政策和规范标准要求，资源化利用产业发展缺少技术规范引领，消费者对综合利用产品的安全性存在疑虑。工业副产品、固体废物利用产品鉴定鉴别体系不完善，副产品、资源化利用产品无法进入正常的工业产品市场。

3.2 试点思路

3.2.1 全面实施绿色开采，减少矿业固体废物存量

在"无废城市"建设试点工作方案主要任务中指出，要实施工业绿色生产，推动大宗工业固体废物贮存处置总量趋零增长。全面实施绿色开采，减少矿业固体废物产生和贮存处置量。以煤炭、有色金属、黄金、冶金、化工、非金属矿等行业为重点，按照绿色矿山建设要求，因"矿"制宜采用充填采矿技术，推动利用矿业固体废物生产建筑材料或治理采空区和塌陷区等。到 2020 年，试点城市/地区的大、中型矿山达到了绿色矿山建设的要求和标准，其中煤矸石、煤泥等固体废物实现全部利用。

全面推进绿色矿山建设，强化在绿色矿山建设过程中实行尾矿库总量控制，严格控制尾矿库数量和容量；在有条件地区强制推行井下充填等技术，推广粉煤灰、工业副产石膏、冶炼渣等用于替代水泥作为充填材料；促进尾矿、废石及粉煤灰、工业副产石膏等在矿山生态环境综合治理中的应用，协同解决局部地区工

业固体废物大量堆存问题；推行干排方式堆存尾矿，减少尾矿占地，促进尾矿综合利用；鼓励从尾矿中提取有价组分，落实并适当放宽充填采矿法开采矿体资源税减免条件。将矿业固体废物纳入非金属矿产资源开发管理，实施禁止开山炸石、禁止使用实心黏土砖、禁止河砂开采等举措，为矿业固体废物建材系列产品腾出市场空间和环境空间。

3.2.2 推进绿色制造体系，促进全产业链固体废物减量

"无废城市" 建设试点工作方案主要任务中指出，要开展绿色设计和绿色供应链建设，促进固体废物减量和循环利用。大力推行绿色设计，提高产品可拆解性、可回收性，减少有毒有害原辅料使用，培育一批绿色设计示范企业；大力推行绿色供应链管理，发挥大企业及大型零售商带动作用，培育一批固体废物产生量小、循环利用率高的示范企业。以铅酸蓄电池、动力电池、电器电子产品、汽车为重点，落实生产者责任延伸制，到 2020 年，基本建成废弃产品逆向回收体系。

我国在推动制造业转型发展的过程中，将绿色产品、绿色工厂、绿色工业园区、绿色供应链作为全面推进绿色制造体系建设的重中之重。

在产品绿色设计方面，我国现已出台了 17 类工业产品绿色产品设计规范。通过产品绿色设计，可以有效降低工业产品全生命周期过程中资源消耗和固体废物产生水平，特别是通过控制含有毒有害物质的原料的使用，可大幅降低危险废物的产生。随着清洁生产水平的不断提升，在生产过程中可有效实现资源充分循环利用，既减少一次资源采购压力，也大大降低固体废物管理成本，对于脱硫环节的生产控制，还可以实现固体废物品质提升，为替代天然资源提供保障，最终建成绿色工厂和绿色园区。

通过绿色供应链设计，主要是建立以资源节约、环境友好为导向的采购、生产、营销、回收及物流体系，可有效带动相关产业提升环境资源综合效益，实现全产业链固体废物减量和无害化。我国已经针对汽车、电子电器、通信、大型成套装备等在工业经济体系中发挥资源使用消费核心枢纽作用的行业，开展了绿色供应链建设示范。

在绿色工厂和绿色工业园区建设过程中，我国继承和发展了生态工业园区建设思路，形成了以废物资源化为主体的有效模式。

3.2.3　扶持综合利用产业，推动固体废物减量化、资源化、无害化

"无废城市"建设试点工作方案主要任务中指出，要健全标准体系，推动大宗工业固体废物资源化利用。以尾矿、煤矸石、粉煤灰、冶炼渣、工业副产石膏等大宗工业固体废物为重点，完善综合利用标准体系，分类制定工业副产品、资源综合利用产品等产品技术标准。推广一批先进适用技术装备，推动大宗工业固体废物综合利用产业规模化、高值化、集约化发展。严格控制增量，逐步解决工业固体废物历史遗留问题。以磷石膏等为重点，探索实施"以用定产"政策，实现固体废物产消平衡。全面摸底调查和整治工业固体废物堆存场所，逐步减少历史遗留固体废物贮存处置总量。

近年来，我国在各类大宗工业固体废物综合利用产品开发和推广应用方面进行了深入探索和实践，综合利用产品系列逐步完善，市场占有率有所提高。一是积极推动大规模利用工业固体废物的技术应用。如已经广泛应用的粉煤灰、炉渣等用于路基材料，尾矿、冶炼渣用于生产建筑骨料，粉煤灰、脱硫石膏、尾矿、冶炼渣等经处理后用于盐碱地改良等。二是建立企业间、行业间、产业间共生循环型工业体系，促进资源梯级利用。如我国在发展生态工业园区、园区循环化改造等过程中，钢铁行业生产系统与社会生活系统通过热能、水、再生资源等逐步实现循环链接。三是采取切实措施限制可替代资源的生产使用和消费，提高综合利用产品市场占有率。例如，浙江、承德等地禁止生产销售黏土砖、页岩砖，京津冀地区、山西朔州禁止开山炸石等，这些措施有效推动了区域建材产品市场替代。四是强化综合利用标准体系引领支撑作用。包括综合利用过程二次污染控制、综合利用产品质量控制和产品标准等。五是强化大宗工业固体废物综合利用激励措施。加快推进工业固体废物综合利用技术标准体系、综合利用产品评估推广和绿色采购、跨区域利用鼓励等措施的制定和出台，促进资源输出地区大宗工业固体废物向综合利用产品需求量大的区域流动。

针对大宗工业固体废物整体及具体种类的大宗工业固体废物（如尾矿、冶炼渣、煤矸石、赤泥、粉煤灰、工业副产石膏等），其关键措施可参见表3-2。

表 3-2 大宗工业固体废物贮存处置总量趋零增长主要技术路线和关键措施

适用范围	流程	核心环节	关键措施
整体	减量化	环保税	严格征收各类固体废物环保税，促进企业升级改造技术装备，减少固体废物排放，积极开展固体废物综合利用工作
		清洁生产	鼓励、要求、限定产废企业进行清洁生产，减少和避免废弃物的产生
		节能减排	推进节能减排工作，降低能源消耗，减少废弃物的产生
	资源化	税收优惠措施	落实资源综合利用产品增值税优惠等优惠政策
		政府采购制度	推动将符合标准的、与政府采购密切相关的固体废物综合利用产品纳入政府采购政策扶持范围，拉动固体废物综合利用产品的消费市场
		完善标准体系	制定完善符合地方现状的固体废物综合利用产品标准，帮助提升产品市场认可度
		关键共性技术研究	通过国家科技计划（基金、专项）等对固体废物高附加值利用关键共性技术的自主创新研究和产业化推广给予一定支持
		水泥窑协同处置	利用水泥窑协同处置固体废物技术，规模化利用固体废物
	无害化	堆场生态修复	采用生态修复技术，推进固体废物堆场生态修复，实现土地资源的再次利用
		生态环境损害赔偿制度	明确各类固体废物生态环境损害赔偿范围、责任主体、索赔主体、损害赔偿解决途径等，形成相应的鉴定评估管理和技术体系、资金保障和运行机制，逐步建立生态环境损害的修复和赔偿制度
		环境污染第三方治理	推行环境污染第三方治理，提升固体废物污染治理效率和专业水平
		土壤污染防治行动	依托国务院《土壤污染防治行动计划》，治理固体废物污染问题
尾矿	减量化	实施绿色矿山建设	推动矿山升级改造，达到绿色矿山建设要求，提升资源利用效率
		严控尾矿库审批	严格控制新建或扩建尾矿库审批，促进企业开展尾矿综合利用

适用范围	流程	核心环节	关键措施
尾矿	减量化	强化尾矿库等贮存设施总量管理	实现尾矿历史堆存量的有效削减
	资源化	禁止开山炸石	推行禁止开山炸石、限制河砂开采政策,利用尾矿、废石作为替代原料,促进尾矿综合利用
		禁止使用实心黏土砖	禁止使用实心黏土砖,推广尾矿砖产品。推广尾矿生产建筑材料技术
		矿山采空区治理	鼓励利用尾矿充填法进行矿山采空区治理
		资源税减免	充填采矿法开采"三下"矿体资源税减免
		尾矿库生态修复	推进尾矿库生态修复工作
	无害化	尾矿干排	推行尾矿干排方式堆存尾矿,减少尾矿占地,降低安全隐患
冶炼渣	推进钢铁行业绿色改造升级; 推广冶炼渣用于建材制品的成熟技术,加大高附加值产品综合利用技术研发力度		
煤矸石	减量化	绿色矿山建设	推动煤矿升级改造,达到绿色矿山建设要求,提升资源利用效率,减少煤矸石排放
		煤矸石井下充填置换煤炭	鼓励煤矿采用煤矸石井下充填置换煤炭技术,实现煤矸石不上井
		化解过剩产能	推进煤炭行业过剩产能化解工作,关停小煤窑,煤炭开采减量提质,减少煤矸石排放
		严控新煤矸石堆场审批	严格控制新建或扩建煤矸石堆场审批,促进企业开展煤矸石综合利用工作
		减少煤矸石的产生	通过推广煤炭地下气化技术、采用全煤巷道,减少煤矸石的产生
	资源化	煤矸石循环流化床发电和热电联产、热电联产激励制度	制定煤矸石、煤泥并网发电、热电联产激励制度,鼓励利用煤矸石进行发电,提升煤矸石利用量
		做建材	推广煤矸石在建材方面的综合利用
		禁止使用实心黏土砖	禁止使用实心黏土砖,鼓励使用煤矸石作为制砖原料
	无害化	防止自燃	对于含硫量较高或有自燃倾向的煤矸石,制定相关措施,防止煤矸石自燃

适用范围	流程	核心环节	关键措施
赤泥	减量化	赤泥不入库选铁	鼓励氧化铝企业采用赤泥不入库选铁方式处置赤泥，减少赤泥排放
	资源化	针对性扶持政策	在我国现行财税优惠政策中，未充分考虑赤泥强碱性造成综合利用难度远大于其他工业废渣的特殊性，缺乏有针对性的扶持政策，企业利用赤泥的积极性不高。应制定赤泥针对性扶持政策，加大中央财政资金支持力度，推动赤泥综合利用
		关键共性技术研究	赤泥具有碱性强、比表面积大、各种组分互相包裹、嵌布等特征，使其综合利用难以借鉴其他领域一些成熟的工艺、技术和设备，建议将赤泥综合利用若干共性关键技术纳入国家科技计划体系，解决制约赤泥综合利用的重大共性关键技术问题
	无害化	提升安全意识	赤泥堆存的环境风险和安全隐患具有长期性和隐蔽性，导致企业和相关部门的重视程度不够。应提升相关安全意识
粉煤灰	减量化	淘汰燃煤小锅炉	淘汰 10 蒸吨/小时以下的所有燃煤小锅炉；建设高效燃煤热电机组，完善配套供热管网，对集中供热范围内的分散燃煤小锅炉实施替代和限期淘汰；北方地区完成"以电代煤、以气代煤"改造
		严控新建发电项目	提高小火电机组淘汰标准；新建燃煤发电项目需采用 60 万千瓦以上超临界机组；加大煤炭的洗选量，提高动力煤的质量，减少粉煤灰排放；新建和扩建燃煤电厂，须提出粉煤灰综合利用方案，明确粉煤灰综合利用途径和处置方式
	资源化	规范堆放	产灰单位灰渣处理工艺系统按照干湿分排、粗细分排、灰渣分排的原则进行分类收集，并配备相应储灰设施，便于后续资源化利用。新建电厂应以便于利用为原则，不得湿排粉煤灰
		原料加工	鼓励产灰单位对粉煤灰进行分选加工，生产的符合国家或行业标准的成品粉煤灰，可以适当收取费用；鼓励产灰单位与用灰单位签订长期供应协议
	无害化	扬尘污染防治	在堆场（库）提取粉煤灰，产灰单位应与用灰单位签订取灰安全及环保协议，定点运装；粉煤灰运输须使用专用封闭罐车，并严格遵守环境保护等有关部门规定和要求，避免二次污染

适用范围	流程	核心环节	关键措施
工业副产石膏	资源化	促进利用	工业副产石膏产生量集中地区应依法限制天然石膏的开采，提高天然石膏的开采成本和工业副产石膏的堆存处置成本
			引导政府及企业优先采购用工业副产石膏生产的建材产品
			积极研发并推广副产石膏生产高附加值产品技术；加强关键共性技术研发，大力拓展工业副产石膏应用领域

3.3 探索实践

3.3.1 探索绿色矿山建设，利用固体废物开展矿山生态修复治理

1. 深化绿色矿山建设是降低资源开采环节矿业固体废物产生的关键措施

目前，我国尾矿充填工艺和设备日臻完善，许多新型充填材料和充填工艺相继问世并得到广泛应用，如以废石充填、块石胶结充填、分级尾砂和碎石水力充填、分级尾砂和天然砂作为充填料的细砂胶结充填、高浓度全尾砂胶结充填、高水速凝固化充填、膏体泵送充填等。近年来，充填材料中水泥替代品的研发和应用取得了显著成果。如粉煤灰、冶炼渣、赤泥等工业固体废料已在部分矿山推广应用，大大降低了矿山胶结充填成本，扩大了充填的取材范围。黄金矿山等部分企业通过井下充填，可以消化50%左右的尾矿。但总体而言，充填技术消化尾矿的比例仍然偏低，主要原因是现有尾矿库还有较大库容，同时在矿山生产过程中井下充填和竖井运输能力设计仍不协调。

2. 探索"生态修复+"多元发展模式是矿山开采生态修复治理的重要手段

在矿山开采前，对采矿开挖可能造成的对环境与生态系统的影响及破坏进行充分评估，包括地面自然和生态环境系统、植被系统、水文系统、建筑物设施等。要通过科学设计，规避可能出现的影响与破坏，从源头上做好矿区自然和生态环境的保护。对于长期大规模、高强度的矿山开采导致的山体破坏、植被破坏、水土污染等一系列生态环境问题，探索"生态修复+"多种模式进行生态修复治理[4]。

因地制宜,宜林则林、宜耕则耕、宜建则建、宜景则景,探索"生态修复+矿山复绿""生态修复+农业用地""生态修复+建设用地""生态修复+休闲公园"等多种矿山环境治理模式。

试点城市/地区积极探索推动绿色矿山建设及矿山生态修复新模式。包头市探索形成从"废弃矿山"到"金山银山"的"五废上山"生态修复模式,利用市域内产生的建筑渣土、农业秸秆、畜禽粪污、生活污水污泥、工业中水("五废")对废弃矿山进行修复,并与文旅相结合,将完成"废弃矿山"到"绿水青山"再到"金山银山"的转变,实现生态效益和经济效益双赢。威海市探索形成矿坑废墟再现绿水青山之"华夏城模式"。威海市采取"政府引导、企业参与、多资本融合"的模式,对龙山区域开展生态修复治理,民营企业威海市华夏集团先后投资51.6亿元,持续开展矿坑生态修复和旅游景区建设,截至2019年,华夏集团共修复矿坑44个,建造水库35座,修建隧道6条,栽种各类树木1 189万株,龙山区域的森林覆盖率由原来的56%提高到95%,植被覆盖率由65%提高到97%,成功地将矿坑废墟建设成为山清水秀的生态景区。2019年,威海华夏城被自然资源部列为第一批《生态产品价值实现典型案例》。许昌市实施绿色矿山建设和堆场整治。将全市所有78个矿山纳入《许昌市绿色矿山建设计划台账》,推进辖区内禹州市、襄城县、建安区的矿山资源绿色开发。目前,已有26家矿山企业达到绿色矿山建设标准,其中3家入选国家绿色矿山名录库,23家入选河南省绿色矿山名录库。

3.3.2 践行绿色生产,推动工业绿色转型和高质量发展

欧盟和日本等发达地区和国家在运用循环经济理念改革其经济体系的过程中,普遍将产品全生命周期的绿色设计作为重要理论基础,对制造业的原料供给、生态设计、生产过程、消费和废物循环等作为提高资源利用效率,减少固体废物产生和实现充分循环利用的重要内容。其中,绿色设计、绿色供应链和生产者责任延伸制是重要组成部分。

1. 多环节应用绿色设计

绿色设计可以用于产品设计、生产等多个环节,在产品设计阶段,要点是延长产品使用周期、减少原材料使用,采取低毒或无毒原材料、再生原料和易回收

原材料，采取利于拆解和再制造的标准化柔性设计等，从源头减少资源利用和废弃物产生。在生产制造阶段，通过优化调整生产流程、采取资源利用效率更高的清洁生产工艺技术和先进设备，推行循环生产方式等，实现绿色生产。

2．推广重点制造业绿色供应链建设

绿色供应链是将环境保护和资源节约的理念贯穿于产品设计、原材料采购、生产、运输、储存、销售、使用和报废处理的全过程，使企业的经济活动与环境保护相协调的上下游供应关系。发达国家实践表明，绿色供应链是构建产品生产、报废后的原料供应、生产制造、销售业、回收、利用处置等全过程相关方协同开展固体废物减量化、资源化、无害化的重要市场载体，能够促进全产业链相关方协同提高产品综合收益，对于切实提高全产业链的资源利用效率和降低固体废物环境影响效果显著。一方面，可以倒逼矿产资源开采环节减少矿业固体废物产生；另一方面可以有效推动绿色设计产品市场供给，提高废弃产品回收利用。

3．强化生产者责任延伸制

发达国家在电子电器产品、汽车、机械装备等领域，主要通过实施生产者责任延伸制，建立或委托第三方构建废弃消费产品的回收、利用、再制造或处置，同时通过实践生产者责任延伸制，建立对产品设计、供应链管理的反馈机制，完善产品开发和生产过程的绿色设计。在我国，自发形成的收旧利废市场仍然是各类废弃产品回收利用的主要途径，但由于回收主体的随意性和逐利性，难以保证废弃产品全部进入规范的拆解、利用、处置系统。生产者责任延伸制可以作为现有回收体系的重要补充，特别是对提升进入规范利用处置渠道具有重要作用。

经过探索实践，试点城市/地区助力经济社会发展绿色低碳转型成效开始显现。包头市加大落后产能淘汰，累计建成 3 个绿色园区，15 家绿色工厂，14 个绿色设计产品；实现包头市新能源装机 528 万千瓦，折合减少工业固体废物产生量 400 余万吨/年；建成固体废物利用相关项目 31 项，预期可综合利用 1 200 万吨固体废物。许昌市建成世界上最长的煤焦化生态工业链，实现煤炭资源的"吃干榨净"，探索建设全省首个再生资源信息平台和中原再生资源（国际）交易中心，实现废旧金属源头精细化分类管控，试点期间，全市 53 个项目纳入省级绿色化改造项目，4 家企业入选国家级绿色工厂，3 家企业入选省级绿色工厂，9 个产品入选国家级绿色设计产品。盘锦市以"链长制+产业基地"模式推动石化及精细化工转型升级发展，出台了《建设世界级石化及精细化工产业基地规划纲要》，围绕润滑油、沥青等产业，以"强链"为重点，收录重点项目 17 项，以"补链"为重点，收录重点项目 21 项，以"延链"为重点，收录重点项目 21 项，工业固体废物综合利用率提升至 96.6%，园区主要资源产出率提高 12%。深圳市充分利用特区立法权优势，制定出台《深圳经济特区生态环境保护条例》，深化生产者责任延伸制，将一般工业固体废物申报登记和电子联单管理、塑料污染治理、动力电池梯级利用等纳入法治框架；出台的《深圳经济特区绿色金融条例》是我国首部绿色金融领域立法，创新绿色信贷、信托金融、绿色保险产品业务，明确绿色金融标准，创设绿色投资评估制度，强制披露环境信息，扩大"无废城市"建设项目市场融资范围，降低固体废物行业生产成本，提高利用处置企业抗风险能力；通过践行绿色发展和绿色生活推动固体废物源头减量，实现一般工业固体废物零贮存，累计建成绿色工厂 45 家、认证绿色产品 71 个、认定绿色供应链 7 家，相关 15 项指标领先国内先进水平。威海市通过工业绿色制造管理制度体系建设，使得全市高新技术产业产值累计占规模以上工业比重达 60.89%。62 家企业实施清洁生产审核工作，建成 24 家绿色工厂、6 家绿色供应链管理企业、2 个绿色园区和 14 个绿色产品，16 家企业获得工业节能示范、企业绿色制造扶持资金共 254 万元等。

3.3.3　完善标准政策，探索大宗工业固体废物综合利用

"十三五"以来，《固体废物污染环境防治法》《环境保护税法》《资源税法》等法律陆续修订出台，《资源综合利用法》正在抓紧制定，相关法律体系的不断完善进一步加强了综合利用产业链上下游企业的责任和义务，为我国大宗固体废物综合利用产业的高质量发展提供了良好的机遇和坚实的法律保障。例如，2020 年新修订《固体废物污染环境防治法》的实施为"十四五"的固体废物治理新篇章夯实了法治基础，《资源综合利用法》将对资源高效化利用产生积极深远影响。在政策方面，国家发展改革委牵头加强战略部署和顶层设计，先后于 2019 年和 2021年印发《关于推进大宗固体废物综合利用产业集聚发展的通知》《关于"十四五"大宗固体废物综合利用的指导意见》《关于开展大宗固体废物综合利用示范的通知》，目前已培育形成了 50 个大宗固体废物综合利用基地和 60 个工业资源综合利用基地，到 2025 年两类基地建设累计达到 100 个和 110 个，将有助于形成多途径、

高附加值的综合利用发展新格局。同时，随着节能环保等战略性新兴产业政策的实施，又将为大宗工业固体废物综合利用产业快速发展提供强大驱动力和良好政策环境。

强化对钢铁冶炼和有色冶炼行业冶炼渣、尾矿等综合利用过程的二次污染控制，明确产品中有毒有害物质的控制要求，明确综合利用产品的质量标准，提高钢渣、铜渣、锌渣、铅渣、锰渣等综合利用产品的市场认可度。制定尾矿、冶炼渣、脱硫石膏、粉煤灰等用于土壤改良、生态环境治理等方面的技术标准、技术规范，科学指导相关领域综合利用。制定脱硫石膏、钢铁冶炼渣等工业副产品鉴定标准和质量控制标准，明确工业副产品生产过程控制要求，保障副产品质量稳定，逐步实现同类一次资源的替代。以尾矿、冶炼渣（不含危险废物）、粉煤灰、炉渣、工业副产石膏综合利用产品为重点，不断扩充完善工业固体废物资源综合利用产品目录。

根据试点城市/地区反映的工业领域共性问题，生态环境部出台了《一般工业固体废物贮存和填埋污染控制标准》，打通了充填及回填政策的障碍，有力推动了工业固体废物的综合利用。此外，试点城市/地区积极探索制定出台了多项工业固体废物相关政策法规、标准、技术规范等文件，推动了大宗工业固体废物资源化利用。

1. 完善固体废物污染环境防治法规政策制度体系，促进污染治理与综合利用产业发展

试点期间，铜陵市印发了《工业资源综合利用基地建设推行方案》《循环经济436提升行动实施行动方案》《工业固体废物资源综合利用产品推行意见》《磷膏堆存量消减补助管理办法》《再生资源回收管理办法》等文件，将固体废物资源化利用相关产业列入市级战略新兴产业引导资金支持范围，开展铜陵国家产业转型升级示范区和工业资源综合利用基地建设，提升尾矿、磷石膏、钛石膏循环利用水平和能力。绍兴市印发了《绍兴市绿色矿山建设专项行动方案》，实施绿色开采，减少矿业固体废物产生和贮存处置量；出台《关于进一步加强绍兴市一般工业固体废物分类利用处置工作的通知（试行）》，明确一般工业固体废物闭环管理体系的工作要求；出台《尾矿等大宗固体废物分类处置指南》等一般工业固体废物管理制度，弥补工业固体废物制度短板；印发《诸暨市轻纺类固体废物集中收运处置实施方案（试行）》，将下辖16个乡镇的工业固体废物收运后运至八方热电有限公司焚烧处置；在促进大宗工业固体废物资源化利用方面，出台了《尾矿等大宗固体废物分类处置指南》《大宗工业固体废物资源化产品政府公共工程优先采购制度》，明确尾矿等大宗固体废物处置前检测、分类处置顺序，加强资源化产品监管，推动政府公共工程优先采购大宗工业固体废物资源化产品。许昌市针对再生金属及制品在产品竞争力不强、企业绿色化水平不高等问题，先后印发《许昌市推进产业集聚区高质量发展行动方案》《许昌市污染防治攻坚战三年行动实施方案》《许昌市再生金属及制品产业发展行动方案》，制订再生金属产业绿色发展规划，推动大周产业集聚区实施清洁生产和园区循环化改造，建设绿色制造体系等。重庆市针对支柱汽车产业建立汽车循环产业链建设管理制度，印发《重庆市汽车循环产业链建设试点工作方案》，明确责任，重点推进汽车产品"无废"设计，构建技术标准体系与规范，推动汽车制造"无废"生产，推动报废汽车绿色拆解，推广再生资源绿色利用。深圳市编制《深圳市率先打造人与自然和谐共生的美丽中国典范规划纲要》（2020—2035 年）和《深圳市率先打造人与自然和谐共生的美丽中国典范行动方案》（2020—2025 年），将绿色生活相关工作任务纳入其中，引导工业企业推进绿色制造创建，推动工业企业进行固体废物源头减排等。

2．提升固体废物污染环境防治标准、技术、资金保障能力，形成科学治废长效机制

试点期间，铜陵市制定了《铜冶炼烟灰》企业产品标准，参与起草有色金属工业协会团体标准《冶炼副产品石膏资源化利用标准》，《废弃露天采坑一般工业固体废物处置与生态修复技术规范》列入 2020 年第二批地方推荐标准制订计划。许昌市发布《关于印发许昌市七个行业绿色化改造技术指南及污染物近零排放限值（实行）的通知》，在原辅材料、生产工艺、废气收集、末端处理、监测评估等方面制定了统一标准和原则，开展钢铁、再生铜、再生铝冶炼等传统行业转型升级；鼓励技术创新，发布《许昌市创新驱动发展战略规划（2018—2030）》《许昌市转型升级创新专项（重大科技专项）管理办法（试行）》，鼓励企业加大科研投入，创建科学研究平台，重点突破固体废物回收、处置和综合利用方面的技术"瓶颈"；资金保障方面，出台《许昌市加快制造业高质量发展的若干政策》《长葛市关于扶持再生金属回收及加工利用企业发展意见的通知》，对获得国家级、省级绿色制造体系的企业，分别给予 100 万元、50 万元的一次性奖励，对年度销售收入

在 500 万元以上（含 500 万元）的再生金属回收及加工利用企业，按增值税地方收入的 80%补助给企业用于环境保护、技术改造和扩大投资等。北京市经济技术开发区建立一般工业固体废物利用处置项目资金补偿制度，扩充《北京经济技术开发区绿色发展资金奖励政策》，在"无废城市"试点建设过程中起到示范带头作用的固体废物源头减量、资源化利用和最终处置类项目，通过工艺改进、技术改造或末端治理设施升级，按照项目实际支付金额的 30%予以奖励等。

经过探索实践，试点城市/地区不断完善法规政策、强化科技支撑、健全标准规范，推动资源综合利用产业发展壮大，各项工作取得积极进展，成效显著。铜陵市通过实施"以用定产"，加大磷石膏处置利用力度，2019—2020 年累计利用磷石膏 636 万吨，其中消纳历史堆存量 396.25 万吨，降低了磷石膏堆存带来的环境风险。绍兴市组织完成 21 家化工企业全部签订了落户协议，跨区域集聚提升后，预计可腾退印染化工企业用地 6 000 余亩，减少日污水排放量 13.6 万吨；柯桥区、越城区针对纺织废料，嵊州市针对造纸废渣分别建成特色工业固体废物收运体系。许昌市年再生金属回收量增加到 400 余万吨，加工量达到 320 万吨；形成了从再生金属回收、冶炼、简单加工、精深加工到销售完整的循环经济产业链条，建成了再生不锈钢、再生铝、再生铜、再生镁四大产业集群。深圳市通过建立一般工业固体废物信息化规范化管理制度，全市开展一般工业固体废物分类收集、分类贮存、分类处置整治，实现垃圾焚烧厂炉渣、燃煤电厂粉煤灰和炉渣 100%资源利用，对年产废量 100 吨以上的企业实现了信息化管理。包头市形成大宗工业固体废物污染防治制度体系，实现利用工业固体废物作为生态修复与回填砂坑矿坑协同解决，预期可消纳工业固体废物约 8 000 万吨，回填完成后可整治约 250 万平方米土地；冶炼渣用于道路施工，可利用冶炼废渣约 220 万吨/年。

3.4 模式案例

3.4.1 北京经济技术开发区以核心产业绿色升级带动全产业链减废提质模式

1. 基本情况

北京经济技术开发区（以下简称北京经开区）是北京市唯一同时享受国家级

经济技术开发区和国家自主创新示范区双重优惠政策的国家级经济技术开发区。经过近 30 年的发展建设，逐渐成为首都科技创新中心主阵地和链接世界经济的重要窗口，形成了以新一代信息技术、高端汽车及新能源智能汽车、生物技术和大健康、机器人和智能制造为主导的产业体系，规模以上工业总产值、工业增加值、GDP 增速均位列全市前茅，为北京市实体经济发展提供了有力支撑。

北京经开区始终高度重视生态文明建设，建区之初就从战略发展的高度规划生态环境建设工作。2010 年和 2018 年，先后被评为国家级生态工业园示范区和国家级绿色工业示范区。2019 年，在生态环境部的大力支持下，北京经开区作为唯一的国家级经开区入选"无废城市"建设试点，开始系统有序地探索资源利用最优化、环境污染最小化、经济效益最大化的绿色发展之路。

初步统计，2020 年，北京经开区规模以上工业总产值预计实现 4 330 亿元，其中高端汽车和新能源智能汽车产业、新一代信息技术产业分别实现产值 2 160 亿元和 835 亿元，合计占比达 69.2%。2018—2020 年，北京经开区一般工业固体废物产生量在 18 万～20 万吨。其中高端汽车和新能源智能汽车产业、新一代信息技术产业产生的固体废物分别占总量的 34%和 44%左右，合计占比达 78%。加快完善绿色制造体系，尤其是探索高端汽车和新能源智能汽车产业、新一代信息技术产业的全链条减废，资源节约化、产业集群化发展，是北京经开区构建"无废城市"建设试点的最重要一环。

2．主要做法

"核心产业绿色升级，带动全产业链减废提质"（图 3-5），即围绕四大产业布局，强化政策激励引导，建设独具北京经开区特色的绿色制造体系，通过核心产业绿色升级，带动全产业链条降低资源消耗，实现固体废物减量和高质量发展。

1）以规划、政策服务绿色园区建设

北京经开区将园区绿色发展与"无废城市"建设相结合，不断通过科学规划产业发展及完善政策引导，实现与生态融合升级。

在科学规划产业发展方面，北京经开区围绕核心四大主导产业，重点保留和支持相关企业的研发机构和高端制造环节，打造高精尖产业主阵地。不但注重吸纳竞争力强的高端产业龙头企业，而且特别注重配套发展上下游产业的高端功能，形成协同创新产业链，增强原始创新能力，并严把入区企业在环境、能耗方面的准入门槛，用绿色招商推动产业绿色发展。

- 明确园区规划
- 优化产业布局
- 建立政策导向

绿色园区基础建设

- 建设绿色供应链
- 打造绿色工厂
- 研发绿色产品

绿色制造体系

- 一规完善分类
- 一网数据尽统
- 一单全程跟踪
- 一键资源匹配
- 一表分级评价

工业固体废物全生命周期管理

成果输出

《工业园区无废建设实施指南》
《北京经济技术开发区"无废园区"管理指标体系》

建设绿色供应链
- 全产业链供应商绿色管理
- 产品全生命周期绿色管理
- 构建汽车制造、液晶显示、绿色印刷3条完整供应链

打造绿色工厂
- 优化厂区设计
- 优化用能结构
- 建设资源回收循环机制
- 累计获批国家级绿色工厂21家

研发绿色产品
- 建立绿色产品管理系统（GPM）
- 建立绿色产品实验室
- 严控产品有害物质含量
- 实施减排项目

图 3-5　核心产业绿色升级带动全产业链减废提质模式

资料来源：北京经济技术开发区"无废城市"试点建设经验模式报告。

　　针对作为国家战略的液晶显示制造产业,北京经开区将25家上下游配套厂商集中在京东方显示公司附近的 2.6 平方千米内,形成了以京东方为龙头的液晶显示面板全产业链。以北京奔驰为核心,北京经开区打造千亿级汽车产业集群,将19 个重点项目引入北京奔驰汽车零部件配套产业园,构建北京奔驰完整的汽车产业链。

　　在完善政策导向方面,"无废城市"建设试点期间,北京经开区扩充了《北京经济技术开发区绿色发展资金奖励政策》,将固体废物源头减量、资源化利用和最终处置类项目纳入资金支持范围,明确对试点建设过程中起到示范带头作用的项目进行资金奖励。

　　为促进企业源头减量,北京经开区出台了《北京经济技术开发区清洁生产管理实施方案（试行）》,将固体废物减量,特别是工业、服务业和建筑业领域的源头减量纳入清洁生产审核方案,利用清洁生产的强大推力,从生产全过程降低固体废物产生强度。2019—2020 年，北京经开区共有 16 家企业高质量通过清洁生产审核。

2）以龙头企业构建绿色供应链体系

初步统计，北京经开区高端汽车和新能源智能汽车产业、新一代信息技术产业，合计占全区规模以上工业总产值的 69.2%。其固体废物产生量合计占全市总产生量的 78% 左右。以北京奔驰和京东方为龙头的产业链产生的固体废物在整个产业中同样占比较大。

北京经开区以北京奔驰、京东方为主构建了汽车制造和液晶显示行业两条完整的绿色供应链，不仅针对终端产品及中间材料，建立起适用于不同类型企业和不同阶段产品的绿色供应体系新标准，更通过发挥龙头企业示范效应，带动了汽车制造和液晶显示绿色产业链的形成和发展。

以北京奔驰绿色供应链建设为例，实施绿色供应链管理战略。北京奔驰将绿色供应链管理战略纳入公司发展规划，并安排专门负责人协同推进各项目标建设。通过发布、实施《绿色供应链五年规划》和绿色供应链管理，确保全产业链减废和共生发展。北京奔驰作为提供终端产品的典型代表，对标行业标准，建立了适用于高端汽车行业的绿色供应商准入标准，形成了严于国家绿色工厂认定的北京奔驰绿色认证体系（图 3-6）。

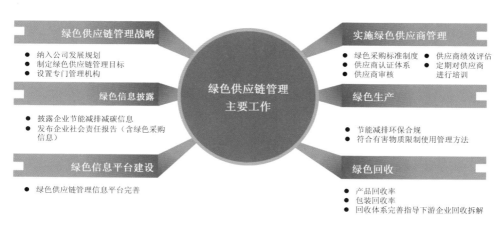

图 3-6　北京奔驰供应链管理主要工作

资料来源：北京经济技术开发区"无废城市"试点建设经验模式报告。

3）以重点企业推动绿色工厂建设

北京经开区鼓励区内企业通过优化厂区设计、优化用能结构、建立资源循环利用机制等方式建设绿色工厂。2020年，利乐包装、北汽李尔、拜耳医药等9家企业成为国家级绿色工厂，占到全市申报比例的1/4。

以促进固体废物减量和循环利用的利乐包装为例，自进区之初就严格按照用地集约化、生产洁净化、废物资源化、能源低碳化的要求进行厂区规划，合理布局厂区内的绿色建筑及能量流、物质流路径，探索工厂的绿色升级。在全球范围内，已经实现了69%以上的运营所需能源来自可再生能源。此外，通过优化生产工艺技术、采用先进适用的清洁技术、提升操作人员技能等举措，不断降低固体废物产生量。2019年，利乐中国大陆地区牛奶饮料纸包装的回收总量约15.1万吨。

4）以全产业链促进绿色产品研发

北京经开区鼓励企业开展绿色产品设计，鼓励企业研发生产符合环境要求、有利于资源再生和回收利用的产品和服务，推动固体废物的减量化和循环利用。通过强化绿色产品设计和服务，不断丰富绿色产品内涵，促使绿色制造体系趋于完善。以此为基础，核心产业绿色升级将不断带动全产业链的减废提质增效。

以京东方为例，其通过不断探索和实践，持续提升液晶显示屏产品绿色设计能力，大幅减少了资源消耗。一是建立绿色产品管理系统（GPM）。京东方自主研发了行业首个绿色产品管理系统，该系统与产品全生命周期管理系统和供应商管理系统关联，通过将产品数据导入液晶显示屏产品生命周期管理工具，可追踪每款产品的碳足迹，目前京东方已完成3种产品的碳足迹报告，并为实施节能减排措施提供依据。二是建立绿色产品实验室。京东方为严格把控产品绿色设计标准，建立了绿色产品实验室，并按照中国合格评定国家认可委员会（CNAS）规定执行实验室要求，通过《产品有害物质检测及认证基准（GS—CG04）》及《环境有害物质管控基准（GS—CG03）》等绿色设计标准的建立及严格执行，确保进料、半成品、成品（包括客户样品）符合企业绿色产品要求。

3．取得成效

作为首都实体经济主阵地，北京经开区通过"园区+供应链+企业"不断完善绿色制造体系，促进园区工业固体废物全领域、全流程减量化和资源化利用。一是构建形成完整的绿色供应链。2020年，北京奔驰、京东方、盛通印刷构建起涵盖汽车制造、液晶显示、绿色印刷的 3 条完整绿色供应链。通过绿色供应链的硬性约束推动全产业链降低固体废物产生强度。二是持续建设资源节约型绿色工厂。2017—2019 年，累计获批国家级绿色工厂 21 家，占北京市获批国家级绿色工厂总数的 1/3 以上。三是通过政策引导和龙头企业示范，固体废物减量效果明显。2019—2020 年度绿色发展资金支持项目共计 64 个，支持资金 2 000 余万元，带动企业投资 4.09 亿元。四是编制《工业园区无废建设实施指南》，同时配套制定《北京经开区"无废园区"管理指标体系》，将北京经开区试点建设经验更好地向全国各类工业园区辐射推广。

4．推广应用条件

北京经开区以龙头企业带动全链条的绿色产业链建设模式，对于工业领域实施工业绿色生产，推动固体废物贮存处置总量趋零增长方面具有借鉴意义。结合北京经开区实践经验，在开展工业领域绿色产业链建设时，需注意以下几点：一是开展好顶层设计，注重全产业链培育，夯实绿色制造体系基础。二是选取具有行业影响力的龙头企业开展绿色制造示范，充分发挥企业社会责任，调动其固体废物减量或充分循环利用对自身生产成本降低的动力，带动产业协同发展。三是配套相应的政策资金支撑，培育必要的城市新基建项目，加强城市发展动力。

3.4.2　铜陵市"铜—硫磷化工—建材"产业链减废模式

1．基本情况

铜陵市是全国八大有色金属工业基地之一，也是全国重要的硫磷化工基地和长江流域重要的建材生产基地。大宗工业固体废物主要来源于有色、硫磷化工等资源型产业。2018 年，铜陵市一般工业固体废物产生量为 1 454.7 万吨，主要固体废物种类包括尾矿、磷石膏、钛石膏、冶炼渣等。"无废城市"建设试点以来，铜陵市围绕长江经济带、资源型城市、铜工业基地试点城市/地区定位，在大力发展战略新兴产业，加快资源型城市转型的同时，延伸工业固体废物综合利用产业链，推动工业固体废物源头减量、资源化利用、生态化安全处置。

2．主要做法

1）构建产业链减废模式

推动铜产业全产业链减废。在通过磁选和浮选技术，综合提取铁、铜、硫、金、银等有价元素，在选矿尾砂胶结井下充填的基础上，试点期间，铜陵有色建成冬瓜山铜矿井下矸石、有色金冠铜业分公司铜阳极泥、有色铜冠新技术有限公司有色二次资源（炼铜烟灰、铅滤饼、黑铜泥、铜砷滤饼、铜加工含铜废物等）回收与综合利用、铜冶炼污酸提铼等重点项目，有色金冠铜业铜冶炼渣资源综合利用项目已于2021年5月底投产。发展再生铜产业，通过废旧五金、废旧电器电子产品、废印刷线路板等再生资源回收利用项目建设，形成废旧金属拆解—材料分离—废旧铜资源化利用的产业链，实现传统铜产业与铜基新材料、电子元器件等新兴产业耦合，形成"铜产品—拆解废铜—铜原料"的闭路循环（图3-7）。

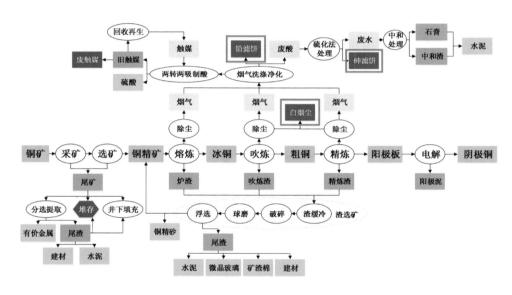

图 3-7   "铜产品—拆解废铜—铜原料"闭路循环

资料来源：铜陵市"无废城市"试点建设经验模式报告。

加大硫磷化工固体废物综合利用力度。硫铁矿制酸焙烧渣全部用于钢铁（球团）企业原料；钛白粉企业废硫酸亚铁全部用于生产氧化铁系颜料产品，钛石膏干燥用于水泥生产原料，钛白废酸浓缩回用于生产，试点期间，通过废酸点对点利用进一步减少钛白粉生产企业硫酸消耗量；完成磷酸生产线技改工程，通过水洗、压滤等除杂工序提高磷石膏品质，实现磷石膏直接销售利用；与阿里云合作的工业大脑项目，提高磷的回收率，每年可节约磷矿石资源 6 000 吨，减少磷石膏产生量 10 000 吨并入选"2019 中国国际大数据产业博览会百家大数据优秀案例"，开辟了应用工业大数据实现工业固体废物源头减量新路径；实施"以用定产、用大于产"，消纳磷石膏历史堆存量，防控环境风险。

提高建材行业综合利用固体废物水平。试点期间，建成综合利用工业固体废物的国弘建材新型节能环保建材项目、铜冠建材年产 30 万吨矿山新型充填胶凝材料等重点项目，粉煤灰、工业副产石膏、尾砂、冶炼废渣综合利用产品结构日趋多元化，形成纸面石膏板、水泥缓凝剂、预拌砂浆、蒸压加气砼砌块（板材）、多孔砖、粉煤灰陶粒、胶凝材料、矿渣微粉等系列产品。

2）探索矿山生态修复新模式

"固体废物处置+生态修复"模式。将与废弃露天采坑生态修复与Ⅰ类一般工业固体废物钛石膏处置场建设有机结合，在废弃矿坑建设渗滤液导排收集系统、截排水系统、地下水监测系统，封场覆土绿化、山体种植槽等生态环境修复工程，实现废弃露天采坑生态修复。

"闭库治理+景观再造"模式。将尾砂库闭库治理工程与景观再造相结合，与中国林业科学研究院亚热带林业研究所合作，在铜陵相思谷尾砂库成功种植铜草花，建成铜草花主题公园，既解决了尾矿库植被复绿，又让景区更具"铜元素"。

3）健全工业固体废物综合利用保障支撑体系

试点期间，铜陵市印发了《工业资源综合利用基地建设推行方案》《循环经济 436 提升行动实施行动方案》《工业固体废物资源综合利用产品推行意见》《磷膏堆存量消减补助管理办法》《再生资源回收管理办法》等文件，将固体废物资源化利用相关产业列入市级战略新兴产业引导资金支持范围。深化产学研合作，成立了北京矿冶科技集团公司（铜陵）国家技术转移中心，围绕矿冶固体废物综合利用等领域开展合作，完成了冶炼烟灰和铅滤饼中有价金属回收和处理处置技术，阳极泥中稀贵金属回收技术，年替代 5 万吨水泥低能耗充填胶凝材料矿山应用技术、冬瓜山铜矿尾矿资源综合利用应用基础研究、安庆铜矿废石尾砂胶结充填技术研究、阴极铜工业生命周期评价报告。制定了《铜冶炼烟灰》企业产品标准，参与起草的有色金属工业协会团体标准《冶炼副产品石膏资源化利用标准》《废弃露天采坑一般工业固体废物处置与生态修复技术规范》列入 2020 年第二批地方推荐标准制订计划。

3．取得成效

井下废石综合利用项目年处理矸石 66 万吨，实现"变废为宝"。年产 30 万吨矿山新型充填胶凝材料技改项目综合利用冶炼废渣 22 万吨/年，产品用于矿山井下充填，充填单耗用量减半，成本大幅降低。阳极泥及有色二次资源回收和综合利用项目年回收处理铜阳极泥 5 000 吨、炼铜烟灰 15 000 吨、铅滤饼 1 300 吨，回收铅 261 吨、铋 134 吨、金 82 千克、银 8 吨、硒 140 吨、铂钯 500 千克、硫酸锌 7 400 吨、电积铜 350 吨、海绵镉 120 吨。通过实施"以用定产"，加大磷石膏处置利用力度，2019—2020 年，累计利用磷石膏 636 万吨，其中消纳历史堆存量 396.25 万吨，降低了磷石膏堆存带来的环境风险。

4．推广应用条件

铜陵市产业链减废模式对于资源型城市特别是有色金属采选冶和硫磷化工，建材行业的地区工业固体废物处置利用具有借鉴意义，在推广应用过程中还应注意以下问题：加强技术研发，解决生产工艺和资源化利用技术差异导致的源头减量和综合利用技术差异性问题；严格落实工业固体废物用于矿山生态修复的污染控制措施，防止二次污染；做好政策引导扶持，为资源综合利用产品推广应用提供保障。

3.4.3　徐州市工矿废弃地生态修复与多元发展模式

1．基本情况

徐州市作为全国老工业基地和资源型城市，长期大规模、高强度的矿山开采，累计形成采煤塌陷地 42.33 万亩和采石宕口 400 余处，由此导致了耕地损毁、基础设施损坏、山体破损等一系列生态环境问题，严重制约着老工业基地振兴、资源型城市转型、区域中心城市建设和群众生活质量改善。对此，徐州市以资源枯竭型城市工矿废弃地生态修复为切入点，坚持因地制宜、标本兼治，着力恢复区域生态调节功能，经过多年的探索和实践，成功实现了采煤沉陷破坏土地重构和"山水林田湖草"生态保护修复，构建了以"无废"理念为中心的生态修复政策体系，建立了采煤塌陷地、采石宕口生态修复两项技术标准，形成了可复制、可推广的工矿废弃地生态修复多元发展模式。

2．主要做法

1）建立健全完善的生态修复政策体系和技术标准

（1）强化顶层设计。近年来，徐州市以"立足当前改善环境面貌，着眼长远促进发展转型"为目标，坚持统筹规划、有序实施，制定了《徐州市采煤沉陷区综合治理实施方案（2017—2020 年）》《徐州市生态修复专项规划》和《徐州市生态修复三年行动计划（2019—2021 年）》等规划方案，为生态修复提供了科学指引。

（2）强化制度保障。徐州市从地方立法、政策制度、规划计划等方面入手，全方位构建生态保护和治理修复的体制机制。近年来相继出台《徐州市山林资源保护条例》《徐州市采煤塌陷地复垦条例》等地方法规，为工矿废弃地实施持续、科学的生态修复提供了有力的制度保障。

（3）强化创新驱动。建立以"生态恢复力"为核心的生态修复评价体系，为各地开展生态修复和成果评价提供依据。突出科技引领，围绕采煤塌陷地、工矿废弃地等重点领域开展攻关，形成一批成本更低、更便于推广应用的重大技术成果。

2）打造工矿废弃地生态修复与多元化发展模式

（1）"生态修复+土地复垦利用"模式。徐州市以增加耕地、还耕种粮为目标，对沉陷较浅、可以复垦的土地进行土地复垦和土壤改良，按照高标准农田进行集中成片治理，打造"田成方、路成网、林成行、渠相连"的格局，不仅产生大量新增耕地，还提高了粮食产量和农民收入。多年来，徐州市共实施采煤沉陷区土地复垦项目面积 16.3 万亩。

（2）"生态修复+建设用地改造"模式。将生态修复与产业转型有机结合，对已稳沉但复垦难度较大的采煤沉陷区，经勘测论证后进行土地平整，同步完善配套基础设施。徐州市经济技术开发、徐州市工业园和泉山经济开发区充分利用采煤沉陷区进行园区规划，目前已治理沉陷区近 4 万亩，治理后全部用于产业项目建设。徐州市潘安湖科教创新区原本也是大面积采煤沉陷区，经生态修复后面貌一新，吸引了江苏师范大学科文学院、徐州幼儿师范学院等综合院校和科技园区集中入驻。

（3）"生态修复+园林景观建设"模式。对位于或者靠近城区的连片积水采煤沉陷区，有序进行挖湖引水、土地塑形、景观再造，逐步把积水区改造成为各具特色的湿地公园和风景湖泊，不仅唤醒了沉睡的土地资源，而且为山水城市建设拓展了空间。潘安湖曾是徐州市面积最大、塌陷最严重的沉陷区，总面积1.74万亩，平均塌陷深度4米，未治理前坑塘遍布、村庄塌陷、生态环境恶劣，经生态修复后，已蝶变为风景优美、游人如织的国家湿地公园和国家生态旅游示范区（图3-9），治理经验得到了习近平总书记的高度评价。

（4）"生态修复+整体搬迁开发"模式。对压煤村庄或因采煤塌陷村庄进行整体搬迁，选址规划建设布局合理、功能配套的现代化集中居住区，有效加速了乡村振兴和新型城镇化进程。全市已完成村庄搬迁约110个，安置居民约4.8万户，不仅大大改善了群众生产生活条件，而且有效加速了乡村振兴和新型城镇化进程。

改造前

改造后

图3-8　东珠山宕口遗址公园改造前后

资料来源：徐州市"无废城市"试点建设经验模式报告。

改造前　　　　　　　　　　　改造后

改造后

图 3-9　潘安湖国家湿地公园修复前后

资料来源：徐州市"无废城市"试点建设经验模式报告。

（5）"生态修复+文化旅游开发"模式。对具有传承区域优秀历史文化独特价值的工矿废弃地，以生态经济理论为指导，通过生态修复、修石理水、植树造林等手段，构建出具有独特场地特征的地质景观和植物景观。贾汪区通过潘安湖、南湖、大洞山等生态修复，打造"全域旅游"，目前全区已有国家 4A 级景区 4 家、3A 级景区 1 家，四星级乡村旅游示范点 10 家、三星级乡村旅游示范点 15 家，全区年接待游客近 650 万人次，年旅游综合收入超 22 亿元。

3）拓展生态修复资金渠道

为保障资金来源，徐州市在市、区（县）二级政府的财政支出中拿出部分资金和一定比例的土地出让金收益专项用于生态修复，同时大力拓展多层次、多元化、互补型融资渠道，增强修复区自身经济造血机能。

（1）积极申请专项资金。根据财政部、国土资源部、环境保护部三部门联合印发的《〈重点生态保护修复治理专项资金管理办法〉的通知》（财建〔2016〕876号）等政策性文件，积极申请对口资金补贴，严格按照《重点生态保护修复治理资金管理办法》等专项资金的使用规定，实行专项管理、分账核算、专款专用。

（2）鼓励信贷资金投入。制定积极政策，鼓励银行信贷资金参与生态修复工程建设，为废弃地生态修复提供长期资金支持，并且在还款方式、利率制定以及还款期限等方面争取优惠。

（3）积极吸引社会资本。落实《自然资源部关于探索利用市场化方式推进矿山生态修复的意见》（自然资规〔2019〕6号），引导国有平台公司及社会资本参与矿山生态修复项目。同时，在生态修复工程建设中，采取 EPC、PPP 等融资手段，通过制定相关激励政策来引导社会资本以及私人投资。

3. 取得成效

徐州市按照全局观念和系统思路开展山水林田湖一体化生态修复，有序推进工矿废弃地生态修复与多元化发展，全面恢复了山水城市的绿色本底。

技术标准日趋完善。徐州市在国内地级市中第一个颁布实施采煤沉陷区复垦条例，第一个因采煤沉陷区治理获得国家科技进步奖，第一个制订生态修复专项规划和具体行动计划。完成了《黄淮海平原采煤沉陷区生态修复技术标准》《采石宕口生态修复技术标准》两项生态修复标准。

生态修复治理成效显著。全市累计完成 25.13 万亩塌陷地生态修复，累计实施治理采石宕口 140 余处，实现了消除地质灾害、生态环境修复和特色景观打造，一举多得。在生态修复治理过程中，实现了场地固体废物"全利用"和"零新增"，并消纳利用煤矸石、废石渣等固体废物 1 100 万吨、城市建筑垃圾 270 万立方米。

市场化运作良性循环。通过市场化运作方式实施治理修复，对报废的工业建构筑物进行改造利用或拆除重建，开发出新的地产产品进入市场，实现存量土地资源的盘活。通过工矿废弃地生态修复，改善区域生态环境，带动周边土地增值，激活生态转型发展"一盘棋"。

人居环境质量持续提升。通过工矿废弃地生态修复，使废弃地化身为嵌入城市的"绿肺"，有效增加了建成区的绿地供应，使城市建成区绿化覆盖率上升到43.81%，徐州市先后获评"国家环保模范城市""国家森林城市""国家生态园林城市"等称号，成功摘得"联合国人居奖"殊荣。

4．推广应用条件

其他城市在推广应用过程中，应注意以下几点：一是强化顶层设计，开展系统规划，分类编制生态保护与修复规划和实施方案，项目化推进生态修复工程实施。二是建立多元化投资机制，强化政府引导性投入，大力发展绿色金融，建立市场化生态修复机制，鼓励属地政府将财政资金集中用于生态修复工程的地勘评估、基础设施建设等先期工程。三是因地制宜、开拓创新，探索科学可行的生态修复模式，提升生态修复成效，最大化实现变生态包袱为发展资源。

3.4.4 包头市工业固体废物综合利用与废弃砂坑、矿坑治理协同解决模式

1．基本情况

包头市是资源型重工业城市，以钢铁、铝业、电力、稀土和有色金属行业为工业支柱产业，工业固体废物产生量大，2019 年，包头市一般工业固体废物产生量为 4 736.15 万吨，综合利用量为 2 332 万吨，每年仍有较多的固体废物进行贮存，另外，包头市历史遗留堆存的固体废物数量更加巨大。在城市的快速发展建设过程中，过度采砂采石所遗留的大量砂坑、矿坑，造成大大小小的生态创伤，浪费了大量的土地，也影响了城市的面貌。包头市一方面面临消纳固体废物的压力；另一方面面临回填修复砂坑、矿坑的压力，固体废物围城和城市生态创伤阻碍了包头的高质量发展。

包头市在"无废城市"试点建设框架下，大胆创新，主动作为，在认真细致开展环境风险评估的基础上，提出以一般工业固体废物作为填充材料回填废弃砂坑、矿坑，并将回填修复稳定后的砂坑、矿坑作为土地重新释放进行流转，同时解决固体废物消纳难题和场地修复再利用难题。

2．主要做法

1）全市域开展废弃砂坑、矿坑普查

结合大青山地区的历史遗留矿坑情况，包头市制定《包头市大青山南坡范围矿山地质环境治理及生态恢复项目》，开展包头市大青山南坡（第一分水岭以南）范围内矿山地质环境问题的调查工作，全面查清矿山地质环境及生态环境现状，以旗县区为单位，建立地质环境治理及生态恢复台账，全面启动"三区两线"范

围内历史遗留、无责任主体和政策性关闭矿山的地质环境治理及生态恢复工作，综合项目区周边地质条件、水文条件、植被条件、土地权属及土地利用规划等因素，有针对性地提出切实可行的治理实施方案。结合历史留存的砂坑情况，编制了《全市废弃砂坑综合治理规划实施方案》，全面详查市区及周边形成的废弃砂坑现状，分类施策，推进全市废弃砂坑规范治理。

2）试点探索一般工业固体废物回填废弃砂坑、矿坑

（1）针对中央环保督察发现的包头市昆区和九原区 9 个废弃砂坑矿坑，制定《包头市大青山区域废弃采坑生态修复工程初步设计方案》，采取分区削坡整理、清理、防渗阻隔、清空区域填充等步骤和措施完成恢复治理工作，探索了施工工艺方法，总结一般工业固体废物作为砂矿生态修复材料的可能性，为实现固体废物在矿坑生态修复的综合利用及土地场地的再利用提供重要实践依据。

（2）在该修复工作的基础上，进一步拓展其他区域的试点。委托包头生态节能环保产业有限责任公司作为主体，明拓铬业科技有限公司作为协助单位，利用明拓铬业科技有限公司历史贮存的一般工业固体废物 41 万吨，开展九原区 3 个砂坑恢复治理项目。另外，利用一般固体废物 35 万吨开展食品加工园区 41 号、42 号砂坑治理工作，为大范围开展废弃砂坑、矿坑回填提供工程实践。

3）拓展工业固体废物在矿坑地质环境生态治理的利用

结合包头市长悦煤矿退出产能关闭及矿山地质环境治理的工作中，基于现有治理方案以一般工业固体废物作为充填材料存在的潜在问题，邀请国家专业机构对方案进行可行性论证，重点从充填材料污染特征分析、矿坑本底调查与水文地质勘查、生态治理后的环境影响等方面开展评估工作，全面分析矿山地质环境治理潜在的环境风险，论证矿山地质环境治理方案的可行性，并从环境风险管控的角度提出相应措施或建议。推动海柳树大场新煤矿在生态环境治理的措施，委托国家专业机构编制实施方案，围绕煤炭露天采坑的生态修复、大宗工业固体废物的综合利用及治理环境风险管控的目标，采取调查分析、检测分析和环境行为模拟实验等研究方法，开展露天采坑环境现状、固体废物污染特性及其环境行为的研究，充分考虑粉煤灰等大宗固体废物用于露天采坑生态治理的环境风险，并确定实施生态治理的技术路线及实施方案，实现充分利用工业固体废物用于矿坑生态治理的可行性。

图 3-10　煤矿露天采坑

资料来源：包头市"无废城市"试点建设经验模式报告。

4）标准制度体系建设以确保合理合规大范围回填

一是制定《一般工业固体废物回填技术规范　采坑生态恢复》（征求意见稿），为利用一般工业固体废物对废弃砂坑、矿坑进行回填和生态恢复过程的评估、设计、运行和管理提供标准依据，明确了利用一般工业固体废物对废弃砂坑、矿坑进行回填和生态恢复的环境及地质调查和评估、可利用一般工业固体废物筛选评估、设计施工及回填过程、生态恢复及监测等要求。二是制定《一般工业固体废物用于矿山生态恢复全过程监督管理规定》（征求意见稿），加强利用固体废物作为生态修复材料的监督管理，明确了各管理部门及企业的责任，确定调查和评估对象的具体工作，在矿山基础调查、矿山现状评估、一般工业固体废物属性调查与环境行为分析、一般工业固体废物用于矿山生态恢复、污染防治与风险防控及后期环境风险监管的具体要求，同时明确了生态修复的土地依据相关法律可开展土地再利用，实现利用工业固体废物作为生态创伤修复与砂坑、矿坑恢复的协同解决。

3．取得成效

完成包头的砂坑、矿坑排查，建立出各类砂坑、矿坑的资料信息，统计出历史遗留砂坑、矿坑 246 处；通过严控环境风险的生态修复试点工程，总结出利用工业固体废物作为砂坑、矿坑填充材料的先进经验，完成 3 个砂坑的治理，正在实施 5 个砂坑（矿坑）的修复治理，已利用工业固体废物约 300 万吨；制定出《一般工业固体废物回填技术规范　采坑生态恢复》（征求意见稿）及《一般工业固体废物用于矿山生态恢复全过程监督管理规定》（征求意见稿），为包头市废弃砂坑、矿坑利用工业固体废物进行治理提供依据，打通了工业固体废物用于废弃砂坑、矿坑回填利用"最后一公里"，预期可消纳工业固体废物约 8 000 万吨，回填完成后可释放约 250 万平方米土地。

4. 推广应用条件

该模式适用于工业固体废物产生量和贮存量大的地区，主要以火力发电厂及金属冶炼企业产生的粉煤灰、炉渣、冶炼渣和脱硫石膏为主，同时有较多历史遗留的砂坑、矿坑的地区，需要进行地质灾害治理。

参考文献

[1]   杜祥琬. 固体废物分类资源化利用战略研究[M]. 北京：科学出版社，2019.

[2]   生态环境部. 2010—2019 年环境统计公报[R]. https://www.mee.gov.cn/hjzl/sthjzk/sthjtjnb/ [2021-08-27].

[3]   生态环境部. 2020 年全国大、中城市固体废物污染环境防治年报[R]. https://www.mee. gov.cn/ywgz/gtfwyhxpgl/gtfw/202012/P020201228557295103367.pdf.[2020-12-28].

[4]   王琼杰. 以绿色矿业建设和矿山生态修复推进矿业高质量发展[N]. 中国矿业报，2021-07-26（1）.

【本章作者：张宏伟，罗庆明】
本章模式案例来自北京经济技术开发区、铜陵市、徐州市、包头市"无废城市"试点建设经验模式报告。

第4章
农业领域『无废城市』建设的探索与实践

4.1　试点背景

4.1.1　农业固体废物产生、利用情况

1. 畜禽粪污产生、利用情况

随着我国经济的快速发展，人们生活水平的逐步提高，畜牧业也随之迅猛发展，畜禽养殖在为人们提供丰富的肉类、牛奶、禽蛋的过程中，同时产生了大量的畜禽粪污。根据农业部门的统计数据，2020 年，我国肉类产量为 7 748.38 万吨，牛奶产量为 3 440.14 万吨，禽蛋产量为 3 467.76 万吨。相比 2016 年，肉类产量减少了 10%，约 880 万吨；牛奶产量增加了 12%，约 376 万吨；禽蛋产量增加了近 10%，约 307 万吨（图 4-1）。

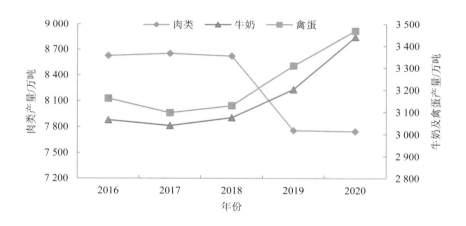

图 4-1　2016—2020 年主要畜产品产量

数据来源：农业农村部网站。

近年来，我国畜牧业持续稳定发展，畜禽养殖规模化率持续走高。2020 年，全国畜禽养殖规模化率达到 67.5%，比 2015 年提高 13.1 个百分点，畜禽健康养殖水平持续提升（图 4-2）。目前，全国每年畜禽粪污产生量约 38 亿吨，综合利用率仅为 70%，仍有 30% 未有效处理和利用，成为农业面源污染的主要来源之一。

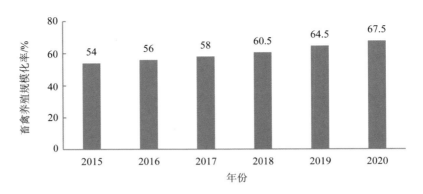

图 4-2　2015—2020 年全国畜禽养殖规模化情况

数据来源：农业农村部网站。

　　我国地域辽阔，养殖国情比较复杂，受气候、经济条件、农业生产方式和供需市场等多重因素影响，各地区畜禽粪污的资源化利用情况可能存在较大的差异[1]。目前，我国畜禽粪污资源化利用主要为肥料化利用、能源化利用以及饲料化利用3 种方式。2020 年，农业农村部办公厅、财政部办公厅发布《关于做好 2020 年畜禽粪污资源化利用工作的通知》，要求"坚持源头减量、过程控制、末端利用的治理路径，以畜禽粪污肥料化和能源化利用为方向，聚焦生猪规模养殖场，全面推进畜禽粪污资源化利用"。有调研发现，在江苏、安徽、河北、浙江等省份的 210个养殖场中，肥料化、能源化及饲料化 3 种畜禽粪污的资源化利用占比分别为92.9%、7.1%及 2.4%（表 4-1）[2]。

表 4-1　不同省份 3 种畜禽粪污资源化利用情况

畜禽粪污处理方式	江苏/个	安徽/个	山东/个	河北/个	福建/个	江西/个	湖南/个	浙江/个	总占比/%
能源化	3	1	2	2	1	2	2	2	7.1
肥料化	37	36	23	28	16	16	21	18	92.9
饲料化	2	1	1	1	0	0	0	0	2.4

2．农作物秸秆产生、利用情况

我国是人口大国，粮食安全问题是我国农业生产的重中之重。根据农业农村部统计数据，2020 年，我国农作物总播种面积为 16 748.7 万公顷，其中粮食作物播种面积为 11 676.8 万公顷，粮食产量为 66 949.2 万吨，相比 2016 年，粮食作物播种面积减少 2%，约 246.2 万公顷；粮食产量增加 1.4%，约 906 万吨（图 4-3）。

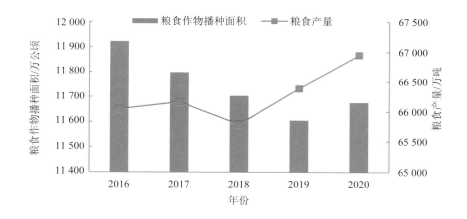

图 4-3　2016—2020 年我国粮食播种面积及产量情况

数据来源：国家统计局网站。

2017 年，全国农作物秸秆理论资源量为 10.2 亿吨，未利用的约 2 亿吨。其中，河南、黑龙江、山东、河北秸秆产生量超过 6 000 万吨。玉米、水稻、小麦三大类作物秸秆产生量分别达到 4.3 亿吨、2.4 亿吨、1.8 亿吨，占秸秆总量的 83.3%。《第二次全国污染源普查公报》公布的数据显示，2017 年，全国农作物秸秆可收集资源量为 6.74 亿吨，秸秆利用量为 5.85 亿吨，综合利用率达到 86.8%。秸秆肥料化、饲料化、能源化、原料化和基料化利用量分别占可收集量的 47.3%、19.4%、12.7%、1.9%、2.3%[3]，其中肥料、饲料占比合计达到 66.7%，形成了肥料化、饲料化利用为主，其他利用方式较快发展的格局（图 4-4）。

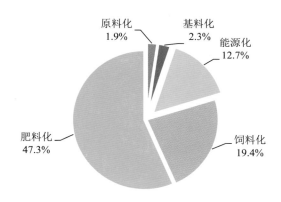

图 4-4　农作物秸秆"五化"利用量占比情况

数据来源：文献[3]。

　　受农业发展基础条件影响，我国各地秸秆利用模式差异较大。黄淮海农区、东南农区以肥料化利用为主；西北农区肥料、饲料结合，利用率分别为 40.24%、29.41%；东北农区和西南农区则是肥料、饲料和燃料稳步推进，形成多元利用格局。不同秸秆资源特性不同，水稻、小麦秸秆以肥料化利用为主，玉米、豆类秸秆以肥料化、饲料化利用为主，薯类秸秆以饲料化利用为主，花生秸秆饲料化、燃料化并重，棉花、油菜、甘蔗秸秆则以肥料化、燃料化利用为主（表 4-2、表 4-3）。

表 4-2　我国不同地区秸秆利用技术情况　　　　　　　　　　单位：%

地　区	秸秆利用率				
	肥料	饲料	基料	燃料	工业原料
黄淮海农区	52.21	18.15	4.69	8.91	2.71
西北农区	40.24	29.41	7.94	4.61	1.72
东北农区	28.79	17.82	0.52	13.53	2.47
东南农区	51.99	10.60	2.57	13.27	2.68
西南农区	35.54	16.48	3.49	21.36	4.39

表 4-3　不同秸秆种类利用技术情况　　　　　单位：%

秸秆种类	秸秆利用率				
	肥料	饲料	基料	燃料	工业原料
玉米	43.8	36.4	6.2	11.7	1.9
稻谷	69.0	8.6	3.7	14.6	4.0
小麦	73.4	9.6	4.5	8.6	3.9
其他谷物	34.4	52.3	2.1	2.1	9.0
棉花	49.5	8.8	13.0	20.5	8.3
油菜	52.3	13.5	1.4	31.3	1.5
花生	20.6	31.7	6.4	36.8	4.4
大豆	31.8	44.9	0.8	21.0	1.4
薯类	24.0	68.2	0.2	4.4	3.3
甘蔗	33.4	7.4	0.2	47.0	12.0
其他	48.2	30.6	5.5	13.6	2.1

3．废旧农膜产生、回收处理情况

农用薄膜主要指用于农业生产的棚膜和地面覆盖薄膜（地膜）两类。据农业部统计分析，2015 年，我国农膜总用量达 260 多万吨，其中地膜用量为 145 万吨，覆膜面积近 3 亿亩，均为世界第一。地膜覆盖技术在带来"白色革命"的同时，也造成了"白色污染"，全国农膜回收利用率不足 2/3，废旧残膜造成土壤结构被破坏、土壤质量下降，其中耕层土壤中的废旧地膜残留量一般为 5～15 千克/亩，新疆大面积地区地膜残留量达 20 千克/亩，显著高于平均水平。近年来，我国强化农用薄膜的使用控制，自 2016 年开始，我国农用塑料薄膜的使用量呈现下降趋势，2019 年，我国农用塑料薄膜的使用量为 240.77 万吨，较 2015 年下降 8%，近 20 万吨（图 4-5）。

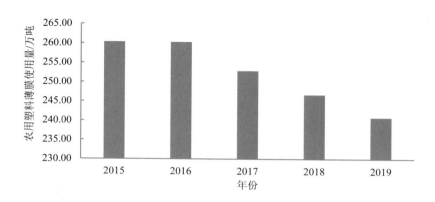

图 4-5   2015—2019 年我国农用塑料薄膜使用情况

数据来源：国家统计局网站。

目前，我国农膜回收主要以人工方式捡拾为主，由于我国农膜厚度较薄，在回收过程中容易破碎，残留在农田，故机械回收使用度不高。农膜再生利用价值较低，同时受回收量的限制，全国农膜整体回收率不足 67%[4]。目前，农膜回收利用的主要处理方式是再生造粒后生成各种塑料用品[5]。

4. 农药包装废弃物产生、回收利用情况

为保持农业生产规模，我国农药生产和使用量巨大。据国家统计局统计，我国 2015 年农药使用量达 178.3 万吨，行业专家估计，农药使用后废弃农药塑料包装瓶数量达 300 多亿个，约 10 万吨。农药包装废弃物主要包括塑料、玻璃、金属、纸等材质的瓶、罐、桶、袋等。其中，塑料制品、玻璃制品、铝箔袋所占比例分别为 80%、12%、7%，所占比例最少的是纸袋、金属瓶，均约为 1%。一些地区化肥、农药施用量较多，多数作物的亩均用量高于发达国家的平均水平。这不仅增加了成本，还对生态环境造成了一定影响。

自 2015 年以来，我国农业绿色发展不断推进，化肥、农药施用量"零增长"行动成效明显。2019 年，农用化肥施用量 5 404 万吨，农药使用量 139.17 万吨，其中农用化肥施用量比 2015 年下降 10%，约 619 万吨；农药使用量比 2015 年下降 22%，为近 40 万吨（图 4-6）。

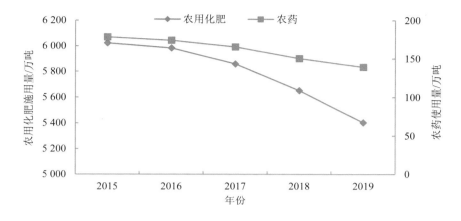

图 4-6 2015—2019 年我国农用化肥、农药施用情况

数据来源：国家统计局网站。

农药包装废弃物缺少经济价值，目前在我国，农户使用农药后，主动收集交回农药包装的积极性不高。2021 年，农业农村部关于贯彻实施《固体废物污染环境防治法》的意见中提到，2019 年全国废弃农药包装物约 35 亿件，到"十四五"时期末，农业固体废物污染防治水平和资源化能力迈上新台阶，农药包装废弃物回收率达到 80%以上。

4.1.2 农业固体废物主要管理政策

1. 畜禽粪污管理政策

近年来，为加快畜牧业绿色发展，深入推进畜禽粪污资源化利用，国家不断完善制度体系，加大政策支持力度。2017 年，国务院办公厅印发《关于加快推进畜禽养殖废弃物资源化利用的意见》（国办发〔2017〕48 号），要求畜牧大县制订种养循环发展规划，明确粪肥利用的目标、途径和任务。同年，为做好畜禽粪污资源化利用工作，提高资金使用效益，农业部、财政部印发《关于做好畜禽粪污资源化利用项目实施工作的通知》，农业部印发《畜禽粪污资源化利用行动方案（2017—2020 年）》，国家发展改革委、农业部印发《全国畜禽粪污资源化利用整县推进项目工作方案（2018—2020 年）》，从 2018 年起，国家发展改革委会同农业部整合、优化相关中央投资专项，重点支持畜牧大县整县推进畜禽粪污资源化利用基础设施建设。2019年，农业农村部、生态环境部联合印发《关于促进畜禽粪污还田利用　依法加强养殖污染治理的指导意见》（农办牧〔2019〕84号），以便深化种养结合发展，加快推进畜禽粪污还田利用，进一步明确畜禽养殖污染治理路径，提高粪污资源化利用水平，促进生态环境保护和畜牧业协调发展。2020年，农业农村部、生态环境部联合印发《关于进一步明确畜禽粪污还田利用要求　强化养殖污染监管的通知》（农办牧〔2020〕23号），明确应根据畜禽粪污排放去向或利用方式执行相应的标准规范。下一步，农业农村部将会同生态环境部，结合《畜牧法》修订工作，加强畜禽粪污资源化利用和畜禽养殖污染监管制度建设，抓紧编制《全国畜禽粪肥利用种养结合建设规划（2021—2025年）》，积极推行养分平衡管理，促进种养结合发展。畜禽粪污资源化利用相关政策见表4-4。

表4-4　畜禽粪污资源化利用相关政策

序号	标题	发文字号	发文机关	主要内容
1	《关于加快推进畜禽养殖废弃物资源化利用的意见》	国办发〔2017〕48号	国务院办公厅	要求畜牧大县制订种养循环发展规划，明确粪肥利用的目标、途径和任务
2	《关于做好畜禽粪污资源化利用项目实施工作的通知》	农牧发〔2017〕10号	农业部、财政部	经国务院批准，2017年中央财政安排资金支持开展畜禽粪污资源化利用工作
3	《畜禽粪污资源化利用行动方案（2017—2020年）》	农牧发〔2017〕11号	农业部	以畜牧大县和规模养殖场为重点，以沼气和生物天然气为主要处理方向，以农用有机肥和农村能源为主要利用方向，制定行动目标及重点任务
4	《全国畜禽粪污资源化利用整县推进项目工作方案（2018—2020年）》	发改办农经〔2017〕1352号	国家发展改革委、农业部	从2018年起，国家发展改革委会同农业部整合、优化相关中央投资专项，重点支持畜牧大县整县推进畜禽粪污资源化利用基础设施建设
5	《关于印发〈畜禽规模养殖场粪污资源化利用设施建设规范（施行）〉的通知》	农办牧〔2018〕2号	农业部办公厅	指导畜禽规模养殖场科学建设畜禽粪污资源化利用设施，用于畜禽规模养殖场粪污资源化利用设施的指导和评估

序号	标题	发文字号	发文机关	主要内容
6	《关于印发〈畜禽粪污土地承载力测算技术指南〉的通知》	农办牧〔2018〕1 号	农业部办公厅	指导各地优化调整畜牧业区域布局,促进农牧结合、种养循环农业发展,加快推进畜禽粪污资源化利用,引导畜牧业绿色发展,用于区域畜禽粪污土地承载力和畜禽规模养殖场粪污消纳配套土地面积的测算
7	《关于做好畜禽粪污资源化利用跟踪监测工作的通知》	农办牧〔2018〕28 号	农业农村部办公厅	依托规模养殖场直联直报信息系统,加强全国畜禽粪污资源化利用情况跟踪监测,动态反映各地畜禽粪污资源化利用基本情况,为绩效考核、政策实施、日常监管等工作提供基础支撑
8	《关于促进畜禽粪污还田利用 依法加强养殖污染治理的指导意见》	农办牧〔2019〕84 号	农业农村部办公厅、生态环境部办公厅	深化种养结合发展,加快推进畜禽粪污还田利用,进一步明确畜禽养殖污染治理路径,提高粪污资源化利用水平,促进生态环境保护和畜牧业协调发展
9	《关于进一步明确畜禽粪污还田利用要求 强化养殖污染监管的通知》	农办牧〔2020〕23 号	农业农村部办公厅、生态环境部办公厅	进一步明确畜禽粪污还田利用有关标准和要求,全面推进畜禽养殖废弃物资源化利用,加大环境监管力度,加快构建种养结合、农牧循环的可持续发展新格局
10	《关于做好 2020 年畜禽粪污资源化利用工作的通知》	农办牧〔2020〕32 号	农业农村部办公厅、财政部办公厅	坚持政府支持、企业主体、市场化运作的方针,坚持源头减量、过程控制、末端利用的治理路径,以畜禽粪污肥料化和能源化利用为方向,聚焦生猪规模养殖场,全面推进畜禽粪污资源化利用

2. 农作物秸秆管理政策

早在 2008 年,国务院办公厅就印发了《关于加快推进农作物秸秆综合利用的意见》,提出秸秆资源应得到综合利用,解决由于秸秆废弃和违规焚烧带来的资源浪费和环境污染问题,力争到 2015 年,基本建立秸秆收集体系,形成布局合理、多元利用的秸秆综合利用产业化格局,秸秆综合利用率超过 80%。2015 年,国家发展改革委、财政部、农业部、环境保护部 4 部门联合印发了《关于进一步加快推进农作物秸秆综合利用和禁烧工作的通知》(发改环资〔2015〕2651 号),明确提出到 2020 年全国秸秆综合利用率达到 85% 以上的目标任务，并从财政投入、税收优惠、金融信贷、土地政策和电价方面出台一系列鼓励性政策措施。2016 年，农业部会同国家发展改革委联合印发了《关于编制"十三五"秸秆综合利用实施方案的指导意见的通知》，明确"十三五"秸秆综合利用发展目标、基本原则、主要任务、重点领域和保障措施。2019 年 1 月，农业农村部印发《关于做好农作物秸秆资源台账建设工作的通知》，搭建国家、省、市、县四级秸秆资源数据共享平台，开始建立全国秸秆资源台账。2019 年 4 月，决定开始全面推进秸秆综合利用工作，印发《关于全面做好秸秆综合利用工作的通知》，强调激发市场主体活力，建立健全政府、企业与农民三方共赢的利益链接机制，推动形成布局合理、多元利用的产业化发展格局，不断提高秸秆综合利用水平。2021 年 7 月，国家发展改革委印发《"十四五"循环经济发展规划》，加强农作物秸秆综合利用，坚持农用优先，加大秸秆还田力度，发挥耕地保育功能，鼓励秸秆离田产业化利用，开发新材料新产品，提高秸秆饲料、燃料、原料等附加值，提出到 2025 年，农作物秸秆综合利用率保持在 86% 以上的目标（表 4-5）。

表 4-5　秸秆综合利用相关政策

序号	标题	发文字号	发文机关	主要内容
1	《关于加快推进农作物秸秆综合利用的意见》	国办发〔2008〕105 号	国务院办公厅	秸秆资源得到综合利用，解决由于秸秆废弃和违规焚烧带来的资源浪费和环境污染问题，力争到 2015 年，基本建立秸秆收集体系，基本形成布局合理、多元利用的秸秆综合利用产业化格局，秸秆综合利用率超过 80%
2	《关于加强农作物秸秆综合利用和禁烧工作的通知》	发改环资〔2013〕930 号	国家发展改革委、农业部、环境保护部	进一步推进秸秆综合利用和禁烧工作，杜绝秸秆违法违规露天焚烧造成的资源浪费和环境污染问题
3	《关于进一步加快推进农作物秸秆综合利用和禁烧工作的通知》	发改环资〔2015〕2651 号	国家发展改革委、财政部、农业部、环境保护部	明确提出到 2020 年全国秸秆综合利用率达到 85% 以上的目标任务，并从财政投入、税收优惠、金融信贷、土地政策和电价方面出台一系列鼓励性政策措施

序号	标题	发文字号	发文机关	主要内容
4	《关于开展农作物秸秆综合利用试点 促进耕地质量提升工作的通知》	农办财〔2016〕39 号	农业部办公厅、财政部办公厅	通过开展秸秆综合利用试点，秸秆综合利用率达到 90%以上或在上年基础上提高 5 个百分点，杜绝露天焚烧；秸秆直接还田和过腹还田水平大幅提升；耕地土壤有机质含量平均提高 1%，耕地质量明显提升；秸秆能源化利用得到加强，农村环境得到有效改善；探索出可持续、可复制推广的秸秆综合利用技术路线、模式和机制
5	《关于进一步加快推进农作物秸秆综合利用和禁烧工作的通知》	农牧发〔2017〕10 号	国家发展改革委、财政部、环境保护部、农业部	完善秸秆收储体系，进一步推进秸秆肥料化、饲料化、燃料化、基料化和原料化利用，加快推进秸秆综合利用产业化，加大秸秆禁烧力度，力争到 2020 年，全国秸秆综合利用率达到 85%以上；秸秆焚烧火点数或过火面积较 2016 年下降 5%，在人口集中区域、机场周边和交通干线沿线以及地方政府划定的区域内，基本消除露天焚烧秸秆现象
6	《关于编制"十三五"秸秆综合利用实施方案的指导意见的通知》	发改办农经〔2017〕1352 号	国家发展改革委办公厅、农业部办公厅	要求各地因地制宜，合理安排秸秆"五化"利用，鼓励推广保护性耕作、秸秆青贮、氨化、生物气化、热解气化、固化成型等技术
7	《区域农作物秸秆全量化利用技术导则》		农业部、农业生态与资源保护总站	指导各地科学开展秸秆综合利用
8	《东北地区秸秆处理行动方案》	农科教发〔2017〕9 号	农业部	到 2020 年，力争东北地区秸秆综合利用率达到 80%以上，比 2015 年提高 13.4 个百分点，新增秸秆利用能力 2 700 多万吨，杜绝露天焚烧现象，农村环境得到有效改善；秸秆直接还田和过腹还田水平大幅提升，耕地质量有所提升；培育专业从事秸秆收储运的经营主体 1 000 个以上，年收储能力达到 1 000 万吨以上，新增年秸秆利用量 10 万吨以上的龙头企业 50 家以上，形成可持续、可复制、可推广的秸秆综合利用模式和机制
9	《关于开展秸秆气化清洁能源利用工程建设的指导意见》	发改办环资〔2017〕2143 号	国家发展改革委办公厅、农业部办公厅、能源局办公厅	到 2020 年，建成若干秸秆气化清洁能源利用实施县，实施区域内秸秆综合利用率达到 85%以上，有效替代农村散煤，为农户以及乡镇学校、医院、养老院等公共设施供应炊事取暖清洁燃气

序号	标题	发文字号	发文机关	主要内容
10	《关于做好农作物秸秆资源台账建设工作的通知》	农办科〔2019〕3号	农业农村部办公厅	建立科学规范的秸秆产生与利用情况调查监测标准和方法，搭建国家、省、市、县四级秸秆资源数据共享平台，掌握全国农作物秸秆产生与利用情况，为各级政府制定相关政策和规划、进行相关产业布局和管理等提供理论依据，为生态文明建设提供考核依据
11	《关于全面做好秸秆综合利用工作的通知》	农办科〔2019〕20号	农业农村部办公厅	各省农业农村部门以全域全量利用为目标，编制年度实施方案，建立科学的秸秆产生与利用情况调查标准和方法，建立资源台账。强化整县推进秸秆综合利用。培育市场主体，加强科技支撑
12	《"十四五"循环经济发展规划》	发改环资〔2021〕969号	国家发展改革委	加强农作物秸秆综合利用，坚持农用优先，加大秸秆还田力度，发挥耕地保育功能，鼓励秸秆离田产业化利用，开发新材料新产品，提高秸秆饲料、燃料、原料等附加值，到2025年农作物秸秆综合利用率保持在86%以上

3. 废旧农膜管理政策

近几年，我国开始高度重视农膜污染防治工作，2017年，农业部印发《农膜回收行动方案》，提出全国农膜回收网络不断完善，资源化利用水平不断提升，到2020年，农膜回收利用率达到80%以上，"白色污染"得到有效防控。2020年年底，工业和信息化部会同农业农村部、中国国家标准化管理委员会等部门修订发布了《聚乙烯吹塑农用地面覆盖薄膜》（GB 13735—2017），新标准提高了地膜厚度、拉伸强度和断裂伸长率，要求在产品合格证明显位置标注"使用后请回收利用，减少环境污染"的字样，从源头上提升地膜可回收性。2019年，农业农村部、国家发展改革委、工业和信息化部、财政部、生态环境部、国家市场监督管理总局联合印发《关于加快推进农用地膜污染防治的意见》，首次全面系统提出了地膜污染治理的总体要求、制度框架、重点任务保障措施，将地膜污染治理摆在了更加重要的位置。2020年，农业农村部会同工业和信息化部、生态环境部和市场监管总局依据现行法律法规，结合实际情况，研究制定了《农用薄膜管理办法》，推动构建农用薄膜回收的长效机制（表4-6）。

表 4-6 农膜回收利用相关政策

序号	标题	发文字号	发文机关	主要内容
1	《农膜回收行动方案》	农科教发〔2017〕8 号	农业部	2017 年,在甘肃、新疆和内蒙古启动建设 100 个地膜治理示范县,通过 2～3 年的时间,实现示范县加厚地膜全面推广使用、回收加工体系基本建立、当季地膜回收率达到 80% 以上,率先实现地膜基本资源化利用。到 2020 年,全国农膜回收网络不断完善,资源化利用水平不断提升,农膜回收利用率达到 80% 以上,"白色污染"得到有效防控
2	《聚乙烯吹塑农用地面覆盖薄膜》	GB 13735—2017	国家质量监督检验检疫总局、中国国家标准化管理委员会	本标准规定了聚乙烯吹塑农用地面覆盖薄膜的分类、标称厚度和覆盖使用时间、要求、试验方法、检验规则、标志、包装、运输和贮存
3	《农用薄膜行业规范条件(2017 年本)》	工业和信息化部公告 2017 年第 53 号	工业和信息化部	要求进一步加强农膜行业管理,规范农膜行业生产经营和投资行为,促进农膜行业结构调整和产业升级,加强产品质量保障
4	《关于加强春耕备耕期间地膜回收工作的通知》	农办科〔2019〕10 号	农业农村部办公厅	强化春耕备耕期间地膜回收和使用工作
5	《关于加快推进农用地膜污染防治的意见》	农科教发〔2019〕1 号	农业农村部、国家发展改革委、工业和信息化部、财政部、生态环境部、市场监督管理总局	首次全面系统提出了地膜污染治理的总体要求、制度框架、重点任务保障措施,将地膜污染治理摆在了更加重要的位置
6	《农用薄膜管理办法》	生态环境部令 2020 年第 4 号	农业农村部、工业和信息化部、生态环境部、市场监督管理总局	遵循全链条监督管理的思路,构建覆盖农用薄膜生产、销售、使用、回收等环节的监管体系

4. 农药包装废弃物管理政策

为了大力推进化肥减量提效、农药减量控害,积极探索产出高效、产品安全、资源节约、环境友好的现代农业发展之路,农业农村部制定了《到 2020 年化肥施

用量零增长行动方案》和《到 2020 年农药使用量零增长行动方案》，取得了明显
成效。成效主要集中在两个方面：一是化肥农药的使用量少了。2017 年，农药用
量已经连续三年减少，化肥用量已连续两年减少，提前三年实现了化肥农药使用
量"零增长"的目标。二是化肥农药的利用率高了。2017 年，我国化肥利用率达
到 37.8%，比 2015 年提高了 2.6 个百分点。农药利用率达到 38.8%，比 2015 年提
高 2.2 个百分点。2020 年，农业农村部、生态环境部联合印发《农药包装废弃物
回收处理管理办法》明确管理和回收处理职责，建立了较为完善的回收体系，规
范农药包装废弃物处理活动，并鼓励各方参与和支持回收处理工作。农药生产者、
经营者应当按照"谁生产、经营，谁回收"的原则，农药生产者、经营者、使用
者应当履行农药包装废弃物回收处理义务。按照"风险可控、定点定向、全程追
溯"的原则，鼓励农药包装废弃物资源化利用，鼓励农药生产者使用易资源化利
用和易处置的包装物，逐步淘汰铝箔包装物。

表 4-7 农药包装相关政策

序号	标题	发文字号	发文机关	主要内容
1	《到 2020 年化肥施用量零增长行动方案》和《到 2020 年农药使用量零增长行动方案》	农农发〔2015〕2 号	农业部	到 2020 年，初步建立科学施肥管理和技术体系，科学施肥水平明显提升。2015—2019 年，逐步将化肥使用量年增长率控制在 1%以内；力争到 2020 年，主要农作物化肥施用量实现"零增长"；到 2020 年，初步建立资源节约型、环境友好型病虫害可持续治理技术体系，科学用药水平明显提升，单位防治面积农药使用量控制在近三年平均水平以下，力争实现农药使用总量"零增长"
2	《关于肥料包装废弃物回收处理的指导意见》	农办农〔2020〕3 号	农业农村部办公厅	明确肥料包装废弃物回收处理范围和回收处理主体
3	《农药包装废弃物回收处理管理办法》	生态环境部令 2020 年第 6 号	农业农村部、生态环境部	明确管理和回收处理职责，建立较为完整的回收体系，规范农药包装废弃物处理活动，并鼓励各方参与和支持回收处理工作

4.1.3　农业固体废物存在的突出问题

1. 畜禽粪污产生量大，种养结合发展不够平衡

改革开放以来，我国国民经济持续高速发展，人们生活水平显著提高，对畜禽产品的需求也随之增加，在一系列加速畜牧业发展的政策推动下，我国畜禽养殖业发展迅猛，以规模化、专业化、集约化、标准化养殖为代表的畜牧业已成为我国发展畜牧业的重要标志。但是，随着我国畜禽养殖的集约式发展，产生的大量废弃物对城市区域环境和农村生态环境造成了巨大压力，畜禽粪污造成的面源污染日益严峻。根据农业农村部数据，我国每年畜禽粪污产生量约 38 亿吨，但综合利用率不足 70%。长期以来，我国农业生产的畜禽粪污乱排乱放问题突出，农民群众反映强烈，是美丽乡村建设的短板。

种养结合、还田利用是畜禽粪污治理的根本途径。我国是养殖大国，同时也是种植大国，由于规模化种植与畜禽养殖的脱节，种养循环不畅，造成种养结合发展不够平衡。畜禽养殖业和种植业分离，养殖者不种地，种植者大量施用化肥，畜禽粪肥无处使用，于是被随意堆放、丢弃，加剧环境污染。一些地区的畜禽养殖场与种植基地相距较远，畜禽粪污利用的运输成本、人工成本偏高，有的田间地头未设立储液池或堆粪池，农民利用不便。部分地区畜禽养殖场规模和周边种植基地不平衡。畜禽粪污产生量远超当地土地承载能力。例如，武汉市仅 9.2 万亩农田，但畜禽粪污处理和资源化利用需要 25 万亩土地消纳，畜禽粪污处理与利用需求和实际消纳能力严重不匹配。

2. 秸秆利用能力不足，露天焚烧现象屡禁不止

当前，我国农村秸秆焚烧仍然难以有效禁止，露天焚烧现象屡有发生，多集中在春秋两季。我国每年秸秆产量超过 10 亿吨，有将近 20% 的秸秆被焚烧或者废弃。由于秸秆数量庞大且廉价，农户相对贫困，经济基础薄弱，对于配备秸秆收集处理机械设备的积极性普遍不高，进而选择"经济""快捷"的方式就地焚烧，不仅能够迅速解决秸秆剩余问题，而且付出的经济代价相对较小。秸秆焚烧会在短时间内产生大量烟雾，同时产生大量的二氧化碳、氮氧化物、硫化氢和烟尘等，这些烟雾不仅会污染大气，同时还严重危害人们的身体健康。2015 年 11 月的环境卫星遥感监测数据统计表明，全国 13 个省（区、市）共监测到秸秆焚烧点 885

个，比 2014 年增长 169%。其中黑龙江为 663 个、吉林为 119 个、辽宁为 54 个，为火点最多的 3 个省份。同期在我国出现的大规模的持续重污染天气成因中，秸秆焚烧排在首位，其对当地 $PM_{2.5}$ 的日均浓度影响贡献率在 4%～55%。此外，秸秆焚烧会对土壤的结构造成破坏。焚烧秸秆虽然对杀灭病虫害有利，但同时会间接烧死土壤中的有益微生物，从而导致土壤肥力下降，土壤水分被带走，破坏耕地墒情、破坏农田生物群落，导致耕地贫瘠化、农作物产量下降。

农作物秸秆是农业生态系统中有价值的生物质资源，秸秆的综合利用对于促进农民增收、环境保护、资源节约以及农业经济可持续发展意义重大。目前，我国农作物秸秆综合利用方式主要有秸秆肥料化、饲料化、燃料化、原料化以及基料化，秸秆综合利用率达 85%以上。我国秸秆综合利用技术较多，但技术应用条件区域差异巨大，且受可利用资源量有限、产生量集中，以及农业生产时限影响，利用总量不大，难以成为主要利用途径。秸秆饲料转化率、消纳率不高。规模化的秸秆加工企业不多，秸秆回收、深加工利用率所占比重较低，企业为保证经济效益，选择在半径较小的范围内收集秸秆，从而导致边远地区秸秆利用途径不多，缺乏有效的综合利用。

3. 废旧地膜回收利用较难，残留污染问题严重

农用薄膜是重要的农业生产资料，具有增温、保墒等功能。我国农用薄膜覆盖面积大、应用范围广，在增加农作物产量、提高品质、丰富农产品供给等方面发挥了重要作用。我国废旧农膜中，棚膜使用寿命达 3～4 年，强度较好，可重复使用，回收率基本可达到 100%。而地膜较薄，强度小，清除时容易破碎，并且不易与秸秆分离，2015 年，我国地膜用量达 145.5 万吨，覆盖面积近 3 亿亩。由于重使用、轻回收、难利用，部分地区废旧地膜残留污染严重，这些农膜在土壤当中会对水分的自由渗透产生影响，让抗旱的能力减弱，造成土地出现次生盐碱化，土壤当中残留的农膜碎片还会将土壤结构破坏，阻碍肥、气、热的传导，对作物根系的贯通产生影响，导致农作物减产，进而成为制约农业绿色发展的突出环境问题。

在回收方面，目前废旧地膜回收主要以人工捡拾为主，劳动强度大，回收效率低。地膜机械回收技术还不成熟，机械回收成本高，作业效率较低，作业难度大。由于地膜回收难度大，回收价值低，农户自觉回收残膜的积极性不高，同时

废旧地膜收购网点少，回收渠道不畅通。在可降解地膜推广方面，可降解地膜仍然存在机械强度不够，降解时间可控性差，增温保墒性能弱于普通 PE 地膜等问题，而且可降解地膜价格较高，推广难度较大。PE 地膜价格大概 0.12 元/平方米，而可降解地膜为 0.25～0.3 元/平方米，因此暂时难以大规模替代传统农用地膜，目前我国可降解地膜覆盖率为 2 万～3 万亩，仅占全国地膜覆盖率的万分之一。

在利用方面，废弃农膜主要以生产再生塑料产品为主，但相关加工企业数量少、规模小，企业分布与农膜产生分布相关性较差，废旧农膜收集数量无法保障，生产不饱和，投资效益低下，回收加工总体能力不足。废旧农膜加工企业内生动力不足。废旧农膜回收加工企业对财政补贴依赖性过高，内生动力不足，可持续经营能力不强，部门协同推进机制仍不完善，尚未形成有效工作合力。回收利用市场机制仍未完全建立，政府对回收利用环节的激励作用有限。废旧农膜作为再生资源，如不加以有效的回收利用，不但会造成资源的极大浪费，而且传统的焚烧、填埋、废弃等处置方式也将对环境造成污染，对我国农业的可持续发展构成威胁。

4. 农药包装废弃物全过程管理链条尚未形成

农药包装废弃物回收、贮存和处置涉及生产企业、销售商、使用者等多环节主体，涉及环保、农业、林业、供销等多个部门，部门职能交叉、职责不清，监管缺位情况较为突出。特别是农药包装废弃物产生的场所在田间地头，废弃物品种和数量繁多，回收对象以农民为主，管理难度极大。同时，农药生产企业、经营企业主动履行回收处理义务的积极性不高，监管部门也尚未出台相应的强制措施。目前除上海、北京、浙江外，我国其他大部分地区对农药包装废弃物处理尚未采取有效措施。

上海市、北京市、浙江省农药包装废弃物管理措施

1．上海市　2009 年上海市发布了《关于本市农药包装废弃物回收和集中处置的试行办法》（沪农委〔2009〕189 号）。规定了各行政村指定专人收集、乡镇布点回收、委托专业处理公司负责转运和集中处理。通过组织保障、资金落实、考核机制等措施，建立了农药包装废弃物有偿回收和委托专业公司集中处置的制度。

2．北京市　自 2009 年开始，北京市经过 3 年时间，探索出以物换物、现金回收、平原承包回收、山区承包回收 4 种农药包装废弃物回收模式。2018 年，北京市印发了《北京市 2018 年农药包装废弃物回收处置工作实施方案》，以"谁经营谁回收、谁使用谁交回"为原则，加强农业面源污染治理，开展政府引导、有偿回收的农药包装废弃物回收处置工作。主要措施包括建立农药包装废弃物回收点、确定农药包装废弃物回收模式、农药包装废弃物集中处置等。

3．浙江省　2014 年，浙江省农业厅印发《农药废弃包装物回收处置试点实施方案》，在全省 21 个县（市、区）进行试点。2015 年，浙江省印发了《浙江省农药废弃包装物回收和集中处置试行办法》（浙政办发〔2015〕82 号），提出要按照市场运作、政府扶持、属地管理的原则，建立以"市场主体回收、专业机构处置、公共财政扶持"为主要模式的农药废弃包装物回收和集中处置体系。

4.2　试点思路

4.2.1　构建种养结合的农业循环经济发展模式

2018 年，国务院办公厅印发《"无废城市"建设试点工作方案》，在畜禽粪污综合利用方面提出，在"无废城市"建设试点时，应当以规模养殖场为重点，以建立种养循环发展机制为核心，构建种养结合的生态农业模式，逐步实现畜禽粪污就近就地综合利用。建立种养结合畜禽粪污处理长效运行机制是畜禽粪污处理利用的根本出路，是解决农业面源污染问题、践行农业绿色发展的重要举措，使物质和能量流在动植物之间进行有序转换。探索建立农业循环经济发展模式，促进农业废弃物体内循环。优化种养业布局和结构，推动农业投入品减量化、生产清洁化、废弃物资源化、产业模式生态化。到 2020 年，规模养殖场粪污处理设施装备配套率达到 95%以上，畜禽粪污综合利用率达到 75%以上。

1．优化种养区域布局

2017 年，农业部印发《畜禽粪污资源化利用行动方案（2017—2020 年）》，提出关于优化畜牧业区域布局的重点任务，落实《全国生猪生产发展规划（2016—

2020 年）》和《农业部关于促进南方水网地区生猪养殖布局调整优化的指导意见》，优化调整生猪养殖布局，调减南方水网地区生猪养殖量，引导生猪生产向粮食主产区和环境容量大的地区转移。落实《全国草食畜牧业发展规划（2016—2020 年）》，在牧区、农牧交错带、南方草山草坡等饲草资源丰富的地区，扩大优质饲草料种植面积，大力发展草食畜牧业。按照《畜禽养殖禁养区划定技术指南》（环办水体〔2016〕99 号）的要求，配合环保部门依法划定或调整禁养区，防止因禁养区划定不当对畜牧业生产造成严重冲击。具体试点过程中，在新建或改扩建畜禽规模养殖场时，试点城市/地区应当科学测算区域环境承载能力，坚持以地定畜、以种定养，根据土地承载能力确定畜禽养殖规模，宜减则减、宜增则增，支持大型粪污能源化利用企业建立粪污收集利用体系，配套与粪污处理规模相匹配的消纳土地，促使种养业在布局上相协调，在规模上相匹配，发展种养结合的生态循环农业。

2．推进种养结合示范

由国务院印发的《全国农业现代化规划（2016—2020 年）》中提出创新强农，着力推进农业转型升级。实施种养结合循环农业示范工程。改善养殖和屠宰加工条件，完善粪污处理等设施，推进循环利用，建设种养结合循环农业发展示范县，促进种养业绿色发展，以畜禽规模养殖场为重点，发展以沼气为纽带的生态循环农业。促进沼液就近就地还田利用，实现苹果、柑橘、设施蔬菜、茶叶等高效经济作物种植与畜禽养殖有机结合的"果沼畜""菜沼畜""茶沼畜"等畜禽粪污综合利用、种养循环的多种生态农业技术模式。推广将农田水稻种植与养虾、养鸭等养殖业结合，增加稻田水溶氧量，粪便还田增加肥力，保护农田水质，促进稻田生态功能的恢复。《国家质量兴农战略规划（2018—2022 年）》中指出"大力推进种养结合型循环农业试点，集成推广'猪沼果'、稻鱼共生、林果间作等成熟适用技术模式，加快发展农牧配套、种养结合的生态循环农业"。开展生态循环农业示范创建，推进种养循环、农牧结合。创建一批主导产业鲜明、产地环境优良、投入品有效管控、农业资源高效利用、农产品绿色优质的生态循环农业示范县。结合推进质量兴农、品牌强农，以有机肥替代化肥为抓手，加快建设绿色优质产品基地，着力创响有影响力的知名品牌。

3．推广处理技术模式

在选择具体的畜禽粪污处理技术模式时，应当以宜肥则肥、宜气则气、宜电则电为原则，根据养殖特点及不同区域的发展特点进行选择。例如，肉牛、羊和家禽等以固体粪便为主的规模化养殖场，应当鼓励进行固体粪便堆肥或建立集中处理中心生产商品有机肥；生猪和奶牛等规模化养殖场应当鼓励采用粪污全量收集还田利用和"固体粪便堆肥+污水肥料化利用"等技术模式，推广快速低排放的固体粪便堆肥技术和水肥一体化施用技术，加强二次污染管控，促进畜禽粪污就近就地还田利用。在此基础上，按照我国七大重点区域（东北地区、西北地区、华北平原地区、京津沪地区、中东部地区、西南地区、东部沿海地区）进行适宜的畜禽粪污处理技术模式试点推广（表4-8）。推广全量机械化施用，提升畜禽粪污还田利用机械化水平。针对不同区域、不同田块类型推广适宜的粪肥还田利用输送和施肥设备，加强种植基地宜机化改造，提高粪肥还田的效率，让农户从繁重的粪肥施用中解放出来，提高种植户使用畜禽粪肥的积极性。鼓励通过机械深施、注射施肥等方式进行粪肥还田，提高氮素利用率，减少养分损失。

表4-8　七大重点区域及畜禽粪污资源化利用模式推荐

序号	地区	畜禽粪污处理技术模式
1	东北地区	"粪污全量收集还田利用"模式
		"污水废料化利用"模式
		"粪污专业化能源利用"模式
2	西北地区	"粪便垫料回用"模式
		"污水肥料化利用"模式
		"粪污专业化能源利用"模式
3	华北平原地区	"粪污全量收集还田利用"模式
		"粪污专业化能源利用"模式
		"粪便垫料回用"模式
		"污水肥料化利用"模式
4	京津沪地区	"污水肥料化利用"模式
		"粪便垫料回用"模式
		"污水深度处理"模式

序号	地区	畜禽粪污处理技术模式
5	中东部地区	"粪污专业化能源利用"模式
		"污水肥料化利用"模式
		"污水达标排放"模式
6	西南地区	"异位发酵床"模式
		"污水肥料化利用"模式
7	东部沿海地区	"粪污专业化能源利用"模式
		"异位发酵床"模式
		"污水肥料化利用"模式
		"污水达标排放"模式

4. 培育社会化服务主体

培育第三方服务组织，提升粪污处理利用专业化。培育和壮大粪肥还田专业化合作社或公司等社会化服务主体，开展粪肥收运施用第三方服务，大力发展订单式作业、生产托管、承包服务等新模式、新业态。第三方服务是一种高效的组织模式，可以将养殖和种植联合起来，通过专业化的粪污收集、贮存和施肥管理，可避免非专业还田存在的施用成本高和环境风险；对减少面源污染和提高土壤肥力都起到了积极作用。针对不同需求可以提供粪污收集、处理，粪肥运输、施用等单环节、多环节不同类型的服务，政府可对运输车辆、施肥机械、服务费用等进行引导性补贴，降低种植户肥料成本，保障第三方服务长效运行。

5. 建立全过程监测网络

建立粪便处理利用台账，实施粪污管理信息化。建立全链条畜禽粪污还田利用监测网络，开展粪肥还田利用的信息化管理，保证粪肥科学规范还田，充分利用粪水资源，控制环境污染。以养殖场、第三方服务机构、种植户为监测重点，督促指导养殖场监测记录畜禽粪污产生量，粪肥氮磷钾养分、重金属、抗生素等含量；第三方服务机构做好粪污收集、处理、利用全过程信息记录；种植农户对施肥农田类型、种植制度、粪肥施用时间及施用量等相关信息动态管理。建立粪污还田利用大数据库，逐步实现粪肥农田利用的可监测、可报告和可核证，实现粪肥还田从养殖场到田块的全过程信息记录，确保粪肥还田利用科学准确。

4.2.2 推动以收集、利用为重点的秸秆全量利用

以收集、利用等环节为重点，坚持"因地制宜、农用优先、就地就近"原则，推动区域农作物秸秆全量利用。以秸秆就地还田，生产秸秆有机肥、优质粗饲料产品、固化成型燃料、沼气或生物天然气、食用菌基料和育秧、育苗基料，生产秸秆板材和墙体材料为主要技术路线，建立肥料化、饲料化、燃料化、基料化、原料化等"五化"多途径利用模式。到2020年，秸秆综合利用率达到85%以上。

1．建立禁烧监管网络

完善秸秆禁烧网格化监控体系，细化监管责任，充分利用高架视频、无人机巡航、卫星遥感等技术手段，建立智能监控和红外报警系统监控平台，形成"空—天—地""人防+机控"的一体化监控体系，实现实时监督、高效监管。特别是在秸秆焚烧高发期，结合网格化监管，专人值班、实时监测，一旦发现问题可及时通知属地负责人，形成联合监管制度。对在禁烧区露天焚烧秸秆的行为，由政府授权职能部门予以处罚，同时，各地在制定禁烧措施的基础上，通过鼓励综合利用，实现堵疏结合、统筹治理目标，从根本上解决秸秆随意焚烧问题。

2．健全收储运体系

合理布局产业化利用途径及收储站，因地制宜，根据实际情况构建分散型或集约型秸秆收储运模式，解决秸秆收储用地问题，制定秸秆收储场地用地政策。依托农村人居环境整治、乡村振兴等政策，有效打通秸秆收储运体系。推广龙头企业带动的产业化利用模式，支持秸秆综合利用企业、专业合作社建立秸秆收储站点，健全服务网络，提高秸秆收储运专业化水平。构建以企业需求为基础、专业合作社为纽带、农民为本的秸秆收储体系，满足秸秆产业化利用的原料需求，进一步提高秸秆资源化、商品化利用水平。同时，建立秸秆产生和利用台账，推进农业废弃物收储运监管服务信息化建设。

3．统筹实现多元化利用

根据不同的区域特点、产业布局等，统筹秸秆综合利用，根据以产定能原则，进一步细化和优化农作物秸秆资源化利用方案，建立完整的利用产业链，因地制宜，合理安排秸秆"五化"利用，避免资源竞争或资源不足。大力推进秸秆肥料化、饲料化、燃料化利用，重点推进秸秆过腹还田、腐熟还田和机械化还田等模

式，以及生产秸秆有机肥、秸秆青贮、优质粗饲料产品、固化成型燃料、沼气或生物天然气。扩大基料化利用，专业化企业生产食用菌基料和育秧、育苗基料。鼓励原料化利用，生产秸秆板材和墙体材料等再生产品等。围绕秸秆综合利用全产业链条，扶持一批掌握核心技术、成长性好、带动力强的企业做大做强。强化试点示范，支持整县推进秸秆综合利用。

4．推广综合利用模式

为贯彻落实中央绿色发展要求，打好农业面源污染防治攻坚战，促进农作物秸秆综合利用，2017 年，农业部办公厅推介发布秸秆农用十大模式。东北高寒区玉米秸秆深翻养地模式，针对东北黑土地"质退量减"的现状，秸秆深翻还田可以实现深层土壤增碳、氮素增加，涵养水分的效果；西北干旱区棉秆深翻还田模式，通过集成机械粉碎和深翻还田技术，有效解决我国棉花主产区棉秆利用率不高的问题；黄淮海地区麦秸覆盖玉米秸旋耕还田模式，基于小麦—玉米轮作种植制度，实现小麦、玉米秸秆全量还田利用；黄土高原区少免耕秸秆覆盖还田模式，适宜推广区域主要包括黄土高原区、两茬平作区、农牧交错区和东北冷凉区等；长江流域稻麦秸秆粉碎旋耕还田模式，通过机械化粉碎和旋耕机作业直接混埋还田；华南地区秸秆快腐还田模式，适用于全国大多数区域；秸—饲—肥种养结合模式，秸—沼—肥能源生态模式，秸—菌—肥基质利用模式以及秸—炭—肥还田改土模式（表4-9）。

表 4-9　秸秆综合利用十大模式汇总

序号	秸秆综合利用技术模式	适宜范围
1	东北高寒区玉米秸秆深翻养地模式	适宜在东北、中原以及东部等主要玉米种植区应用，气候条件为降水量 450 毫米以上、积温 2 600℃以上，耕种条件适宜大型机械化作业
2	西北干旱区棉秆深翻还田模式	全国范围内棉花种植的区域，尤其适宜于新疆等西北地区棉花规模化种植的区域
3	黄淮海地区麦秸覆盖玉米秸旋耕还田模式	适宜于一年两熟制小麦—玉米轮作区，要求光热资源丰富，在秸秆还田后有一定的降雨（雪）天气，或具有一定的水浇条件；同时要求土地平坦，土层深厚，成方连片种植，适合大型农业机械作业

序号	秸秆综合利用技术模式	适宜范围
4	黄土高原区少免耕秸秆覆盖还田模式	适宜年降水量250～800毫米的地区，适宜推广区域主要包括黄土高原区、两茬平作区、农牧交错区和东北冷凉区等地区。对于种植玉米等喜温作物，由于春季播种时保护性耕作的地温比翻耕无覆盖地温低1～2℃，推广应慎重
5	长江流域稻麦秸秆粉碎旋耕还田模式	适宜于长江流域的水稻—小麦、水稻—水稻与水稻—油菜轮作区，也可用于长江流域的部分小麦—烤烟、小麦—玉米轮作区，不适宜水土流失严重的坡耕旱地
6	华南地区秸秆快腐还田模式	适宜于全国大多数区域，特别适宜于有水源保障的水稻—水稻、水稻—小麦或水稻—油菜等轮作的水田，对于作物秸秆产生量大、茬口紧张的两熟及两熟以上区域秸秆还田利用有重要意义。不适宜于干旱、土壤墒情较差的西北地区以及寒冷地区
7	秸—饲—肥种养结合模式	秸秆饲料加工技术和畜禽粪便加工有机肥技术适应广泛，对地理、气候等无严格要求，凡种养业发达，农作物秸秆、畜禽养殖量丰富的地区均可以根据种植规模和原料特性，选择适宜的饲料加工方式和有机肥生产工艺
8	秸—沼—肥能源生态模式	适宜于我国的粮食主产区，秸秆资源量大的地区
9	秸—菌—肥基质利用模式	适宜于全国各地。因秸秆来源不同、基质用途不同，各地区在选择运用秸秆基质制备技术时，应根据当地实际情况，因地制宜选择秸秆堆腐工艺及配套设备、基质复配与调制所需要原料与复配方法
10	秸—炭—肥还田改土模式	适宜于我国的粮食主产区等秸秆量丰富的地区

5．注重优惠政策协同

将绿色发展、生态环境改善、秸秆综合利用等相关政策集成并综合运用，形成政策合力。推动出台惠农政策并落实用地、用电、税收、信贷、运费减免等优惠政策，建立政府引导、市场主体、多方参与的产业化发展机制。贯彻执行农机具购置补贴，同时鼓励地方选择关键机械敞开补贴，健全秸秆多元化利用补贴机制。根据区域实际情况打造一批全域全量利用和产业化利用的典型样板，不断激发秸秆还田、离田、加工利用等各环节市场主体活力，建立秸秆综合利用长效运行机制。

4.2.3 建立废旧农膜回收利用处置全过程管理体系

以回收、处理等环节为重点，提升废旧农膜及农药包装废弃物再利用水平。建立政府引导、企业主体、农户参与的回收利用体系。推广一膜多用、行间覆盖等技术，减少地膜使用。推广应用标准地膜，禁止生产和使用厚度低于 0.01 毫米的地膜。有条件的城市，应将地膜回收作为生产全程机械化的必要环节，全面推进机械化回收。到 2020 年，重点用膜区当季地膜回收率达到 80% 以上。

1. 强化农膜源头管控

在生产环节，加强源头把控，提高地膜质量。试点城市/地区严格执行《聚乙烯吹塑农用地面覆盖薄膜》（GB 13735—2017），建立农膜市场监管制度，并定期开展农膜质量监督检查，严厉打击查处违法生产、销售及使用不合规农膜的行为。出台地方农膜标准，因地制宜、因作物推广地膜覆盖种植技术，降低地膜覆盖依赖度，减少地膜使用量，稳定地膜覆盖面积。结合农业生产实际，推广膜侧种植、半膜覆盖、一膜两用、茬口优化等地膜用量少的技术模式。鼓励和支持生产、使用全生物降解农用薄膜，替代传统塑料地膜。在农膜覆盖量大、残膜问题突出的地区，加快推进使用加厚地膜和可降解农膜。

2. 探索回收处置长效机制

在回收环节，要推动建立以旧换新、经营主体上交、专业化组织回收、加工企业回收等多种方式的回收利用机制。调整补贴政策，由"补使用"转为"补回收"，试点农膜回收生产者责任延伸制度，探索"谁生产、谁回收"机制，使农膜回收责任由使用者转到生产者。建设废旧农膜回收网点和再利用加工厂，加快机械化捡拾机具研发和应用，积极引进机械回收废旧农膜的新技术、新设备，建设一批农膜回收与再利用示范县。

3. 推进资源化再利用

在利用处置环节，要严厉打击废弃地膜露天焚烧，支持废弃农膜加工利用项目，推广废弃农膜再生利用产品。对从事废弃农膜回收再生利用的企业，实行免征增值税、所得税和享受农用电价格等优惠政策，利用政府采购、补贴等形式，打通废弃农膜再生利用产品市场，调动企业的积极性，保障行业的长期健康发展。对无法再利用的废旧农膜，特别是无法再利用的地膜，纳入城乡垃圾收集系统进行垃圾焚烧等无害化处理。

4．开展农膜残留监测

开展废旧农膜统计调度，掌握本辖区主要覆膜作物，覆膜区域与用膜量，废弃农膜种类、数量、回收率等。根据种植作物及覆膜年限的不同，开展农膜残留污染对耕地质量和农作物产量影响的定位跟踪，推进农用薄膜残留监测点建设，长期定位监测并对农膜残留情况、动态变化趋势等进行分析，为农膜残留污染治理提供数据支撑。同时，规范农用薄膜残留监测工作，完善考核指标体系。制定监测方法，定期组织土壤环境监测工作，为加强农田残膜的治理，将各地域监测数据的质量作为废弃农膜污染综合治理成效考核管理的依据。

4.2.4　推进农药包装废弃物源头减量及回收处理

1．推进农药减量增效

深入实施农药减量控害行动，推进病虫害专业化统防统治和绿色防控，促进农药绿色发展。研发低残留农药、生物农药，推广高效低毒农药、高效植保机械及绿色防控产品。指导家庭农场、合作社、龙头企业带头减少农药用量。逐步淘汰高毒农药，从源头减少农药包装废弃物产生量，从而降低其对土壤、水体等的污染。

2．加大财政补贴力度

针对农药包装废弃物，扩大低毒生物农药补贴项目实施范围。通过政府购买服务、金融创新、对有机肥进行补助等措施来促进农药的减量实施，推进农业绿色发展。鼓励地方有关部门加大资金投入，给予补贴、优惠措施等，支持农药包装废弃物回收、贮存、运输、处置和资源化利用活动。

3．建立回收处理体系

按照"谁生产、营业，谁回收"的原则，结合本地区实际，建立农药包装废弃物回收奖励或使用者押金返还等制度，引导农药使用者主动交回农药包装废弃物。在农药使用量大的农产品优势区，建设一批农药包装废弃物回收站和无害化处理站，建立农药包装废弃物处置和危害管理平台。鼓励和支持对农药包装废弃物进行资源化利用，资源化利用以外的，按照法规进行填埋、焚烧等实施无害化处理。

4. 发挥地方监管职能

发挥地方监管职能，强制农药生产企业、经营企业以及使用者承担农药包装废弃物回收的社会责任，强化行业自律。鼓励和支持行业协会在农药包装废弃物回收处理中发挥相应作用。加大对农药包装废弃物资源化利用企业的扶持力度，提高农药包装废弃物资源化利用率。开展农药包装废弃物回收处理的宣传和教育，指导农药生产者、经营者和专业化服务机构开展农药包装废弃物的回收处理。

浙江省探索农药包装废弃物回收典型模式[6]

余杭区：统一回收价格标准，分档进行回收。政府部门提供专项资金，依托现存的农资代售网点，从 2009 年开始，以"有偿补贴"方式在全区设立 165 个回收点回收农药包装废弃物。此外，余杭区制定了《余杭区农业废弃物利用处理和面源污染治理工作实施方案》，从 2011 年起，每年投入 300 万元作为回收农药包装废弃物的补贴，采用统一回收价格标准，分档进行回收的方式。同时，本地专业合作社等和各镇街签署委托回收协议，在各自辖区内开展农药包装废弃物回收处置工作。针对不同规格的农药包装瓶给予不同的回收价格：300 毫升以上的 1 元/个、101 到 300 毫升的 0.5 元/个、100 毫升以下的 0.2 元/个、大于或等于 50 克的 0.2 元/个、低于 50 克的 0.1 元/个。2011 年全年回收各类废弃农药瓶数量达 201.21 万个，废弃农药包装袋 658.11 万个，各类农药包装废弃物的回收率超过 80%，回收的农药包装废弃物无害化处理效率达到 100%。

萧山区：政府提供基础设施。萧山供销联社会同区农业局在江东生态循环农业示范区 2 万亩核心区块内试点开展农药包装废弃物回收处置工作，由萧山区农业局领导，区供销社农资公司具体实施，把试点范围内的 6 家供销农资连锁配送店和 25 家农业企业作为回收点，并签订《农业投入品包装废弃物捡拾回收承诺书》，保证各相关回收主体责任到位。根据江东生态循环农业示范区生产特点，首先要求专人负责农药包装废弃物的包干捡拾和初拣分类，并把它们放入指定的回收桶内；其次由萧山供销社农资公司定期派运输车辆到各回收点统一上门回收；最后对回收的农药包装废弃物进行保管、统一转运、集中处理。同时，萧山财政拨出专项资金对运输车辆、回收桶购置、建设保管仓库、集中处理费用等给予补助，预计每年投入 120 万元。

海盐县：充分利用供销网络调动农户积极性。海盐县 114 家农药包装废弃物回收站正式挂牌开放，且各大供应（回收）网点统一配置电脑收款一体机、扫描仪等信息化设备，已经具备对所有农药包装物回收备案记录、零差价农药、月报表、进销台账、分户购买回收等建立资料数据库的能力。农户投售的农药瓶要基本清洗干净，而且要在农药瓶上附上瓶盖，单个农药瓶回收价格在 0.1 元到 0.5 元，其中 200 毫升以下的农药瓶回收价为 0.3 元/个、200 毫升（含）以上的为 0.5 元/个、50 克（含）以上的为 0.2 元/个、50 克以下的为 0.1 元/个。

淳安县：签订协议契约，确保农药包装废弃物回收。2014 年，淳安县在对全县 189 家农资销售网点进行调查的基础上，设置 135 个农药包装废弃物回收网点，统一购置回收农药废弃物存放箱。政府同回收网点签订协议，督促他们按协议要求回收，确保当年的农药包装废弃物回收率能超过 90%，而各回收网点利用配送农药的机会，以 10 个农药包装袋换一包抽纸，15 个换一块"奥妙"肥皂的方式回收农药包装废弃物，然后将回收的农药包装废弃物集中运送到专业处理机构进行处理。

4.3 探索实践

4.3.1 推广种养结合模式，促进畜禽粪污资源化利用

种养结合是国家大力提倡的一种生态农业模式，试点城市/地区建设以来，各地种养结合模式纷纷涌现，不仅解决畜禽粪污的收集再利用，同时提高种养效益，为农民增加收入。西宁建立"草+畜+粪+肥"生态循环畜牧业发展模式，建成生态牧场 30 家。瑞金探索建立"农业有机废弃物资源化还田利用—培育健康土壤—生产优质农产品"的绿色生态循环发展模式。盘锦构建种养结合整县推进畜禽粪污资源化利用模式，推进畜牧业生产方式转变和结构调整。光泽县打造的白羽鸡循环经济产业链，已实现鸡粪、鸡血、羽毛、下脚料等全部综合利用。

1. "草+畜+粪+肥"生态循环畜牧业

生态牧场是西宁结合实际，以生态循环畜牧业为发展思路，通过饲草种植与

规模养殖相结合、舍饲圈养与适度放牧相结合的方式，充分利用本地区天然草场
和弃耕地、退耕地等资源，加大浅脑山地区的饲草种植面积，在合理利用天然草
场、实现草畜平衡的前提下，以草养畜、草畜联动、适度放牧，减少饲养成本，
提高肉品品质，打造绿色、优质、高效生态循环畜牧业发展模式（图4-7）。

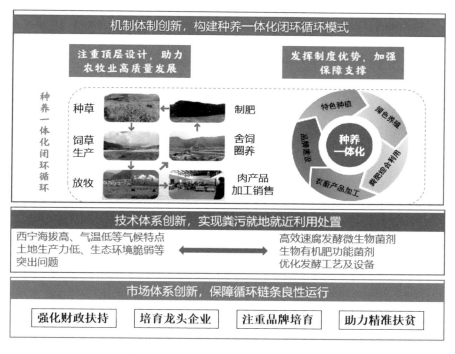

图 4-7 农牧业高质量发展的生态牧场模式

资料来源：西宁市"无废城市"试点建设经验模式报告。

　　构建种养一体化闭环循环模式。一是遵循生态保护优先，以饲草种植和规模
养殖相结合、采取舍饲圈养和适度放牧相结合，减轻天然草场养畜压力，实现草
畜平衡；二是遵循绿色循环，充分利用本地区天然草场和弃耕地、退耕地等资源，
加大浅脑山地区的饲草种植面积，以草养畜，实现种养一体化；三是配备完善的
基础设施，强化粪污收集和无害化处理区建设；四是依托场区发酵和周边有机肥
厂，实现粪污资源全量综合利用，生产的有机肥用于饲草养殖，回归田间，实现
闭环（图4-8）。

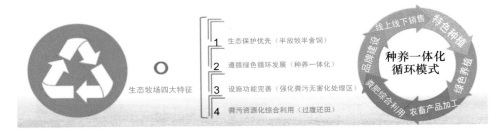

图 4-8　生态牧场内涵示意图

资料来源：西宁市"无废城市"试点建设经验模式报告。

实现粪污就地就近利用处置。针对海拔高、气温低等气候特点以及土地生产力低、生态环境脆弱等突出问题，西宁市支持开展"种养一体化生态循环模式在牦牛舍饲养殖中的示范推广""有机肥及生物有机肥生产技术"等科研项目，筛选了一批高效速腐发酵微生物菌剂，研制了生物有机肥功能菌剂，开展了牛粪堆积发酵、有机肥种植试验效果研究等工作，为补齐技术短板提供了基础支撑。

培育龙头企业，做大粪肥利用循环圈。一方面，通过推动"饲草+养殖企业""有机肥厂+养殖销售企业"强强联手，提高集约化水平，保障畜禽粪污肥料化生产能力和有机肥消纳量。另一方面，注重强化规模化养殖、标准化生产、科学化管理，进一步规范标准化养殖体系建设。目前在建成并运行的 30 家生态牧场中，年出栏肉牛 500 头以上、肉羊 2 500 只以上和奶牛存栏 500 头以上的生态牧场有 18 家；年出栏肉牛 1 000 头以上、肉羊 5 000 只以上和奶牛存栏 1 000 头以上的生态牧场有 12 家；养殖规模的提升进一步保障了粪污收集和集中处置效率。

全市建成生态牧场 30 家，实现生态牧场内畜禽粪污全量利用，全市畜禽粪污利用率达 78% 以上，生态系统稳定性和生态环境质量持续改善。

2. "水稻—畜禽—有机肥"生态农业循环

针对传统养殖业污染治理难度大、农产品品质无法保障、农业可持续性发展受到制约等问题，盘锦市结合自身特点，构建"水稻种植—畜禽养殖—有机肥生产"的种养结合型生态农业循环发展模式（图 4-9）。

打造优势产业集群，全面规范散养户畜禽养殖，创新种养循环生态农业技术。鼓励大型水稻认养基地、棚菜果蔬基地与养殖龙头企业开展对接，针对种植需要，对畜禽粪污采取不同方式处理后，用于农作物、蔬菜、瓜果生产，与土壤改良有机结合，形成农牧良性循环，提高土壤肥力，实现农业绿色、生态、循环发展。2020 年，全市畜禽养殖废弃物资源化利用率达 77.6%。

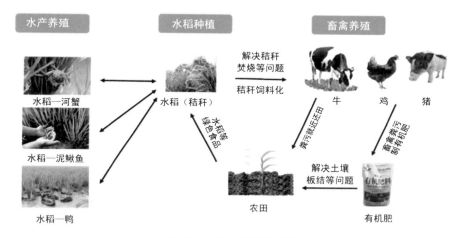

图 4-9　生态循环农业模式

资料来源：盘锦市"无废城市"试点建设经验模式报告。

盘锦市稻田养蟹模式是"水稻种植—畜禽养殖—有机肥生产"的种养结合型生态农业循环发展模式的典型代表。稻蟹综合种养模式是在稻田地里进行河蟹养殖的生态养殖方式，将种植与水产养殖有机结合，"用地不占地，用水不占水，一地两用，一水两养，一季双收"立体生态农业模式，即以"大垄双行，早放精养，种养结合，稻蟹双赢"为核心的稻田种养，河蟹的排泄物是水稻的优质肥料，降低了化肥的施用量。水稻的生长为河蟹提供了良好的生存环境和躲避敌害的栖息场所，稻田养蟹在充分利用稻田水域的生产力，将其转化为河蟹产量的同时，对水稻产量不但不产生影响，还改变了稻田的土壤状况，提高了水稻的品质，节约了成本。稻田养蟹实现了"水稻+水产=粮食安全+食品安全+生态安全+农民增收+企业增效"的"1+1=5"模式，即水稻+水产=粮食安全、食品安全、生态安全、企业增效、农民增收。

3."猪—沼—果（林、菜、莲……）"循环利用

针对畜禽粪污处理设施配建不完善、粪污处理不到位、利用不充分等问题，

瑞金市以"猪—沼—果（林、菜、莲……）"循环利用模式为主体，推行"三改、二分三池+综合利用"的模式。推行大型养殖场链接有机肥厂，链接蚯蚓养殖等模式来实现循环生态现代农业。大力推广畜禽粪便堆肥、蚯蚓养殖生产有机肥技术，鼓励发展水产品废弃物制水溶性肥料、生物肥料利用技术，促进畜禽粪污和水产加工废弃物高值化利用。

2020 年，瑞金市畜禽粪污产生总量预计约 85.13 万吨，资源化利用量 82.83 万吨。其中规模养殖场粪污产生量 22.67 万吨，综合利用量 19.08 万吨。规模养殖场粪污处理设施装备配套率 100%。全市 82 个规模养殖场及 100 多个规模以下养殖场均实现了"猪—沼—果""猪—沼—茶""猪—沼—菜"的生态利用模式，畜禽养殖粪污综合利用率达到 96%以上。

瑞金市地方典型经验

1．"猪—沼—果"资源化生态利用技术示范典型

瑞金市依托 14.8 万亩的以脐橙产业为主的果业基地，大力发展"猪—沼—果（菜）"生态模式，以沼气为纽带，带动畜牧业、林果业等相关农业产业共同发展的生态农业模式。该模式是利用山地、农田、水面、庭院等资源，采用"猪舍、沼气池、脐橙（茶、蔬菜等）"三结合工程，围绕主导产业，因地制宜开展"三沼"（沼气、沼渣、沼液）综合利用，从而达到对农业资源的高效利用和生态环境建设、提高农产品质量、增加农民收入等效果。

2．蚯蚓养殖基地处理粪污示范典型

江西省蚯蚓养殖基地借助蚯蚓生物养殖，规模化处理畜禽粪便、农业秸秆、餐厨垃圾和食品废渣等农牧业有机废弃物，充分利用瑞金市大型规模畜禽养殖场粪污经发酵预处理后进行蚯蚓养殖，生产蚯蚓、蚓粪有机肥等新产品，2020 年，处理废弃物约 15 000 吨，其中畜禽粪污 12 000 吨，生产销售蚯蚓粪有机肥 5 000 吨，鲜蚯蚓 50 吨。

资料来源：瑞金市"无废城市"试点建设经验模式报告。

4.3.2 延长秸秆产业链条，促进一二三产业融合发展

在"无废乡村"生态链建设中，秸秆处理是一项重点工作。大力推进农作物秸秆变废为宝、化害为利，以资源化利用为方向，坚持政府引导、市场运作，积极培育秸秆收储运和综合利用市场主体，充分发挥农户、社会化服务组织和企业的主体作用，构建利益链，打造产业链并不断延伸，实现多方共赢，促进一二三产业融合发展。

1. 制度制定保障秸秆产业化利用

为解决秸秆产生分散、粗放处理污染环境、收储运机制不健全等问题，试点城市/地区把"无废城市"建设与乡村振兴、美丽乡村建设有机结合，通过政府推动、企业主导、专业合作经济组织和农户参与，构建市场化运作互为补充的秸秆产业化、规模化利用模式。根据《农业农村部办公厅关于做好农作物秸秆资源台账建设工作的通知》，各试点城市/地区逐步开始建立健全全市秸秆资源台账制度，并按照统一规范的调查方法及谷草比等开展科学调查和统计。

同时，各地纷纷实施秸秆产业化奖补等政策。其中铜陵市分别对秸秆收储企业、利用企业、省级秸秆利用环保产业示范园区、大中型沼气工程项目等分级分类进行奖补，细化资金奖补、申报、管理要求。通过高标准建成秸秆生态板、生物质替代燃料、畜禽粪污及秸秆沼气发电等重点项目，提高秸秆产业化、规模化利用水平。2020 年，全市秸秆综合利用率达 92.4%。

引导建立分级收储体系，保障秸秆高效回收。为了保障秸秆的产业化利用，许昌市充分发挥政策引导和市场主体作用，着力构建秸秆回收和再利用的长效机制。一方面，加强对秸秆产业化主体的政策引导与资金支持，对农机合作社购置秸秆打捆机等秸秆综合利用机械做到敞开补贴、应补尽补，对农机合作社开展秸秆打捆给予作业补贴。另一方面，积极探索并逐步推广"三位一体"的分级收储回收模式：①以乡镇为中心建立秸秆收购专业合作社，培养发展经纪人，建立长期紧密合作的收购团队和原料收储基地。②以村级为单位引导设立秸秆收购点，村级秸秆收购点所收秸秆原料统一由与企业签约的各乡镇专业秸秆收购合作社（秸秆原料收储基地）进行收储。③根据秸秆收购、储存、运输等各环节特点，鼓励企业提供与之匹配的人员、设备、技术、价格、管理等服务，并对签约的专业

秸秆收购合作社采取优先收购、存储补贴、任务奖励等多种收购措施。

2．龙头企业带动延伸产业链条

推进秸秆饲料化利用，在大型养殖企业、农民专业合作社和养殖大户等新型农业经营主体的带动下，大力推广种养结合的新型农业模式，积极储存小麦、玉米秸秆，利用青贮技术将秸秆密封发酵制作成饲料，大幅提高小麦、玉米秸秆的饲料化利用率。

大力支持农业公司、合作社、种植与养殖大户建设大中型沼气工程，发展秸秆压块燃料，推进秸秆能源化利用。铜陵市通过高标准建成秸秆生态板、生物质替代燃料、秸秆沼气发电等重点项目，提高秸秆产业化、规模化利用水平。许昌市现已建成 4 座规模化大型沼气工程，年消纳秸秆 5 000 吨左右。

积极发展食用菌产业，推进秸秆的基料化利用。扶持食用菌龙头企业，围绕食用菌产前、产中、产后开展技术服务，采用订单生产、保护价收购、成本价提供生产资料、提供技术全程服务等，把基地与龙头企业、农户与龙头企业、基地与农户紧紧联结在一起，着力打造食用菌工厂化生产示范基地、食用菌产业园等，大幅推进秸秆的基料化利用。

通过家具、板材等龙头企业，带动延伸秸秆产业链，着力发掘和提高秸秆的潜在价值。许昌市以小麦、大豆、烟叶等农作物秸秆作为原料，加工生产零甲醛的生态板材，再把秸秆生态板材进行贴面加工，并且提供家居定制和工业旅游服务，实现了一二三产业无缝隙衔接，带动了上下游一系列市场主体的发展，打造了"三厂合一"（板材厂、贴面厂、家具厂）的秸秆产业链。

3．技术引领增速秸秆资源化利用

秸秆肥料化利用技术包括秸秆直接还田和加工成有机肥后还田。其中，秸秆直接还田是秸秆最主要的利用方式，还田方式包括机械化粉碎还田、覆盖还田、快速腐熟还田、堆沤还田等。近年来，快速腐熟还田、覆盖还田、堆沤还田等非机械化还田技术成长迅速，有效改善了土壤性质，提高了土壤肥力。铜陵市全面开展秸秆粉碎还田离田作业，建立还田示范区 1.2 万亩，辐射带动周边 6.82 万亩，示范区秸秆综合利用率达 92.9%。徐州市创新秸秆高留茬机械化还田技术，大大提高秸秆破碎效果，便于旋耕作业，有效破解低留茬收获秸秆还田与土壤不能有效结合的难题，有利于下茬作物的种植和生长，减少粮食收获损失，每亩可减少粮食损失 20 千克左右。

秸秆饲料化利用技术主要通过氨化、青贮、微贮、揉搓丝化等，对玉米、花生、红薯、大豆的秸秆进行饲料化处理，增加秸秆饲料的营养价值，提高转化率。利用秸秆进行沼气生产或生物质发电、供热促进秸秆能源化利用，铜陵市将秸秆制备成生物质燃料，在水泥行业内首次作为替代燃料使用，该技术可节约水泥窑生产过程中消耗的标准煤，缓解水泥工业对煤炭的依赖，减少水泥窑煤的用量及二氧化硫、氮氧化物、温室气体的排放，对水泥行业节能减排和废物资源化利用具有重要意义。秸秆基料化利用，以秸秆为主要原料，加工或制备的基料主要为动物、植物及微生物生长提供良好条件，同时也能为动物、植物及微生物生长提供一定营养的有机固体物料。针对稻、麦秸秆原料化利用的需求，铜陵市采用"稻、麦秸秆人造板制造技术"，实现秸秆的资源化利用。该技术填补了我国生态板的空白，为当地提供了就业机会，同时增加了当地农户经济收入，并进一步通过家居智造延伸产业链条，培育新的经济增长点。

4.3.3 发挥多元主体作用，构建全链条农膜回收体系

1. 发挥政府保障支撑主导地位

针对废弃农膜的随意丢弃、回收难、资源化利用率低等问题，试点城市/地区均先后制定各市农膜污染防治、回收利用等实施方案，建立废弃农膜收集处置长效机制。规范地膜使用标准，推广应用标准地膜、全生物可降解地膜；推广一膜多用，行间覆盖等技术；制定废弃地膜回收奖励政策，通过减免所得税、专项补贴等方式着力调动企业主动回收农膜的积极性，激发市场活力；建立农膜台账；明确责任主体，设立地膜残留污染物监测点并开展常态化巡查等。打造全链条的农膜回收和监控网络，全面遏制白色污染的蔓延。

许昌市按照"政府倡导、企业带动、网点回收、群众参与"的工作思路，不断加大政策扶持力度，充分发挥多元主体的作用，着力构建龙头企业利用、网点积极回收、"农业专业化合作社机械捡拾+农户捡拾交售"的全链条市场化回收利用网络体系。重庆市明确废弃农膜回收利用牵头部门和相关部门的职责分工，细化废弃农膜回收利用目标任务和回收利用网络及回收利用企业建设要求，明确市、区、县财政资金支持废弃农膜回收利用范围用途和各项优惠政策等方面内容。强

化基于供销合作社构建村、镇、区三级"一网多用"回收网络体系、建立财政资金保障机制、完善督查监管机制、第三方评估机制以及强化宣传引导等具体措施，确保废弃农膜得到有效回收利用。近三年，重庆市中心城区回收废弃农膜约 881 吨，超额完成目标任务，2020 年，农膜回收率达 91.9%，有效降低了回收利用成本，减少了农业农村面源污染。

2．建立回收利用市场化运作体系

针对废旧农膜的回收难题，各试点城市/地区依托龙头企业、专业合作社、种植大户等，建立回收利用市场化运作体系，以合作社、专业队伍等进行集中回收；通过建设废旧农膜回收利用项目，支持加工利用企业引入废旧农膜再利用技术；建立废旧农膜回收利用补助奖励办法，对企业与农户等进行补贴，探索"以旧换新"政策等，逐步完善市场化的运作机制。

深圳市创新"谁购买谁交回、谁销售谁收集"的机制试点，按照 2 元/千克标准对农户进行补贴。回收的农膜中可资源化利用的废旧白膜运往专业单位进行再生利用，难以资源化利用的废旧黑膜送生活垃圾焚烧厂处置，对农膜利用企业给予 1 000 元/吨费用补贴。全市地膜回收率为 90.61%，农膜回收率为 96.29%，回收农膜 100%实现无害化处置。

西宁市将回收环节作为农膜治理关键点，构建由"户收集—供应商回收—再生企业利用"的农膜回收利用体系，形成"企业回收、农户参与、政府监管、市场推进"的闭环运行机制。推行"谁供应、谁回收，谁使用、谁捡拾，谁回收、谁拉运"的运行模式；培育农膜回收市场机制，采用补贴、贴息、减免所得税、专项补贴等方式扶持企业与农户建立长期合作。全市农田农膜回收率提升至 90%以上，回收农膜实现 100%利用，基本实现田间地头无裸露残膜。

徐州市试点建设相对完善的"村收集、镇集中、县回收"的三级回收利用体系，初步形成经营和利用主体收集、专业队伍回收、利用企业加工的市场化运作机制；加强组织领导，强化执法监督，强化技术推广与科学宣传引导；探索由县级财政对废旧农膜回收利用在收集、储运和处置环节进行按量奖补的制度。2020年，徐州市农膜回收率达 94.3%，地膜回收率达 83.2%。

3．构建农膜常态化市场监管机制

构建农膜市场常态化监管机制，完善农用薄膜市场监管制度。2020 年 9 月 1

日起，农业农村部等四部门联合印发的《农用薄膜管理办法》开始实施，对农膜的生产、销售、使用、回收、再利用及监管环节予以规范。明确各部门责任，定期开展农用薄膜残留监测以及农用薄膜质量监督检查。

许昌市推行生产使用全程监管。重点对国营农场、种植大户、家庭农场、专业合作社等农业规模化经营主体农膜使用和回收情况进行监管，建立使用和回收工作台账，如实记录购买地点、使用时间、地点、对象及农膜名称、用量、生产者、销售者及回收情况等内容。西宁市制定《聚乙烯吹塑农用地面覆盖薄膜》地方标准，严查生产不符合产品的企业；设立地膜残留污染物监测点并开展常态化巡查。

4.3.4　推进农药减控措施，探索生产者责任延伸制度

1. 扎实推进农药减量增效

围绕农药减量增效，各试点城市/地区因地制宜制定相应配套制度。威海市积极落实《山东省农药包装废弃物回收处理管理办法》，印发了《关于进一步做好农药包装废弃物回收处理工作的通知》，统筹推进各区（市）农药包装废弃物回收处理体系建设。对部分区（市）农药包装废弃物回收处理工作进行督导，统筹推进区（市）农药包装废弃物回收处理体系建设。绍兴市创新启动了"肥药两制"改革，推进化肥农药减量增效行动，出台了《绍兴市农业投入化肥定额制实施方案（试行）》，各区、县、市也相继出台农业投入化肥定额制实施方案及指导意见，推进相关试验田方建设，打造了具有绍兴特色的"肥药两制"工作样板。制定《关于进一步加强农药废弃包装物回收和集中处置工作的通知》（绍市农〔2016〕30号）及《深入推进农药废弃包装物回收和集中处置工作实施意见》（绍市无废办〔2020〕2号），为农药废弃包装物回收处置工作提供政策保障。

诸暨市实施"肥药两制"改革新路径

为加快推进"肥药两制"改革，根据《浙江省农业农村厅关于开展农药实名制改革试点工作的指导意见》《浙江省农业农村厅关于开展"肥药两制"改革农资店

创建工作的通知》的文件精神，特制定《诸暨市"肥药两制"实名购销系统建设暨示范店创建实施方案》。优化农资监管与服务信息化平台，开展"肥药两制"示范店创建。实行肥药购买者凭有效身份信息购买肥药，经营门店"刷卡、刷脸+扫码"数字化采集记录购买者姓名、销售肥药产品信息等内容，数据实时上传"浙江省农资监管与服务信息化平台"，实现农资经营环节管理数字化，构建农业投入品进—销"亮证购买、门店记录、平台汇总、部门监督"机制，为有效落实化肥农药实名制购买、定额制施用提供实现路径。

2．积极探索生产者责任延伸制度

"互联网+农资"实现购买"实名制"。依托浙江省农资监管信息化系统，绍兴市上虞区 150 家农资经营店已完成农药实名制购买 100%全覆盖。购买者在购买农资时需出具个人身份证明，农药经营者应用农资信息化系统如实登记购买者姓名、联系方式以及农药名称、用途等电子台账。

"建网+联动"实现农业固体废物回收、处置"双满分"。在绍兴市上虞区全区建成 1 个总回收点和 126 个下级回收网点，落实 2 家农业固体废物处置单位，形成农药包装物回收处置网，确保全区农药包装物应收尽收、该处则处。整合从使用到收集处置的各方力量，形成农药使用者主动上交、回收点日常收集、回收公司定期收拢、处置单位集中处置的工作流程。2019 年，绍兴市上虞区落实专项工作资金 400 万元，回收农废包装物 1 131 万件，处置 174.49 吨，实现回收、处置率"双满分"。

"创建+奖励"提升"肥药两制"工作积极性。对农资经营示范店实行奖励机制，绍兴市上虞区印发了《绍兴市上虞区农资经营规范化建设实施方案》，通过奖励机制对验收合格的农资经营示范店给予创建经费补助 1 万元/家，2017—2019 年已创建 25 家农资经营示范店，以点带面引领全区农资经营规范化水平有效提升。绍兴市出台了《关于加快推动"三农"高质量发展的若干政策实施细则》，对创建耕地质量提升实施化肥施用定额制的经营主体给予 3 万元/户奖励。

信用积分奖励。按照"政府引导、属地管理、全社会参与、市场化运作"的原则，威海市通过政府采购、招投标等方式委托 1 家以上回收服务机构负责农药包装废弃物的集中收集，并在农资生产经营单位设立农药包装废弃物回收暂存点，并与信用体系相结合，通过信用积分奖励，鼓励村民参与农药包装物回收，建立了以"谁使用谁交回、谁销售谁收集，专业机构处置，市场主体承担，公共财政补充"为主要模式的农药包装废弃物回收体系。截至目前，共设置回收暂存点 3 195 个，其中农药生产经营单位设置 1 145 个，重点村设置 1 604 个，农业基地设置 446 个，共回收农药包装废弃物约 50 吨。农药包装废弃物回收体系示意图见图 4-10。

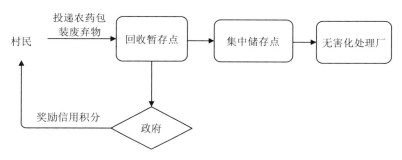

图 4-10　农药包装废弃物回收体系示意图

资料来源：绍兴市"无废城市"试点建设经验模式报告。

3. 全面规范废弃包装物回收处置行为

按照"市场运作、政府扶持、属地管理"的原则，完善"经营主体回收、收储单位归集、专业机构处置"的农药废弃包装物回收体系，实现农药废弃包装物源头减量化、回收规范化。绍兴市出台《深入推进农药废弃包装物回收和集中处置工作实施意见》，强化工作考核，完善农药废弃包装物回收处置体系，全面规范农药废弃包装物归集后的运输和处置行为，督促企业自觉履行环境保护的主体责任。落实专用车辆负责农药废弃包装物归集后的运输，运输车辆应当满足防雨、防渗漏、防遗撒要求。目前，全市 746 家农药经营门店已建立销售台账，实现农药实名制销购全覆盖，同时推广《种植业生产管理记录本》，要求域内农户特别是种植大户做好农药购买及使用记录，从源头保障农药废弃包装物可回收性。全市已建立农药废弃包装物回收点 524 个，归集企业 6 家，无害化处置参与单位 4 家。按照危险废物收储标准，委托专业单位制定设计方案、开展环评报告编制、实施项目建设，对收储池、地坪和墙面做环氧乙烷防渗措施，配备"光催化氧化+活性炭吸附处理"、废气处理、监控等设备，在回收农药废弃包装物的同时实现废气残液密闭收集，已建成 6 个标准化收储仓库，覆盖所有区、县（市）。2020 年，全市实际回收农药废弃包装物 448.505 吨，回收率为 134.57%（含历史存量）；处置 486.905 吨，处置率为 162.32%（含历史存量），形成全链条监管回收处置的绍兴模式。

4.4 模式案例

4.4.1 盘锦市种养结合整县推进畜禽粪污资源化利用模式

为响应国家"畜牧大县整县推进畜禽粪污资源化利用基础设施建设"，促进畜牧业转型升级、提高农业可持续发展能力，盘锦市在大洼区规划建设畜禽粪污规范化处置中心，形成种养结合整县推进畜禽粪污资源化利用模式（图 4-11）。

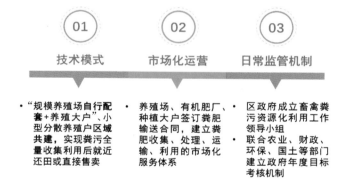

图 4-11　种养结合整县推进畜禽粪污资源化利用模式（一）

资料来源：盘锦市"无废城市"试点建设经验模式报告。

盘锦市大洼区畜禽粪污资源化利用整县推进项目于 2019 年申报立项，总计划投资 7 200 万元，其中，中央资金 3 500 万元，建设 3 个粪污资源化区域处理中心，为 30 个养殖密集区域建设畜禽粪污暂存设施，为 163 家畜禽规模养殖场户建设畜禽粪污处理设施（图 4-12）。

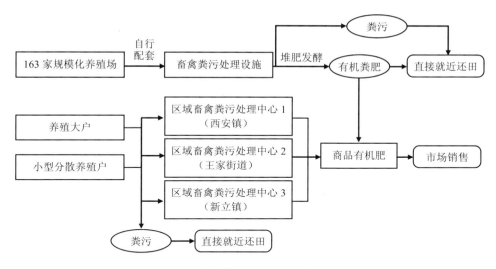

图 4-12　畜禽粪污资源化利用整县推进项目

资料来源：盘锦市"无废城市"试点建设经验模式报告。

盘锦市大洼区积极推进畜牧业生产方式转变和结构调整，全面规范村屯散养畜禽全部入院入舍饲养，对畜禽粪污实施规范化管理，采取关、停、并、转等形式，淘汰落后产能和僵尸企业，进一步提高畜禽规模化养殖率，提升养殖业集约化、自动化、机械化生产水平，肉鸡、蛋鸡规模养殖场养殖设备基本实现自动控温，自动光照，自动给料、给水，自动清粪。培育畜产品加工龙头企业，并发挥其带动作用，建设畜产品生产基地和加工基地，形成优势产业集群。

根据"以地定养、以养肥地、种养结合"的发展模式，推进种养结合，开展有机肥替代化肥行动，提高有机肥施用比例，提升畜禽养殖废弃物资源化利用水平。鼓励引导畜禽规模养殖场与国有农场、种植企业、农民合作社等种植主体在合理半径内相衔接，签订粪污消纳协议，促进畜禽粪肥就近还田利用。鼓励大型水稻认养基地、棚菜果蔬基地与养殖龙头企业开展对接，针对种植需要，对畜禽粪污采取不同方式处理后，用于农作物、蔬菜、瓜果生产，与土壤改良有机结合，形成农牧良性循环，提高土壤肥力，实现农业绿色、生态、循环发展。

分类施策，推进养殖场粪污处理设施建设。①规模养殖场自行配套。完成 163 家规模养殖场自有畜禽粪污处理设施的配套建设和改造升级工作，开展规模养殖场堆粪场和污水处理设施的"四改两分"工作（图4-13）。同时，根据大洼区畜禽养殖特点及养殖数量分布情况，对已完成畜禽粪污处理设施配套升级的规模养殖场，按照种养匹配的原则通过土地流转、协议消纳、自有土地消纳等方式配套消纳畜禽粪污资源化利用产品的农田。②养殖大户、小型分散养殖户区域共建。依托畜禽粪污区域处理中心，集中收集处理小型分散养殖户、不能自行消纳粪污的规模养殖场和养殖大户的畜禽粪污，经过固液分离设施处理后，粪便由有机肥厂生产商品有机肥，液态畜禽尿液及污水部分加工液态有机肥，并就近施用于农田。

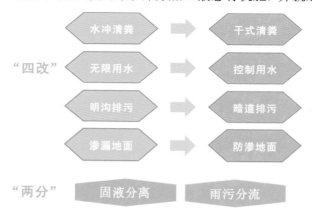

图 4-13　规模养殖场"四改两分"工作
资料来源：盘锦市"无废城市"试点建设经验模式报告。

强化组织保障，促进畜禽粪污资源化利用。①建立政府主导的项目组织管理机构，完善日常监管机制。盘锦市大洼区政府成立畜禽粪污资源化利用工作领导小组，领导小组下设办公室，明确盘锦市大洼区政府是项目实施的第一责任主体，建立领导机制和政府年度目标考核机制，落实责任、细化措施、完善服务，对畜禽养殖废弃物资源化利用项目在土地、规划、环保各方面给予优惠政策，搭建发展平台。②建立健全市场化运营机制和服务体系。养殖场、有机肥厂、种植大户之间签订粪肥输送合同，建立粪肥收集、处理、运输、利用的市场化服务体系。对没有农田或者还田面积不足的养殖场，通过与农户签订协议的方式进行对堆肥发酵后的粪污还田，或与有机肥加工厂签订收购协议。为提高终端有机肥产品竞争力，项目实行受益者付费机制，加工有机肥、粪污贮运、处理和利用环节全部由有机肥加工厂承担。同时，依托现有农业推广服务机构，培育和扶持专业化机构，为种养结合循环经济发展提供专业化技术服务，建立可持续运行的粪污资源化利用市场。

通过项目实施，盘锦市大洼区规模养殖场粪污处理设施装备配套率达到100%，区域内畜禽粪污得到有效处理，全区畜禽粪污综合利用率达到90%以上。

4.4.2 徐州市秸秆高效还田及收储运一体多元化利用模式

徐州市是农业大市，2020年，全市农作物秸秆可收集量约530万吨，以小麦、玉米、水稻秸秆为主。针对秸秆露天焚烧、秸秆还田效果差、收储运难、综合利用规模效益低等问题，徐州市立足机械化大农业优势，统筹现代化农业生产体系建设和新农村建设，探索形成了秸秆高效还田及收储运一体多元化利用模式（图4-14）。

图 4-14 徐州市秸秆高效还田及收储运一体多元化利用模式示意图

资料来源：徐州市"无废城市"试点建设经验模式报告。

徐州市秸秆机械化还田的技术特点是"高留茬+机械破碎+合理耕作方式+配套农艺技术"。该技术创新的核心是将低留茬收获改为高留茬收获，留茬高控制在22～30厘米，然后用秸秆粉碎机就地粉碎并匀抛在地表，根据不同作物选择相应还田方式进行还田，具体有3种技术模式，分别是小麦秸秆全量还田玉米（大豆）免耕条播技术模式、麦稻轮作小麦秸秆全量机械化还田技术模式、水稻秸秆全量机械化还田技术模式。

徐州市对实施秸秆还田且达到作业标准的农户或种植大户由农机、财政部门给予25元/亩的补贴。2013—2019年，徐州市获得省财政补助秸秆机械化还田补助资金共计72 736万元，市财政补贴秸秆机械化还田资金共计8 400万元；此外还获得省财政用于支持秸秆多种形式利用的补贴资金共计5 153万元。2020年，徐州市全年秸秆机械化还田面积达到868.82万亩，其中小麦秸秆机械化还田面积达到458.98万亩，还田率达到87.11%；水稻秸秆还田面积达到170.31万亩，还田率达到63.18%；玉米秸秆还田面积达到239.53万亩，还田率达到83%。

徐州市大力发展"合作服务""村企结合""劳务外包"等多种形式的秸秆收储服务，鼓励公司、企业、个人深入田间地头开展专业化收储服务。以睢宁县官山镇为示范，探索实施了"秸秆收储企业+秸秆合作社+种植大户+低收入农户""秸秆利用企业+秸秆收储企业+秸秆合作社+农民秸秆经纪人"等收储运模式。培育了一批骨干收储企业，基本形成了政府引导、市场主导、企业和农户广泛参与的市场化运作机制。

为了培育秸秆收储运体系，徐州市先后研究出台了《市政府关于全面推进农作物秸秆综合利用的意见》《徐州市秸秆禁烧与综合利用工作实施方案及考核奖惩办法》，实施"政府推动+市场运作+经纪人队伍建设"模式推动农作物秸秆收储运体系建设，各县（市）、区每个乡镇（办事处）均要建成1处以上秸秆收储转运中心（面积不少于20亩），并对秸秆收集储运、秸秆多种形式利用环节实行按量奖补。对新建的秸秆收储中心，县级财政从打包资金中给予适当补助，用于基础设施建设及购买生产设备、电力增容等。对秸秆收储运、秸秆多种形式利用环节实行按量奖补，补贴价格为20～50元/吨。对秸秆收贮临时堆放场地和其他秸秆利用项目用地，鼓励尽量利用农村空闲土地和田边隙地，确需占用农地的，按照设施农用地进行管理，使用结束后及时恢复耕作条件。目前已建成秸秆收储中心及临时收储站点 1 200 余处，全市秸秆收储能力达 150 万吨，秸秆收储运体系已覆盖全市涉农街道办事处。

徐州市依托完备的秸秆收储运体系，积极探索秸秆"五化"利用路径，形成了成熟稳定的多元化市场模式。在燃料化方面，形成太阳能沼气集中供气技术模式——"马庄模式"（图 4-15）。到 2020 年年底，全市建成千户规模农村集中居住区太阳能沼气集中供气工程 16 处，秸秆综合利用骨干企业 189 家，秸秆利用量达809.33 万吨，综合利用率达 96.1%，秸秆收储运体系已覆盖全市涉农村街道办事处。

表 4-10　秸秆综合利用技术路线

综合利用方式	技术路线	2019 年消耗秸秆量
燃料化	发电或热电联产的秸秆固化成型制生物质燃料技术、农村集中居住区燃气供应的秸秆太阳能沼气发酵技术	53.3 万吨，占比 10.06%
肥料化	农作物秸秆生产有机肥技术，宽行作物田间秸秆覆盖技术、秸秆微生物速腐技术等	392.2 万吨（含秸秆还田），占比 74.02%
饲料化	秸秆青贮、氨化、微贮技术	35.5 万吨，占比 6.71%
基料化	农作物秸秆栽培蘑菇、双孢菇、草菇等技术，农作物秸秆生产基质技术	13.2 万吨，占比 2.48%
原料化	用秸秆生产防水、阻燃、无甲醛环保板材新技术、秸秆编织技术	3.3 万吨，占比 1.63%

图 4-15　秸秆（粪污）太阳能沼气集中供气之"马庄模式"

资料来源：徐州市"无废城市"试点建设经验模式报告。

结合徐州市秸秆治理经验，全国其他同类城市在推广应用过程中还应注意以下问题：①对秸秆还田和秸秆离田给予财政补贴，统一补助标准；②根据农业区划和终端利用情况，因地制宜划定秸秆离田作业重点区域；③允许将秸秆收储中心作为农业生产的附属设施，按一般农用地进行使用；④对秸秆收储企业实行免税政策；⑤加大有机肥使用补贴力度和覆盖范围；⑥农业废弃物和有机易腐垃圾肥料化利用企业作为资源再生企业进行管理，不归为化工类企业。

4.4.3 西宁市机制创新促进农业残膜回收利用模式

"无废城市"试点建设以来，西宁市从源头减量、回收利用、保障支撑等方面构建户收集—地膜供应企业回收—再生企业残膜利用体系，"企业回收、农户参与、政府监管、市场推进"的闭环运行机制。实行"谁供应、谁回收，谁使用、谁捡拾，谁回收、谁拉运"的运行模式（图4-16）。

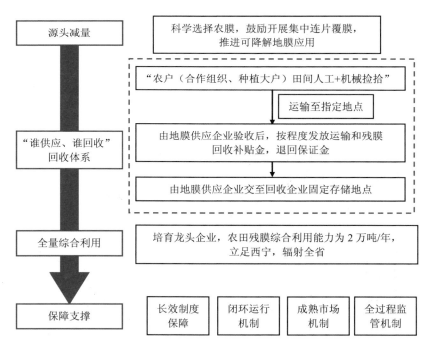

图4-16 西宁市农业残膜回收利用体系示意图

资料来源：西宁市"无废城市"试点建设经验模式报告。

1．谁供应、谁回收

农业技术推广中心与地膜供应企业对地膜使用方（农户、合作社、种植大户等）捡拾的农用残膜进行回收，并由龙头企业进行再利用。全膜覆盖栽培技术推广项目以外使用的地膜所产生的残膜回收工作由建设、水利、交通等项目实施单位负责回收，并实行属地管理，由各乡镇加强与项目单位的联系，明确回收责任，确保回收工作落实。

2．谁使用、谁捡拾

当地膜使用方为普通村民时，将残膜回收任务分解至各乡镇，再由乡级政府部门分解至各村，捡拾工作由村干部组织村民进行；当地膜使用方为重点合作社、种植大户时，由农业技术推广中心等农技部门与其签订回收承诺书，分解回收任务，收取保证金。

3．谁回收、谁拉运

由回收残膜的合作社或种植大户负责将残膜拉运至指定地点，由农业技术推广中心会同回收企业进行验收，运输补助与残膜回收补助一并兑现（图 4-17）。

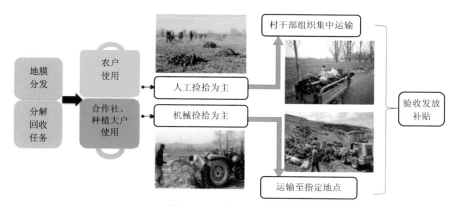

图 4-17   农用残膜回收流程

资料来源：西宁市"无废城市"试点建设经验模式报告。

该模式中，主要涉及三方：地膜集中供应方——农业技术推广中心，地膜使用方——农户、合作社、种植大户，配合方——村干部、残膜利用企业等，具体责任分工如图 4-18 所示。

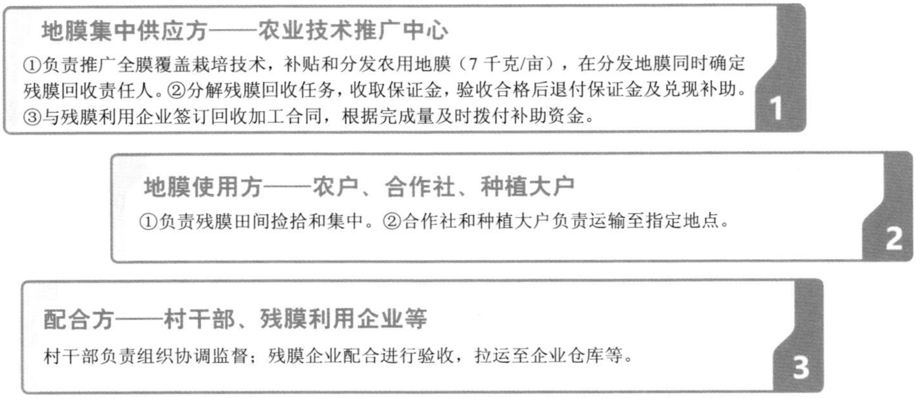

地膜集中供应方——农业技术推广中心
①负责推广全膜覆盖栽培技术,补贴和分发农用地膜(7千克/亩),在分发地膜同时确定残膜回收责任人。②分解残膜回收任务,收取保证金,验收合格后退付保证金及兑现补助。③与残膜利用企业签订回收加工合同,根据完成量及时拨付补助资金。　**1**

地膜使用方——农户、合作社、种植大户
①负责残膜田间捡拾和集中。②合作社和种植大户负责运输至指定地点。　**2**

配合方——村干部、残膜利用企业等
村干部负责组织协调监督;残膜企业配合进行验收,拉运至企业仓库等。　**3**

图 4-18　农用残膜回收各方责任分工

资料来源:西宁市"无废城市"试点建设经验模式报告。

对合作社或种植大户的残膜回收,根据所下达的地膜覆盖任务,由农业技术推广部门按照 25%收取残膜回收保证金,当年残膜回收任务完成经农业农村局、各乡镇、专业合作社验收合格后,退付保证金并兑现 1.5 元/千克的残膜回收补助资金。

一是扶持当地已有地膜生产企业,采用贴息、减免资源综合利用企业所得税等方式,支持企业建设农用残膜回收利用生产线,生产规模为 2 万吨/年,此规模不仅可实现西宁市回收残膜的全量利用,还可辐射全省,保障青海省农区回收残膜综合利用。二是按照 1~1.5 元/千克补贴企业运行费,提升企业生产积极性。三是扶持引导企业与农户建立长期合作关系,积极探索地膜产业"以旧换新""以销定收"模式,达到企业生产销售与回收利用相统一,农民推广使用与回收治理相结合。在残膜回收加工过程中,采取加工生产和科技创新的原则,大力研发新工艺、新品种,实施了"农用残膜综合利用技术与示范""农用残膜回收综合利用技术研究""废旧农膜回收加工木塑系列产品"等项目。

通过"无废城市"试点建设工作的开展,全市农田残膜回收率提升至 90%以上,回收残膜实现 100%利用。西宁市农业残膜废弃物回收利用模式可在西北干旱农膜使用范围广的城市进行推广,结合西宁市农业残膜回收利用经验,全国其他同类城市在推广应用过程中还应注意以下问题:①要深刻认识残膜污染治理工作的重要性,整合相关部门力量统一同步推进;②要充分发挥补贴资金的撬动作用,对于残膜的转运、回收需补贴资金,调动农民积极性;③要因地制宜地研发和引进田间残膜捡拾机械,不断提高捡拾率;④要减量、回收和降解同步推进,强化地膜质量监管;⑤要加大农田残膜污染危害和治理工作的宣传,提高农民认识程度。

4.4.4　福建省南平市光泽县"无废产业""九化"协同发展模式

福建省南平市光泽县按照"无废城市"的建设要求,结合本地实际情况提出农业生产生态化、生产投入减量化、主导产业规模化、产业发展链条化、衍生产品高值化、秸秆优先饲料化、有机废物肥料化、多余固体废物燃料化、危险废物无害化的"无废产业""九化"协同发展思路,形成了物料生态循环、资源高效转化、废物全量利用的特色产业体系。

农业生产生态化。止马镇仁厚村稻渔共生生态种养结合,大大减少稻田施肥、喷药量,促进生态环境的优化,农户增收稳定。桃林村、山头村采取"猪—沼—菜/果/稻"种养循环,桃林村将附近猪场沼液和厨余垃圾沤肥液,经水肥一体化设施用于火龙果、葡萄、蔬菜、花卉等种植,持续提供养分;山头村将附近养猪场产生的沼液经水肥一体机及管道施用于水稻种植,提供氮源、磷源。

生产投入减量化。推广"无药"防控模式,探索采用释放烟蚜茧蜂,使用诱捕器、太阳能灭虫灯、黄色诱虫板、防虫网等物理、生物防治技术,有效降低化学农药的使用量,提高农产品安全;推广"无肥"种植模式,开展紫云英改良土壤研究,利用冬闲田种植绿肥紫云英,示范推广有机肥施用;推广"无人"植保模式,利用农机购置补贴、县财政资金奖补等政策和项目,扶持发展病虫害防治专业化服务组织,支持购买无人机等先进高效植保机械替代人工作业,结合推广甲维盐、氯虫苯甲酰胺等高效、低毒、低残留农药,提高喷洒效率,降低农药化肥用量。自"无废城市"创建 2 年以来,农药化肥施用量连续同比减少 3% 以上。

主导产业规模化。圣羽生物鸡毛资源化利用项目配备 5 套专业化单一饲料羽毛粉生产设备,年可处理肉鸡羽毛 2 亿羽,可生产水解羽毛粉 8 000 吨,年产值达 1 800 万元;海圣饲料肉鸡宰杀下脚料资源化利用项目,进口 6 台丹麦的干燥蒸煮器成套全自动设备,内购 5 条国内领先的内脏粉生产线,对圣农屠宰过程中产生的废弃物和边角料进行高温高压蒸煮、水解、自动真空干燥制成高蛋白饲料用鸡杂粉。产品蛋白质与油脂含量丰富，动物营养成分高，年可消耗鸡肠、鸡头等鸡下脚料 10 余万吨，年产动物蛋白饲料产量在 3.5 万吨左右，年产值约 1.4 亿元。生产的蛋白饲料用作猪、鱼类的添加饲料。饲料用鸡肉粉、鸡内脏粉、鸡油等产品主要销往华东、华中及华南大型饲料用户；绿屯鸡粪制有机肥利用项目，每年可接纳圣农集团养殖场粪污 30 万吨以上，各种有机肥（有机复混肥）总产能可达 35 万吨。

产业发展链条化。围绕白羽肉鸡育种、孵化、饲料加工、养殖、屠宰、加工、深加工的主产业链，促进各类废弃物循环利用并形成循环经济体系（图 4-19）。圣农主产业链各类固体废物综合利用率达 95%，废弃物利用产业链增值 4.0 亿元/年以上。

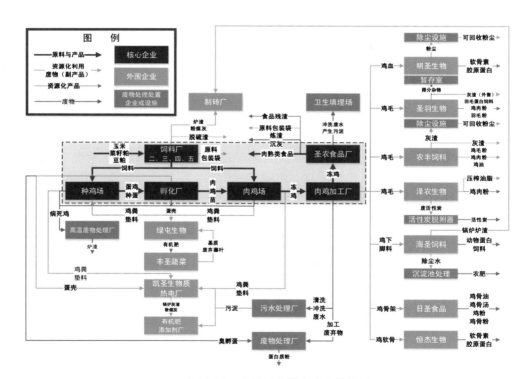

图 4-19 光泽县白羽肉鸡产业体系

资料来源：光泽县"无废城市"试点建设经验模式报告。

衍生产品高值化。积极培育利用鸡下脚料、羽毛、鸡血和鸡骨头生产动物蛋白饲料、软骨素的固体废物利用企业，实现衍生产品高值化。圣农集团从鸡骨架中提取软骨素等高价值副产品，终端市场售价在 30 万元/吨左右，每年产量可达数千吨。

秸秆优先饲料化。光泽县以吴屯村为试点，大力实施"无废"农业，引进全自动青贮一体机，该机器每小时可以消化玉米秸秆 2.5 吨，打捆约 45 个，成品可用于牛羊养殖饲料，推动玉米秸秆"变废为宝"，达到收益和环保双赢。

有机废物肥料化。对于饲料化路线无法消化的秸秆以及市政污泥、屠宰废水和食品废水污泥，通过堆肥发酵制备有机肥，利用其中的氮、磷元素，是较为合理的利用方式。圣农集团绿屯有机肥厂共有 3 条生产线，总产能达 35 万吨/年，可协同处理部分烟秆。推广全喂式水稻收割机，以粉碎回田的方式对废弃秸秆进行综合利用，年综合利用量 5.6 万吨，综合利用率达 97%。建立肥料、沼液相互补充的肥料供给体系，可实现沼渣、沼液以有机肥形式充分还田。

多余固体废物燃料化。凯圣以鸡粪为主要燃料，通过循环流化床锅炉直接燃烧所产生的能量发电。电厂每年消耗约 28 万吨鸡粪和 3 万吨污泥，年可减排 COD 12.9 万吨、氨氮 2 500 吨，总量减排及节能降耗效益突出。每年鸡粪燃烧产生灰渣量约 3.6 万吨，是很好的磷钾肥原料，综合利用价值较高。

危险废物无害化。按照"谁销售、谁回收，谁使用、谁交回"原则，明确农药经营店农药包装废弃物回收主体责任，构建"农资企业收集，县转运仓储"的农药包装废弃物回收体系，设置 26 个村级回收点和 1 个县回收总站，专门委托第三方公司负责，目前已建成农药废弃包装物回收体系。建立"公司+合作社+农户"的烟草种植废弃地膜回收模式，废旧地膜由基本种烟农户向种烟大户（合作社）集中，由烟草公司给予适当补助，2019 年，烟叶地膜实现 100%回收再利用，占全县废弃地膜总量的 96%。圣农集团养猪场的病死猪采用化制处理；病死鸡采用高温处理。

参考文献

[1] 陈出清，崔丰元，庞梅，等. 中国北方某流域畜禽养殖污染与防治对策研究[J]. 环境科学与管理，2015，34（2）：10-12.

[2] 范建华，金波，顾华兵，等. 我国部分地区畜禽粪污资源化利用现状调查[J]. 中国家禽，2018，40（14）：69-72.

[3] 石祖梁. 中国秸秆资源化利用现状及对策建议[J]. 世界环境，2018（5）：16-18.

[4] 包翠荣. 农田"白色污染"治理迫在眉睫[J]. 生态经济，2018，34（2）：6-9.

[5] 李诗龙. 废旧农膜的回收再生利用技术[J]. 再生资源研究，2005（1）：9-12.

[6] 王玥伟. 浙江省农药包装废弃物回收模式与经验启示[J]. 西部皮革，2016，38（20）：132，133.

【本章作者：马嘉乐，兰孝峰】

本章模式案例来自盘锦市、徐州市、西宁市、光泽县"无废城市"试点建设经验模式报告。

第5章

城市建设领域『无废城市』建设的探索与实践

5.1　试点背景

5.1.1　建筑垃圾产生及利用处置情况

　　建筑垃圾，是指工程渣土、工程泥浆、工程垃圾、拆除垃圾和装修垃圾等的总称，包括新建、扩建、改建和拆除的各类建筑物、构筑物、管网等，以及居民装饰装修房屋过程中所产生的弃土、弃料及其他废弃物，不包括经检验、鉴定为危险废物的建筑垃圾[1]。工程渣土（弃土）和工程泥浆约占建筑垃圾总量的 75%，这两类建筑垃圾可用于土方平衡和回填，在工程建设领域需求量大，但由于产生与利用在时空上不完全匹配，不能就地就近利用，需要消纳场所暂存或长期堆放，近年来很多地方因势利导，用于堆山造景、土地整理；拆除垃圾约占建筑垃圾总量的 20%，成分主要是砖石、混凝土和少量钢筋、木材等物料，可在施工现场就地利用或分选拆解后再生利用；工程垃圾、装修垃圾占建筑垃圾总量的比例不足 5%，但成分复杂，有的具有一定的污染性，主要采用填埋方式处理，有的则混入生活垃圾处理系统[2]。

　　从产生情况看，建筑垃圾（拆除垃圾、新建垃圾与装修垃圾）呈快速增长趋势，年均增长率为 10%～15%，2015 年，我国拆除垃圾占比最大，约为产生总量的 77%，新建垃圾约占 14%，装修垃圾约占 9%；按区域分，我国华东、华南和华中地区建筑垃圾产生量较大，约占全国建筑垃圾产生总量的 88%。根据住房和城乡建设部办公厅的测算，2020 年，全国城市建筑垃圾年产生量超过 20 亿吨，是生活垃圾产生量的 10 倍左右，约占城市固体废物总量的 40%。

　　在处置方面，据不完全统计，我国建筑垃圾堆填或处理厂不到 1 000 座，其中建筑垃圾消纳场约 800 座，且消纳场以简易堆填为主，固定式资源化处理厂约 200 座；在大多数城市周边，建筑垃圾随意堆放或临时堆置的现象非常普遍。在资源化利用方面，建筑垃圾中的钢筋、铝材等具有较高资源化价值的再生资源回收率较高，一般超过 95%，但建筑垃圾的资源化利用总体水平较低，主要以生产再生骨料等低端建材为主，如用于路基材料。根据住房和城乡建设部办公厅的统计，"十三五"期间，我国建筑垃圾资源化利用率年均提升约 1 个百分点，目前为

9%左右；35 个建筑垃圾治理试点城市/地区累计建成资源化利用项目 445 个，总处理能力为 3.12 亿吨/年，资源化利用率约为 16%。2015 年我国各地区建筑垃圾产生量估算见图 5-1。

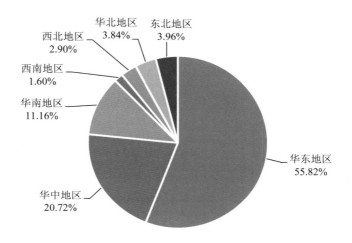

图 5-1　2015 年我国各地区建筑垃圾产生量估算

数据来源："无废城市"建设试点工作方案论证材料。

5.1.2　建筑垃圾主要管理政策

建立健全建筑垃圾减量化工作机制。2020 年，住房和城乡建设部印发《关于推进建筑垃圾减量化的指导意见》（建质〔2020〕46 号）、《施工现场建筑垃圾减量化指导手册（试行）》（建办质〔2020〕20 号）、《施工现场建筑垃圾减量化指导图册》（建办质函〔2020〕505 号），建立健全建筑垃圾减量化工作机制，明确了建筑垃圾减量化的总体要求、主要目标和具体措施，建立健全建筑垃圾减量化工作机制，推动工程建设生产组织模式转变，从源头上预防和减少工程建设过程中建筑垃圾的产生。山东省、甘肃省、黑龙江省、江苏省和重庆市等地均出台建筑垃圾减量化工作方案，指导做好建筑垃圾减量化工作。

积极推动建筑垃圾资源化利用。2020 年 9 月，工业和信息化部发布《建筑垃圾资源化利用行业规范公告管理办法（修订征求意见稿）》，对申请公告的建筑垃圾资源化利用企业明确了要求，并提出组织推广先进适用的节能减排新技术、新工艺及新设备。为引导建筑垃圾再生产品应用，住房和城乡建设部发布实施《建筑垃圾处理技术规范》（CJJ/T 134—2019）等一系列标准规范，对促进建筑垃圾回收和资源化利用起到了积极作用。北京市明确 12 种建筑垃圾再生产品的质量标准，并在 32 个大型市政投资项目中率先使用。重庆市出台《关于主城区城市建筑垃圾再生产品推广应用试点工作的指导意见》（渝建〔2019〕434 号），印发《建筑垃圾处置与资源化利用技术标准》（渝建发〔2019〕19 号）、《重庆市建筑垃圾再生产品应用指南（暂行）》等，28 个房屋建筑项目、20 个市政基础设施建设项目建筑垃圾再生产品替代量超过 30%。

各地建立建筑垃圾全过程管理制度。地方政府根据建筑垃圾产生量，合理确定建筑垃圾转运调配、填埋处理、资源化利用设施布局和规模。2020 年，北京市印发《北京市建筑垃圾处置管理规定》（政府令〔2020〕293 号），构建统筹规划、属地负责，政府主导、社会主责，分类处置、全程监管的管理体系；天津市印发《天津市建筑垃圾管理规定》（津建发〔2018〕4 号），提出建筑垃圾分类堆放，综合利用，实现建筑垃圾产生、运输、处置、综合利用的全过程闭环监管。

表 5-1　建筑垃圾机制建设情况

机制建设	文件名称	发文单位	文号
减量化	《关于推进建筑垃圾减量化的指导意见》	住房和城乡建设部	建质〔2020〕46 号
	《施工现场建筑垃圾减量化指导手册（试行）》	住房和城乡建设部办公厅	建办质〔2020〕20 号
	《施工现场建筑垃圾减量化指导图册》	住房和城乡建设部办公厅	建办质函〔2020〕505 号
	《山东省建筑垃圾减量化工作实施方案》	山东省住房和城乡建设厅	鲁建 2021 年 3 月 25 日
	《甘肃省建筑垃圾减量化工作实施方案》	甘肃省住房和城乡建设厅	甘建办〔2020〕278 号
	《江苏省关于推进建筑垃圾减量化的指导意见》	江苏省住房和城乡建设厅	苏建质安〔2020〕151 号
	《重庆市房屋市政工程建筑垃圾减量化工作实施方案》	重庆市住房和城乡建设委员会	渝建质安〔2020〕31 号

机制建设	文件名称	发文单位	文号
减量化	《黑龙江省推进建筑垃圾减量化的实施方案》	黑龙江省住房和城乡建设厅	黑建建〔2020〕4 号
	《关于推进工程建设建筑垃圾减量化工作的通知》	安徽省住房和城乡建设厅	建质函〔2020〕805 号
	《青海省关于推进建筑垃圾减量化促进资源化利用的实施意见》	青海省住房和城乡建设厅	2020 年 9 月 10 日
资源化利用	《建筑垃圾资源化利用行业规范公告管理办法（修订征求意见稿）》	工业和信息化部节能与综合利用司	2020 年 9 月 15 日
	《建筑垃圾处理技术规范》	住房和城乡建设部	2019 年 3 月 29 日
	《关于主城区城市建筑垃圾再生产品推广应用试点工作的指导意见》	重庆市住房和城乡建设委员会	渝建〔2019〕434 号
	《建筑垃圾处置与资源化利用技术标准》	重庆市住房和城乡建设委员会	渝建发〔2019〕19 号
	《重庆市建筑垃圾再生产品应用指南（暂行）》	重庆市住房和城乡建设委员会	2020 年 7 月 20 日
全过程管理	《北京市建筑垃圾处置管理规定》	北京市人民政府	政府令〔2020〕293 号
	《天津市建筑垃圾管理规定》	天津市城市管理委员会、天津市住房和城乡建设委员会、天津市交通运输委员会、天津市生态环境局、天津市水务局、天津市公安局	津建发〔2018〕4 号

5.1.3 建筑垃圾存在的突出问题

1. 法律法规支撑政策标准不健全

涉及住建、生态环境、交通、城管以及综合行政执法等多个部门，相关部门的具体职责分工仍然不够明晰、细化，部分地区违规倾倒、堆放建筑垃圾等违法行为的行政处罚权由综合执法部门集中行使，一些县（市）行政主管部门与综合执法部门在管理环节上衔接不畅，主管部门以不具有行政处罚权推诿卸责的现象仍然存在。

2020 年版《固体废物污染环境防治法》将建筑垃圾从生活垃圾中单独分出来，将建筑垃圾单独作为一大类进行管理，而在我国现行统计制度中，没有建筑垃圾产生量、利用处置量等统计指标，大多数地方尚未建立完善的建筑垃圾分类统计口径与管理台账，仅深圳和上海等少数城市在官方统计报告中对建筑垃圾的产生量有估算数据。各地对建筑垃圾申报制度落实执行不力，建筑垃圾实际产生与存量情况不清，大量建筑垃圾游离于监管之外，这给建筑垃圾的清运、管理以及末端设施的设计建造带来巨大阻力。

我国尚未建立建筑垃圾利用产品的标准规范，建筑垃圾再生利用制品相关的产品检测、质量标准不足，导致市场对建筑垃圾生产的再生产品认可度不高，资源化利用进展缓慢。建筑垃圾再生产品的性能与原生建材尚有差异，再生骨料或建材制品产品生产成本相对于天然骨料或原生建材相比成本较高，产品缺乏市场竞争力，已建成的建筑垃圾资源化利用企业多数处于亏损或微利状态，并且再生资源企业占地大、能耗高、二次污染控制难，落地运行困难，整体行业发展缓慢。

由于建筑垃圾处置和综合治理项目具有难度大、投资多、周期长、收益小等特点，在缺乏必要的资金补贴等激励政策的情况下，利用处置能力存在突出短板。在现行统计行业分类中，资源综合利用产业仍然被统计在传统行业范围内，由于建材产业等属于产业指导目录中限制发展的行业，造成有些企业在申报国家资源综合利用增值税减免等优惠政策时，享受不到税收优惠。

2．减量化及利用处置能力建设滞后

仅有一小部分地区从省级层面（山东、甘肃、安徽、青海、黑龙江等）或市级层面（深圳、绍兴、许昌等）出台了建筑垃圾源头减量控制措施，大部分地区未建立建筑垃圾减量化工作机制，建筑垃圾减量化的总体要求、主要目标和具体措施不明确。装配式建筑、绿色施工等源头减量模式尚未得到广泛应用，管理过程中缺乏足够的末端处理设施和配套的法规制度，执法难度较大。

建筑垃圾集中利用处置设施作为环境保护公共基础设施的规划定位尚未落实。建筑垃圾分类收集、转运、集中利用处置设施等未能在城市总体规划等顶层设计中予以明确，用地指标不能满足设施建设需求，仍有相当一部分地区对本行政区内建筑垃圾利用处置设施的用地保障缺少长远规划。建筑垃圾利用处置设施规划设计标准不完善。城乡总体规划、土地利用规划等技术标准规范中，对于建筑垃圾分类收集、转运、集中利用处置等设施在规划设计中的土地占比、布局要求等标准规范要求不明确或有缺失，导致规划设计中难以落实用地保障。"邻避效应"仍然突出，影响建筑垃圾污染防治设施建设运营。"邻避效应"是导致设施建设项目落地慢、落地难的制约性因素，也是导致部分设施布局不合理的主要原因。

5.2 试点思路

5.2.1 配套法律法规支撑政策

落实《固体废物污染环境防治法》等相关法律法规明确的原则性要求，建立各部门、各级政府、各环节的系统性规章，明晰、细化相关部门的具体职责分工，制定具有行政执法职能部门的职责清单，针对建筑垃圾建立统计方法，摸清存量家底和发展趋势，扎实推进源头减量制度、分类管理制度、全过程监管制度、综合利用体系、工地管理制度等工作。

在建设立项施工环节，大力提高城市建设过程绿色施工比例，强化绿色施工中建筑垃圾管理要求，将建筑垃圾产生量控制、现场分类管理、利用处置方案等内容纳入工程项目方案及建设施工监理方案，并在工程项目开工前报主管部门备案。严格依法落实建筑垃圾产生申报制度，建立城市建筑垃圾申报与测算相结合的统计调查制度，作为城市建筑垃圾规范化管理依据。在建筑垃圾运输环节，全面推广建筑垃圾运输处置联单管理制度，规范建设项目建筑垃圾运输车辆管理等要求，探索建立运输车辆过程监管和不良行为惩戒机制。实现市域建筑垃圾申报、收运体系全覆盖。

5.2.2 强化建筑垃圾源头减量及利用处置能力建设

建立健全建筑垃圾减量化工作机制，推动工程建设生产组织模式转变，从源头上预防和减少工程建设过程中建筑垃圾的产生，有效减少工程全寿命期的建筑垃圾排放，不断推进工程建设可持续发展和城乡人居环境改善。建筑垃圾减量化工作要统筹规划，源头减量。要统筹考虑工程建设的全过程，推进绿色策划、绿色设计、绿色施工等工作，采取有效措施，在工程建设阶段实现建筑垃圾源头减量。要因地制宜，系统推进。各地要根据自身的经济、环境等特点和工程建设的实际情况，整合政府、社会和行业资源，完善相关工作机制，分步骤、分阶段推进建筑垃圾减量化工作，并最终实现目标。要创新驱动，精细管理。技术和管理是建筑垃圾减量化工作的有力支撑。要激发企业创新活力，引导和推动技术管理创新，并及时转化创新成果，实现精细化设计和施工，为建筑垃圾减量化工作提供保障。

在推广绿色建筑、绿色施工的同时，应优先采取建筑垃圾地基回填、道路建设、城市绿地景观建设等大规模利用技术路线，充分利用基础设施建设实现建筑垃圾利用。建立建筑垃圾利废建材标准体系，强化混凝土、碎石等建筑垃圾的政府强制采购和综合利用产品强制使用的制度要求，大力提升建筑垃圾资源化产品市场占有率，最大限度地降低消纳处置环节压力。到 2020 年，拆除垃圾综合利用率达 70%以上，工程渣土综合利用率达 80%以上，装修垃圾综合利用率达 60%以上。规范建筑垃圾综合利用产品认定程序，落实《资源综合利用产品和劳务增值税优惠目录》等激励措施。

将建筑垃圾利用消纳设施纳入城市基础设施和公共设施建设范围，优化消纳场和综合利用厂临时建设用地规划许可手续办理程序，根据区域建筑垃圾估算情况，配套合理利用处置能力。制定建筑垃圾消纳场和资源化利用设施等的建设技术标准和运行管理技术规范，按照渣土、碎石等分类别实施消纳处置，一方面确保建筑垃圾无害化利用处置，另一方面为后续利用提供原料供应保障。开展存量治理，对堆放量比较大、比较集中的堆放点，经评估达到安全稳定要求后，开展生态修复。到 2020 年，对于不能利用的建筑垃圾，实现充分分类消纳处置。

优化建筑垃圾处置收费机制，根据建筑垃圾的类别、数量等科学核定建筑垃圾处置收费标准，强化收费管理，做到应收尽收。优化处置费拨付机制，专项收费、专项使用，做到及时、全额拨付，实现应付尽付。建设建筑垃圾统计信息平台，完善建筑垃圾收费核定和监管技术手段。

5.2.3　加强智慧监管等全过程管理手段

根据每个城市的不同特点与工作基础等，搭建城市建设智慧监管平台（以下简称平台），针对城市建设中的工地、工程车辆、建筑垃圾等方面，打通从拆迁到建设、从建筑垃圾的运输到再利用的全部环节。

针对建设工程工地智慧监管，可将云计算、大数据分析、区块链、物联网等现代信息技术与国家法律法规、工程建设基本程序、建设工程标准规范、工程项目管理等融汇于平台运行系统，促进建设工程监督与管理由"多部门、碎片化"的传统模式向"共享、开放、统筹、协调"的智慧模式转变。针对工程运输车辆智慧监管，可基于渣土车 GPS 运行轨迹，结合城管渣土车业务管理流程，运用视频监控与智能识别技术，对全市渣土车实行工地到土场"两点一线"的全过程监管，为建筑工地实现无差别监管提供辅助依据。可建立工地土场信息库、企业档案信息库、证件管理信息库等，对不按线路行驶，不按规定的工地、土场，进出均触发报警并形成统计分析报表，为执法部门提供执法依据。针对建筑垃圾资源化利用监管，可建立建筑垃圾管理相关的建设、生态环境、交通、城管等部门的信息交互中心及其子系统，如信息采集子系统、工地监管子系统、运输过程监管子系统、处置终端子系统、信息公开和公众参与监管子系统（前端展示为建筑用品利用平台）、数据大屏监管子系统等。

5.3 探索实践

5.3.1 完善政策标准，推动城市建设领域高质量发展

1. 完善政策体系，推进顶层设计

为解决不断增加的建筑垃圾产生的环境问题和土地占用问题，充分节约利用资源，需要通过推动立法、出台利用处置规范、完善实施细则、编制专项规划等顶层设计手段，完善政策体系，使各地区各部门在推动建筑垃圾高质量管理和资源化利用上有所遵循，积极引导建筑垃圾资源化利用新市场，进而为建筑垃圾的市场化处理和再循环利用，营造公平的市场环境、友好的政策环境。"无废城市"建设试点城市/地区已出台了一系列建筑垃圾管理和资源化利用相关的地方法规、管理文件、规划方案等，用以指引地方进行相关工作。

许昌市积极推动了《许昌市城市建筑垃圾管理条例》的立法工作，通过对源头减量、收运处置、综合利用、监督管理、法律责任等各环节的立法，进一步完

善规范了建筑垃圾管理的制度体系("两制度一体系"),即建筑垃圾分类处理制度、建筑垃圾全过程管理制度和建筑垃圾综合回收利用体系。相继出台的《许昌市建筑垃圾分类处置规范(暂行)》《许昌市施工工地建筑材料建筑垃圾管理办法》《许昌市建筑垃圾管理及资源化利用实施细则》和《关于提升建筑垃圾管理和资源化利用水平的实施意见》,为建筑垃圾分类处置、收集、运输、处置、资源化利用环节的综合监管提供了政策依据,为建筑垃圾的资源化利用提供了制度保障。进一步把建筑垃圾管理和资源化利用纳入整体城市规划和发展布局,高标准、高起点编制了《许昌市建筑垃圾资源化利用专项规划》等多项规划,根据各类建筑垃圾特点和资源化利用范围,提出了"区域统筹、合理布局,分类管控、环保防治,智慧监管、利用优先"的规划格局,着力构建布局合理、管理规范、技术先进的建筑垃圾资源化利用体系。

深圳市以政府规章形式颁布《深圳市建筑废弃物管理办法》(深圳市人民政府令　第 330 号),已于 2020 年 7 月 1 日起正式施行,确立了建筑废弃物排放核准、运输备案、消纳备案、电子联单管理和信用管理、综合利用产品认定、综合利用激励等制度,实现建筑废弃物处置全过程监管,推进建筑废弃物处置减量化、资源化、无害化。同步配套编制《受纳场建设运营管理办法》《综合利用企业监督管理办法》《综合利用产品认定办法》等多项规范性文件,加快构建和完善建筑废弃物管理"1+N"政策体系。

绍兴市在"无废城市"建设试点以来,进一步细化装配式建筑相关制度,出台的《绍兴市绿色建筑专项规划》把全市的建设规划用地划分为 8 个目标分区、40 个政策单元,对每一个地块的装配式建筑、住宅全装修以及绿色建筑等级等控制性指标进行了明确,标志着绍兴市装配式建筑及住宅全装修步入依法依规实施阶段。同时,率先全省出台了《关于推进钢结构装配式住宅发展的实施意见》,为钢结构装配式住宅在绍兴的大力推广应用提供了强有力的保障。

徐州市先后出台《徐州市绿色建筑行动实施方案》《徐州市绿色建筑创建管理办法》等 20 余项政策文件,全面推进了全市绿色建筑高质量发展,形成了一套因地制宜、行之有效的绿色建筑全过程监管体系,对绿色建筑规模化、规范化发展起到了积极的推动作用。在 2017 年获批创建省级建筑产业现代化示范城市,开始出台一系列政策,大力发展装配式建筑,积极推广钢结构装配式住宅,推行工厂化预制、装配化施工、信息化管理的建造模式，推进建筑信息模型（BIM）等技术在工程设计和施工中的应用，减少设计中的"错漏碰缺"，辅助施工现场管理，提高资源利用率。在 2018 年出台了《关于进一步加强公共建筑及成品住房装饰装修监督管理工作的通知》等政策文件，鼓励新建商品住宅（别墅除外）按照成品住房建造，装配式住宅建筑和政府投资新建的公共租赁住房全部实现成品住房交付。同时，加强对全装修成品住房的监督管理工作，大力推进住房设计、施工和装修一体化，推广标准化、模块化和干法作业的装配化装修。

雄安新区出台了《河北雄安新区规划纲要》《河北雄安新区总体规划（2018—2035 年)》等文件，均明确新区起步区新建居住建筑全面执行 75% 及以上节能标准，新建公共建筑全面执行 65% 及以上节能标准，新建政府投资及大型公共建筑全面执行三星级绿色建筑标准，积极推进装配式、可循环的建造方式。

中新天津生态城出台了《中新天津生态城绿色建筑管理暂行规定》，将达到绿色建筑标准作为建筑工程的入门条件，形成了涵盖规划、设计、施工、验收等全过程的绿色建筑审批程序，将绿色建筑由"事后申报"，转变成"事前提示、审批把控、过程监督、事后评价"。

2. 制定标准规范，拓宽产品销路

目前，我国尚未建立完善的建筑垃圾利用产品标准体系，建筑垃圾再生利用制品相关的产品检测、质量标准不足，建筑垃圾再生产品的性能与原生建材尚有差异且生产成本相对较高，导致市场对建筑垃圾生产的再生产品认可度不高，资源化进展缓慢。因此，为拓宽建筑垃圾再生产品销路，需要健全完善的建筑垃圾利用产品标准体系，为建筑垃圾资源化利用产业发展提供有利的支持。目前，一些"无废城市"建设试点城市/地区已研究并出台了一系列建筑垃圾利用产品标准，用以推动地方建筑垃圾的资源化利用。

许昌市结合近年来在建筑固体废物处置和资源化利用方面的经验，研究出台并发布实施了当地首部地方标准《建筑垃圾再生集料道路基层应用技术规范》（DB 4110/T 6—2020），该规范不但为建筑固体废物产品在城市道路建设中提供了设计、施工和验收依据，而且首次提出将建筑垃圾再生集料应用于城市道路的基层铺设，为其推广应用提供了技术支撑和标准依据。

深圳市完成建筑废弃物管理标准规范框架体系梳理（涉及 138 项，其中待制定 37 项）。先后颁布《深圳市建筑废弃物再生产品应用工程技术规程》《建设工程建筑废弃物排放限额标准》《建设工程建筑废弃物减排与综合利用技术标准》等 7 项地方技术标准规范，积极打通再生产品市场化应用壁垒。

绍兴市在 "无废城市" 建设试点开展以来，持续推进装配式建筑等相关产品的标准制定，绍兴建筑产业现代化发展联盟联合浙江宝业现代建筑工业化制造有限公司编制绍兴市首部预制构件团体标准《预制混凝土构件产品标准》（已于 2020 年 7 月 1 日起实施），为装配式建筑预制混凝土构件质量提供了标准保障。

雄安新区印发了《雄安新区绿色建筑设计导则（试行）》《雄安新区绿色建材设计导则（试行）》《雄安新区绿色制造导则（试行）》等，从建筑工程的策划、设计、施工到交付等进行全过程管控，确保建筑垃圾产生最小化、资源利用最大化、质量管理全程化，实现全过程绿色管控。

中新天津生态城打造了绿色建筑领域的 "生态城标准"，编制了《中新天津生态城绿色建筑设计导则》《中新天津生态城绿色建筑施工管理规程》。同时结合运营现状，编制了《中新天津生态城绿色建筑运营管理导则》，形成了涵盖绿色建筑评价、设计、施工、运营的全生命周期管理体系，为中新天津生态城各类建筑设计施工提供了技术依据。

5.3.2　实施绿色建筑、装配式建筑，促进建筑垃圾源头减量及资源化利用

1. 实施绿色建筑及装配式建筑，推动建筑垃圾源头减量

绿色建筑指在建筑的全寿命周期内，最大限度地节约资源，包括节能、节地、节水、节材等，保护环境和减少污染，为人们提供健康、舒适和高效的使用空间，与自然和谐共生的建筑物。绿色建筑技术注重低耗、高效、经济、环保、集成与优化，是人与自然、现在与未来之间的利益共享，是可持续发展的建设手段。绿色建筑评价指标体系由安全耐久、健康舒适、生活便利、资源节约、环境宜居 5 类指标组成。装配式建筑是指把传统建造方式中的大量现场作业工作转移到工厂进行，制作好之后再运回施工现场。主要包括预制装配式混凝土结构、钢结构、现代木结构建筑等，是现代工业生产方式的代表，装配式建筑会使制作作业大大减少，可以跟随主体施工同步进行，同时也符合绿色建筑的要求。一些 "无废城

市"建设试点城市/地区大力发展绿色建筑与装配式建筑，推动建筑废弃物源头减量，取得了积极成效。

深圳市全市新开工装配式建筑面积为 1 288.49 万平方米，在新开工总面积的占比达到 38%，孵化培育了 13 个国家级装配式建筑产业基地。新增绿色建筑面积1 556.8 万平方米，新建民用建筑绿色建筑达标率为 100%。新增 53 个绿色施工示范工程，在建建设工程 100%使用预拌混凝土、预拌砂浆，减少工地建筑废弃物排放量。

截至 2020 年年底，绍兴市累计新开工装配式建筑面积达 3 136 万平方米，2020 年全市新开工装配式建筑面积达 937.45 万平方米（民用 840.41 万平方米，工业 97.04 万平方米），钢结构装配式住宅 41.55 万平方米，新开工建筑面积达3 004.6 万平方米，装配式建筑占比为 31.2%。累计实施住宅全装修面积超 1 600 万平方米，全市通过节能审查项目共 246 项，建筑面积达 1 681.87 万平方米，全部达到一星级以上绿色建筑标准，二星级以上绿色建筑占新建民用建筑比例高达 74.86%。

徐州市在省级绿色建筑示范城市创建期间（2017—2020 年），创建示范项目92 项，共计 1 073.94 万平方米，其中，二星级绿色建筑项目 81 项，建筑面积达968.64 万平方米。三星级绿色建筑项目 7 项，建筑面积达 41.26 万平方米。运行标识项目 18 项，建筑面积达 255.62 万平方米，在示范项目的引领带动下，徐州市绿色建筑数量逐年提高，绿色建筑呈现规模化、全面发展。徐州市装配式建筑也取得了长足的发展，从 2016 年的占比不足 5%增长到 2019 年的 36%，2017—2020 年累计新开工装配式建筑面积达 1 496 万平方米，推进建筑产业现代化体制机制日益健全，预制构件生产企业全面开花。

雄安新区在建筑工地广泛使用装配式道路，实现了道路快速拆除、循环利用、零排放、零固体废物的目标；对新建区大规模使用绿色建筑，采用二星级、三星级绿色建筑标准或采用超低能耗建筑；积极推广绿色建材，打造了市民服务中心、城乡管理服务中心办公楼、雄县第三高级中学、商务服务中心、3 个"建设者之家"等典型钢结构建筑，大大减少了建筑垃圾的产生，有效促进建筑垃圾源头减量。

中新天津生态城内实现全域住宅精装修，每平方米可减少建筑垃圾产生量约30 千克。已建和在建建筑工程项目 330 个，建筑面积达 1 823 万平方米，全部通过了区内绿色建筑审查。已完成 107 个项目的国家绿色建筑设计标识认证工作，

其中 54 个项目获得三星级标准认证，44 个项目获得二星级标准认证。积极推动
《绿色建筑评价标准》（GB/T 50378—2019）落地，生态城十二年制学校项目已获
得北方地区新国标首批绿色建筑三星级标识。

2. 发展综合利用，提高建筑垃圾资源化利用水平

根据住房和城乡建设部办公厅的测算，2020 年全国城市建筑垃圾年产生量超
过 20 亿吨，是生活垃圾产生量的 10 倍左右，约占城市固体废物总量的 40%，而
2020 年建筑垃圾资源化利用率仅为 9%左右。将建筑废弃物充分利用起来，提高
其资源化利用水平，有利于节约资源，降低其环境污染问题。一些"无废城市"
建设试点城市/地区都在积极开发建筑废弃物的综合利用，提高建筑废弃物资源化
利用水平，取得了积极成效，如许昌市的建筑废弃物资源化利用率高达 80%，远
远大于 9%的全国数值及 16%的 35 个建筑垃圾治理试点城市/地区数值；深圳市的
建筑废弃物资源化利用率达到 13%，同 35 个建筑垃圾治理试点城市/地区的数值
相当（图 5-2）。

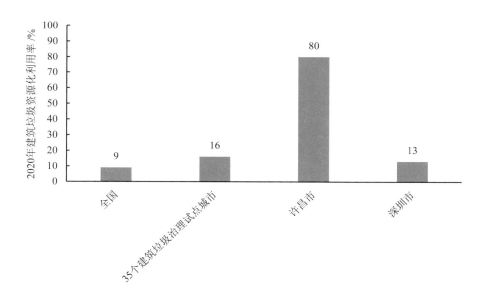

图 5-2　2020 年建筑垃圾资源化利用率

数据来源："无废城市"建设试点工作方案论证材料；许昌市"无废城市"建设试点工作总结
报告；深圳如期完成百项建设试点任务　率先打造美丽中国"无废城市"典范。

许昌市在建筑垃圾资源化产业链提升上，打造了"政府主导、市场运作、特许经营、循环利用"的建筑垃圾管理和资源化利用"许昌模式"，实现建筑垃圾100%收集、95%利用。其中，禹州市建筑垃圾资源化利用率达到了90%，长葛市建筑垃圾资源化利用率达到了80%，鄢陵县建筑垃圾资源化利用率达到了73%，襄城县建筑垃圾资源化利用率达到了76%。许昌市的特许经营企业，建设了再生骨料生产线、再生砖/砌块生产线、再生墙材生产线等7条国内一流生产线，以及2条移动式破碎筛分生产线，生产出再生骨料、再生透水砖、再生墙体材料、再生水工产品等8大类50多种再生产品，广泛应用于当地城市道路、公园、广场等市政基础设施工程，推动"建筑垃圾—建筑垃圾加工—再生建筑产品"固体废物处置和资源化利用链条进一步完善。同时，引进山美环保装备公司落户许昌节能环保装备及服务产业园，生产建筑垃圾资源化再生利用成套设备等环保设备，将进一步推进固体废物产业链条向前端延伸。

深圳市创新实施房屋拆除与综合利用一体化管理，累计完成606个房屋拆除工程建筑废弃物减排与利用项目，拆除废弃物综合利用量2 213万吨，综合利用率为97%。探索开展渣土综合利用试点工作，第一家高标准"花园式"综合利用厂投入运营，年设计处理能力约为33万米^3，大铲湾三期工程渣土综合利用设施5条生产线已投入运营，设计处理能力约为650万米^3/年。开展工程泥浆施工现场处理试点，在地铁四期建设工程中建设盾构渣土泥水分离和无害化处理设施39台（套），盾构渣土设计处理能力超1万米^3/天。科学布局建筑废弃物综合利用设施，共建成固定式综合利用设施24家，年设计处理能力已达到3 405万吨。建筑废弃物本地资源化利用率达13%，初步实现建筑废弃物综合利用产业化、规模化发展，大大降低了建筑废弃物简单堆填对土地的占用问题。

绍兴市积极探索，大幅提升废弃泥浆资源化利用水平，投资6 000万元，建成建筑泥浆集中处置利用基地，年处置废弃泥浆能力300万立方米，废弃泥浆干化土填筑路基目前已成功在预制结构生产基地地基工程、大善路路基工程、孙端互通路基工程等多个项目顺利开展试点应用，填筑量累计40万立方米，相当于资源化利用废弃泥浆120万立方米，创造了良好的环境效益、经济效益和社会效益。强化技术依托，试点一批建筑垃圾资源化利用项目，总投资约3.2亿元，占地517亩，建设年处置60万立方米的绿色循环建材生产基地项目，生产优质再生建材自保温砌块约 90 万立方米，建成道路拆除垃圾资源化处置设施，年处置道路拆除垃圾 60 万吨，其中包括废旧沥青 16 万吨，在越城区开展道路拆除垃圾全量利用试点，沥青路面层、基层、路基层、其他路网建设垃圾均可全量回用于新路。

雄安新区坚持绿色拆除、源头分类，最大限度地促进建筑垃圾的再生利用，制定了《雄安新区绿色拆除资金支付办法》《绿色拆除及场地整理项目竣工验收办法（试行）》，促进项目全流程实施绿色拆除相关要求；制定了《雄安新区绿色拆除工作中建筑垃圾处置工作意见（征求意见稿）》，合理布局建设建筑垃圾再生处理场，明确建筑垃圾就近就地处置利用模式；强化源头拆除模式，明确分类拆除及利用的步骤，促进建筑垃圾分类和利用，将建筑垃圾破碎成不同粒径的骨料，或制成水泥制品构件、堆山造景及工程填垫等，达到建筑垃圾取于旧城改造、用于新区再建设的目的。建设了容东片区再生利用建材场，用以促进建筑垃圾的资源化利用，现已安装 150 吨的建筑垃圾移动破碎筛分设备，制造不同粒径建材骨料。

5.3.3　应用智慧监管系统，加强全过程管理

为保障建筑垃圾有序收集和清运、高效处置和循环利用，避免、惩戒建筑垃圾在收集、清运、处置、利用过程中的环境污染事件，完善建筑垃圾源头产生环节、道路运输环节和末端处置利用环节全过程的监管，应用智慧监管系统是十分必要、高效的管理手段。目前，一些"无废城市"建设试点城市/地区已建设并应用了智慧监管系统，通过与其他平台的联网，实现了对建筑垃圾全链条统筹衔接、智能化运行的闭环。

许昌市智慧监管以渣土车监管为目标，以"车辆定位+物联网传感器"技术解决渣土车运输资质审批、抛洒滴漏、盲区事故多发、乱跑乱卸、超载超速、驾驶员身份验证等各种问题。通过具有渣土排放消纳核准功能、渣土车辆运行轨迹管理功能、渣土清运工地视频源头监控功能、在线渣土车辆违规报警功能、案件查处反馈通报功能、信息上报功能的建筑垃圾监控平台，实现了对渣土业务从工地、运输过程到消纳场的闭环管控，形成渣土大数据。通过与市数字化城管平台、特许经营企业内部监控平台进行联网运行，实现了建筑垃圾收集、清运、利用、处

置等全链条统筹衔接、智能化运行的闭环，真正实现"每吨建筑废弃物的处理去向有迹可查"。

深圳市建筑废弃物智慧监管系统在全市建筑、市政、交通、水务、园林等建设工程中推广应用，覆盖 2 344 个建设工地、14 464 台泥头车、337 处处置场所（含受纳场、综合利用厂、工程回填等），日均产生联单 30 000 余条，实现建筑废弃物排放、运输和处置"两点一线"全过程实时监控和电子联单管理。持续开展排放管理专项整治，2020 年对建设工程工地进行监督检查 6 615 家次，责令整改 1 328 家、处罚 31 家，电子联单平均签认率超过 95%。

绍兴市从 2020 年 6 月开始，着手建设公用事业信息化监管服务平台，该平台是浙江省首个公用事业管理综合性平台，其中包含渣土泥浆监管子系统。通过数据归集至全市域智慧城管和综合执法一体化平台的云数据中心，再由云数据中心统一归集至绍兴市大数据局共享平台。渣土泥浆监管子系统主要包括渣土泥浆从源头、运输、处置各环节涉及对象基本信息管理、证件审批管理、各环节动态监控管理、数据分析、企业服务、公众服务等功能模块，该功能模板能基本实现对渣土处置的源头、运输、消纳闭环管理，2020 年 8 月底，渣土泥浆监管子系统基本建成并投入试运行。

中新天津生态城搭建"无废"信息化管理平台，整合各类固体废物应用平台的数据信息，按照 7 个类别分类管理，其中包含建筑渣土、装修垃圾，产生单位、收运单位、处置单位、执法单位通过不同的权限配置，经由同一套小程序，实现建筑垃圾前端收集、中端转运、末端处理的全过程管理。

许昌市建筑垃圾资源化利用模式

许昌市经济生产和社会活动不断扩大，每年建筑垃圾总量上百万吨，逐渐成为城市发展的一大难题。借助"无废城市"建设试点这一契机，许昌市探索市场化运作和特许经营的方法，逐渐形成了"政府主导、市场运作、特许经营、循环利用"的建筑垃圾资源化利用模式。

一是强化立法保障，构建长效机制。通过对源头减量、收运处置、综合利用、监督管理、法律责任等各环节的立法工作，规范建筑垃圾管理制度体系，并将建筑垃圾管理和资源化利用纳入城市规划和发展布局中，构建建筑垃圾资源化利用体系。二是特许经营，激发企业动能。立足中小城市资源相对集中的特点，充分发挥市场主体优势，在国内率先实施特许经营模式。激活社会资本和技术，激发创新创业活力，形成政企合作、相互支持的良性循环。三是强化标准技术支撑。出台应用技术规范，为建筑固体废物产品在城市道路建设中提供设计、施工和验收依据，并研发总结"建筑废弃物资源化利用产业关键技术"。四是源头治理，夯实工作基础。政府按照统一审批、统一收费、统一清运、统一利用的"四统一"管理原则，搭建建筑垃圾管理监控平台，与市数字化城管平台、特许经营企业内部监控平台进行联网运行，实现建筑垃圾全过程监控。同时，建立建筑垃圾管理办公室 24 小时巡查值班制度，规范建筑垃圾清运秩序。

5.4 模式案例

5.4.1 雄安新区源头减量、资源化利用模式

2019 年 6 月，随着雄安新区"1+4+26"规划体系基本形成，雄安新区正式由规划期转入大规模建设期。雄安新区大规模建设期最为严峻的挑战表现在建筑垃圾产生规模巨大、建筑垃圾产生量持续稳定、建筑垃圾资源化利用途径有限、建筑领域管理缺乏借鉴经验等方面。针对以上挑战，雄安新区通过加强顶层设计；大量使用绿色建筑、超低能耗建筑、装配式建筑，促进建筑垃圾源头减量，就近建设容东片区再生建筑场促进拆除建筑垃圾资源化利用，服务周边建设；重视表土资源化利用，将拆迁表土进行存储后再进行资源化利用（图 5-3）。

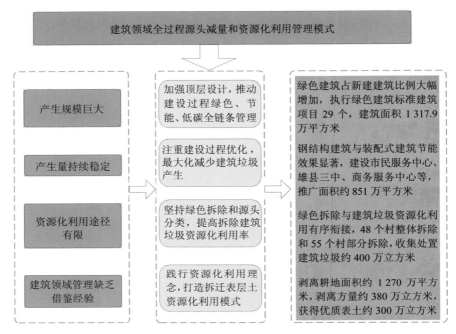

图 5-3　雄安新区建筑领域全过程管理模式示意图

资料来源：雄安新区"无废城市"试点建设经验模式报告。

针对建筑垃圾，雄安市在"无废城市"试点建设中的主要做法是：

1. 加强顶层设计，推动建设过程绿色、节能、低碳全链条管理

（1）率先践行规划引领。2018 年 12 月 25 日，国务院批复《河北雄安新区总体规划（2018—2035 年）》，规划中明确雄安新区因地制宜提高绿色建筑和节能标准，推广超低能耗建筑，新区起步区新建居住建筑全面执行 75%及以上节能标准，新建公共建筑全面执行 65%及以上节能标准；新建政府投资及大型公共建筑全面执行三星级绿色建筑标准，积极推进装配式、可循环的建造方式。在全省率先将推进绿色建筑、装配式建筑写入规划文本。为绿色建筑、装配式建筑的使用和推广提供了依据，大大减少了建筑垃圾的产生。

（2）科学编制建设标准。雄安新区编制了《雄安新区绿色建筑设计导则（试行）》，明确建筑设计的绿色、节能、创新等特性，从设计之初减少建材浪费。制定了《雄安新区绿色建材设计导则（试行）》，有力推动了雄安新区绿色建筑和材

料工业转型升级，规定了建材生产厂家在生产过程中的能耗及原材料的消耗标准，以及各类型建筑材料需达到的绿色建材标准体系，从建设之初减少废物产生。以"绿色营城、匠心营城、中华风范、以人为本"为工作原则，制定了《雄安新区绿色建造导则（试行）》，推动建筑工程建造全过程绿色化，助力创造"雄安质量"，打造新时代高质量建造的全国样板，从建筑工程的策划、设计、施工到交付等进行全过程管控，一体化实施，确保建筑垃圾产生最小化、资源利用最大化、质量管理全程化，实现全过程绿色管控。

（3）建立绿色建筑发展长效机制。为推动形成绿色建筑可持续发展长效机制，打造绿色建筑"雄安质量体系"，推动雄安新区绿色建筑实现高质量发展，制定《雄安新区绿色建筑实施方案（2020—2025 年）》，形成中国绿色建筑高质量发展雄安样板。明确了 2020—2025 年三个阶段执行星级标准、被动式低能耗、装配式建筑比例、建筑全过程管理及性能评价制度体系等目标，分别从提高建筑规划与设计、建造要求、运营要求、完善标准体系、推广因地制宜绿色技术等方面提出明确任务，进一步从全流程、全维度推动实现"建设过程无废化"。

2. 注重建设过程优化，最大化减少建筑垃圾产生

（1）规模化使用绿色建筑。根据《河北雄安新区总体规划（2018—2035 年）》《河北省促进绿色建筑发展条例》的要求，新区新建政府投资及大型公共建筑全面执行三星级绿色建筑标准，新建 10 万平方米以上的居住建筑全面执行二星级绿色建筑标准。由于新区居住建筑中绝大部分为安置房，具有成片集中建设、体量较大的特点，故全部采用二星级绿色建筑标准建设。公共建筑以政府投资为主，也全部采用三星级绿色建筑标准建设。已建成三星级绿色建筑雄县第三高级中学，是河北省第一所按照三星级绿色建筑标准新建的中学项目。雄安市民服务中心、城乡管理服务中心等超低能耗建筑相继投入使用。截至目前，累计开工建设房屋建筑项目 29 个，共 1 317.9 万平方米，其中，公共建筑 210.3 万平方米，居住建筑 1 107.6 万平方米。

（2）推广装配式道路模式。装配式道路项目是雄安新区大规模建设阶段工程"第一标"，是展示雄安新区绿色、环保、协调、发展理念的重要节点工程。新区建筑工地广泛使用装配式道路，道路可重复利用多次，并能广泛应用于区内短期临时道路、停车及市民广场、货物堆场等工程。新区装配式道路实现了快速装

拆、循环利用、零排放、零固体废物的绿色生态可循环基础设施建设目标，体现预制装配设施的灵活性、便捷性与适应性，符合"建设雄安绿色低碳之城"的要求。不仅为后续建筑建设提供保障，还为雄安绿色低碳循环发展提供了示范。

（3）积极推广绿色建材。钢结构建筑在新区得到大量应用，打造了市民服务中心、城乡管理服务中心办公楼、雄县第三高级中学、商务服务中心、3 个"建设者之家"等典型钢结构建筑，总面积约 85.1 万平方米，大大减少了建筑垃圾的产生，且建筑材料可重复利用。

3．坚持绿色拆除和源头分类，提高拆除建筑垃圾资源化利用率

（1）开展绿色拆除，最大限度地降低环境影响。新区绿色拆除工作坚持绿色优先原则，严格执行六个"百分百"和三个全覆盖要求，并重点做好场地围挡、场地及物料即时覆盖、车辆冲洗、湿法作业、运输车辆全封闭 5 项工作，按照先喷淋、后拆除，拆除过程持续喷淋的程序操作，最大限度地降低扬尘污染。制定《雄安新区绿色拆除工作中建筑垃圾处置工作意见（征求意见稿）》，确定"统筹处置为主，三县就近、就地处置为辅"的原则，要求结合新区拆迁范围、项目建设需求、新区建设规划等合理布局建设建筑垃圾再生处理场，拆除村庄就近建设项目对建筑垃圾再生骨料有需求的，可对建筑垃圾就近就地处置后再利用，最大限度地促进建筑垃圾的再生利用。

（2）坚持源头拆分，促进建筑垃圾分类和利用。雄安新区采用分步拆除法对建筑垃圾源头分类。首先，拆除前先拆除建筑门窗等，组织分类和清理，再拆除建（构）筑物，并将建筑物中的钢筋、管线等进行机械分拣和人工分拣；其次，建筑废弃物按来源、种类、性质进行分类拆除、分类存放、分类处理，实现拆除过程中建筑垃圾源头分类；再次，对于可回收再用的，直接回收；最后，对建筑垃圾进行破碎、筛分，以及二次分选和利用，筛下土可就地摊平或利用。

（3）加强源头处置，科学谋划建筑垃圾利用模式。新区对拆除的建筑垃圾进行分类分拣后，将建筑垃圾破碎成不同粒径的骨料，用于蓄水料、滤料、透气料及垫层等，也可作为原材料用于水泥制品构件（海绵砖、市政砖、灰砂砖、护坡砖等）、无机结合料（二灰、水稳、透水混凝土层等）、堆山造景及工程填垫等，实现了建筑垃圾无害化、减量化、资源化处置模式样板，做好新区建筑固体废物板块循环利用、构筑"无废城市"拼图工作，达到建筑垃圾取于旧城改造、用于

新区再建设的目的。

（4）促进资源化利用，建设再生利用建材场。雄安新区考虑到建筑垃圾运距的问题，率先在新建区——容东片区建设建筑垃圾再生利用建材场，最大化实现建筑垃圾再生利用，待容东片区建成后拆除，力争建筑垃圾再利用效率提升到90%以上。目前，容东片区再生建材场，已完成主要建设和设备的安装，主体预计 2022 年 5 月底完成，已堆存建筑垃圾约 180 万立方米，场区内具有 150 吨建筑垃圾移动破碎筛分设备，配置风选除杂和水选除杂设备系统，可产生 0～4.75 毫米、4.75～9.5 毫米、9.5～26.5 毫米 3 种规格的再生骨料。2019 年实施的绿色拆除项目产生的建筑垃圾将全部按照资源化再生利用要求进行处置。

4. 践行资源化利用理念，打造拆迁表层土资源化利用模式

新区在开发建设过程中，采用工程措施对农田优质耕作层 30 厘米的厚土壤进行剥离并加以保护。通过表土剥离、运输和集中堆存，并进行适当改良，在新区绿化时利用，既可直接减少建筑垃圾总量，又能为后期绿化提供高效熟土，同时还可为新区树立样板。

制定管理政策，明确表土剥离要求。为加强新区土地资源保护和利用，规范耕作层土壤剥离利用工作，雄安新区印发了《雄安新区耕作层土壤剥离利用管理办法（试行）》，对因建设占用或临时使用现状耕地的耕作层土壤进行剥离、运输和储存，以及合理利用提出了具体要求。

建立临时堆场，合理资源调配和利用。雄安新区根据整体建设进程，建立了容东片区临时土方堆存场，统筹解决新区建设期间土方开挖、回填、储存和调配等问题，两个存土场共规划存土量 1 200 万立方米。在新区起步区规划建设过程中，将不同性质的表土进行分类利用。对规划为建设用地（公园、绿地除外）、水域的现状耕地，将优质或无污染耕地区的成熟土壤进行表土剥离，搬运至规划为建设用地范围内的绿化区域（占用非耕地）实现再利用；对重污染耕地，完成表土剥离后，采用固化稳定处理技术进行再利用，并置换无污染耕地剥离的优质土壤，实现污染耕地防治和优质土地资源再利用双赢。

5. 注重综合示范，高标准高质量打造绿色建筑典型案例

雄安市民服务中心是河北省雄安新区的行政机构，总建筑面积为 9.96 万平方米，规划总用地 24.24 公顷，项目总投资约 8 亿元。建筑采用了超低能耗建筑做

法，降低建筑体形系数，控制建筑窗墙比例，完善建筑构造细节，设置高隔热隔音、密封性强的建筑外墙，充分利用可再生能源，成为雄安市民服务中心具有示范性的"被动式房屋"。雄安市民服务中心在建设过程中引入了"海绵城市"理念，在绿地、人行道设置透水砖，车行道设置透水沥青，停车位设置植草砖，使雨水在流动过程中经浅草沟的渗透，过滤后再进入雨水收集系统。通过树池、下凹式绿地丰富景观效果，增加近 8 000 立方米的雨水滞蓄容积，实现园区雨污零排放。通过雨水花园、下沉式绿地、生态湿地等设施，雄安新区市民服务中心可实现雨水收集、污水自主净化、充分利用可再生能源。"绿色发展"理念主要在建筑材料上体现。全钢结构框架、预制墙体、集成房屋等工厂化的建筑构件在项目上大量应用，减少了现场施工作业带来的环境污染问题和损耗，提高了工作效率。项目还充分利用本地区丰富的地热资源，建设冷热双蓄能水池系统，实现建筑物供暖（冷）总能耗的 60% 以上为浅层地能。

雄安城乡管理服务中心规划占地面积约 44 亩，建筑面积约 1.6 万平方米，是雄安首例"钢结构+装配式+超低能耗"示范项目。该项目在被动式超低能耗基础上又创新加入了"钢结构+装配式"。被动式超低能耗关键技术包括高效保温隔热系统、无热桥构造系统、高性能保温门窗系统，以及良好气密性及高效热回收系统。采用钢结构装配式超低能耗体系将钢结构、装配式体系与被动式超低能耗技术融为一体，推动未来节能技术与装配式绿建技术结合的发展。项目被评为"绿色建筑三星""住建部超低能耗被动式示范项目"，同时满足"德国能源署被动房认证"要求，比满足现有节能标准的建筑再节能 60% 以上，是名副其实的智慧型超低能耗建筑。项目土建、装修、机电、景观各专业由于大量采用装配式建筑样式，项目建设周期仅需要 7 个月即可交付使用。

5.4.2 许昌市特许经营模式

随着经济生产和社会活动的不断扩大，建筑垃圾逐渐成为困扰许昌城市发展的一大难题，全市每年建筑垃圾总量上百万吨。针对这一问题，许昌市瞄准循环经济这一发展方向，探索市场化运作和特许经营的方法，寻求解决"垃圾围城"的治本之策。开创了全省对建筑垃圾清运和处理实施特许经营的先河，逐渐走出了一条"政府主导、市场运作、特许经营、循环利用"的资源化利用之路，打造了建筑垃圾管理和资源化利用"许昌模式"（图 5-4）。

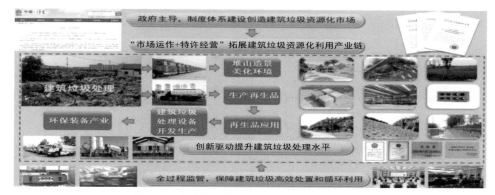

图 5-4 建筑垃圾管理和资源化利用"许昌模式"

资料来源：许昌市"无废城市"试点建设经验模式报告。

针对建筑垃圾，许昌市在"无废城市"试点建设中的主要做法是：

1. 政府主导、健全制度，提供坚强保障

（1）推动立法，制定地方性建筑垃圾管理条例。为构筑建筑垃圾管理和资源化利用的长效机制，许昌市积极推动《许昌市城市建筑垃圾管理条例》的立法工作，走在了全国前列。通过对源头减量、收运处置、综合利用、监督管理、法律责任等各环节的立法，许昌市进一步完善规范了建筑垃圾管理的制度体系（"两制度一体系"），即建筑垃圾分类处理制度、建筑垃圾全过程管理制度、建筑垃圾综合回收利用体系（图 5-5）。

（2）完善制度，构建建筑垃圾管理利用体系。为了充分保障建筑垃圾的有效处置，许昌市相继出台了《许昌市建筑垃圾分类处置规范（暂行）》《许昌市施工工地建筑材料建筑垃圾管理办法》《许昌市建筑垃圾管理及资源化利用实施细则》《关于提升建筑垃圾管理和资源化利用水平的实施意见》。这些管理制度的出台为建筑垃圾分类处置、收集、运输、处置、资源化利用环节的综合监管提供了政策依据，为建筑垃圾的资源化利用提供了制度保障。

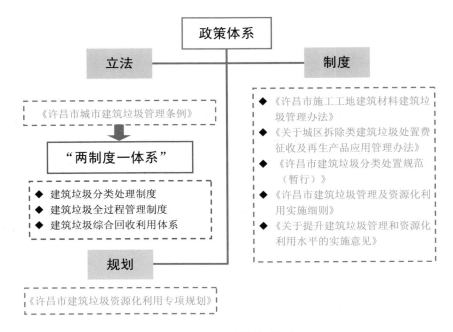

图 5-5　政策体系框架

资料来源：许昌市"无废城市"试点建设经验模式报告。

（3）注重布局，编制建筑垃圾资源化利用专项规划。在建筑垃圾资源化利用的基础上，许昌市进一步把建筑垃圾管理和资源化利用纳入整体城市规划和发展布局中，高标准、高起点编制了《许昌市建筑垃圾资源化利用专项规划》等多项规划，根据各类建筑垃圾特点和资源化利用范围，提出了"区域统筹、合理布局，分类管控、环保防治，智慧监管、利用优先"的规划格局，着力构建布局合理、管理规范、技术先进的建筑垃圾资源化利用体系。主要包括高标准规划建设集建筑垃圾资源化利用、生活垃圾发电等于一体的静脉产业园，在政府投资或主导项目、保障性住房项目以及 20 万平方米以上新建非政府投资的项目全面推广实施装配式建筑（禹州市已成功创建为全省装配式建筑示范县城），规划建设利用弃土类建筑垃圾城市山地公园等。为了保证规划顺利实施，许昌市还在组织管理、财政、税收、投资政策扶持等方面出台了相应的保障措施。

2. 市场运作、特许经营，促进产业规模化发展

（1）特许经营，激发企业动能。在国内率先实施特许经营，开创了"政府主导、市场运作、特许经营、循环利用"的管理模式。对于政府而言，该模式仅需搭建政策平台，即能在不出资的情况下办成事、办好事，根治建筑垃圾问题，有效节约政府资金；对于市场而言，该模式能够充分发挥企业主体优势，激活社会资本和技术，激发创新创业活力；对于社会而言，该模式形成了政企合作、相互支持的良性循环，有效改善了城市环境。经过公开招标，许昌金科资源再生股份有限公司（以下简称金科公司）获得许昌市建筑垃圾的独家经营处置权，全面负责许昌市建筑垃圾的清运、无害化处理，开辟了河南省首家对建筑垃圾处理实施特许经营的先例，经济和社会效益十分显著。该模式有效解决了许昌市建筑垃圾私拉乱运、围城堆放、污染环境等问题，大幅改善了市容和人居环境。同时，建筑垃圾再生产品的使用大大减少了财政资金投入，近 5 年来，通过利用建筑垃圾，减少开采砂石近 1 500 万立方米，减少运输费用 10 亿元，减少油耗 3 000 万升，节约资金 2.4 亿元，少报废两车道二级公路 20 千米，减少公路投资 1 亿元。此外，全市城市水系岸坡、两侧人行步道已全部采用透水铺装，市区透水步砖铺装比例已达到 40% 以上，增强了雨水吸纳、蓄渗功能，有力推进了海绵城市建设。

（2）龙头带动，延伸产业链条。金科公司作为特许经营企业，目前建设了再生骨料生产线、再生砖/砌块生产线、再生墙材生产线等 7 条国内一流生产线，以及 2 条移动式破碎筛分生产线，生产出再生骨料、再生透水砖、再生墙体材料、再生水工产品等 8 大类 50 多种再生产品，广泛应用于许昌市城市道路、公园、广场等市政基础设施工程，形成完整的"建筑垃圾回收—建筑垃圾加工—再生建筑产品"的建筑垃圾资源化利用链条。围绕再生集料在道路工程建设的使用，河南万里交通科技集团股份有限公司（以下简称万里交科）进一步延伸建筑垃圾的产业链条，一方面，由其子公司许昌德通振动搅拌技术有限公司提供建筑垃圾环保设备；另一方面，由万里交科应用金科公司的再生集料产品从事道路工程建设，在扩充产业链条的同时，共同促进了第二产业、第三产业的创新融合发展。此外，许昌市引进山美环保装备公司落户许昌节能环保装备及服务产业园，生产建筑垃圾资源化再生利用成套设备等环保设备，进一步促进了建筑垃圾固体废物产业链条向前端延伸，拓展形成了集固体废物收集、清运、利用、处置等全链条统筹衔

接的循环产业链条。

3．科技领航，创新驱动，强化技术支撑

（1）制定应用技术新标准。许昌市建筑垃圾资源化过程中的重点应用领域是市政工程，为保障建筑垃圾的高水平资源转化，许昌市研究出台并发布实施了许昌市首部地方标准——《建筑垃圾再生集料道路基层应用技术规范》（DB 4110/T 6—2020）。该规范不仅为建筑固体废物产品在城市道路建设中提供了设计、施工和验收依据，而且首次提出将建筑垃圾再生集料应用于城市道路的基层铺设，为其推广应用提供了技术支撑和标准依据。路用建筑垃圾地方标准的出台，标志着建筑垃圾在许昌市公路工程领域的应用走上了标准化、规范化、可持续发展的道路，对于建筑垃圾在全国公路工程中的推广应用，规范建筑垃圾应用的技术、工艺具有指导意义；对于破解筑路材料日益紧缺难题，将建筑垃圾"变废为宝"具有重大社会意义，对于节约土地、保护环境、推动绿色交通具有极大的示范带动作用。

（2）研发砖渣利用新技术。许昌市高度重视科技创新，不断加大研发投入，现已申请专利200余件，已获授权专利136件（发明专利12件）；参编了7部国家行业标准、2部地方标准；研发总结的"建筑废弃物资源化利用产业关键技术"已入选"科技部、环保部、工信部《节能减排与低碳技术成果转化推广清单（第二批）》（2016年12月）"，并在全国范围内进行推广；可利用建筑垃圾生产8大类100多种再生产品。

（3）开发弃土应用新方式。金科公司利用弃土类建筑垃圾、农作物秸秆、造纸厂泥浆等固体废物生产烧结自保温砌块及装配式建筑，结合许昌不同区域土样的特点，开展了高精度、高强度、高保温生态烧结砌块的配方和绿色生产工艺以及生态烧结砌块结构的抗震新能研究，已初步建立了基于烧结性能的弃土类建筑固体废物资源化数据库，形成了成套关键技术体系。万里交科采用独创的振动搅拌设备形成土颗粒的液化，与特制的岩土固化剂形成连续性颗粒级配，通过固化剂对渣土的表面改性技术，制备出可泵送的、大流动性的振动液化加固材料，成功开发了模块式碾压固化土连续振动搅拌成套设备（图5-6）。该技术已在湖南长株高速路基改扩建项目、许昌宏腾大道管网回填项目、河北正定管网回填项目中成功应用。

图 5-6 振动液化固结土制备及管网回填现场

资料来源：许昌市"无废城市"试点建设经验模式报告。

（4）创建产学研合作新平台。许昌市注重建筑垃圾资源化利用行业整体技术水平的提升，与德国布伦瑞克工业大学、德国弗劳恩霍夫研究所、北京建筑大学、同济大学、郑州大学、湖南大学等国内外科研院所长期开展产学研合作，建有业内首个全国循环经济技术中心、全国首个弃土烧结全系统实验室、河南省建筑废弃物再生利用工程技术研究中心、河南省振动搅拌工程技术研究中心和许昌市建筑废弃物再生利用重点实验室。同时，经国家知识产权局专利审查协作河南中心授权，金科公司正式挂牌了审查员流动工作站，为技术研发工作的开展提供了坚实的平台支撑。

4．源头控制、过程监管，提供坚强保障

（1）突出源头治理。将建筑垃圾按照工程渣土、拆除垃圾、装修垃圾 3 大类实施分类，并对各类建筑垃圾的收运及消纳处置进行了明确规定。政府按照统一审批、统一收费、统一清运、统一利用的"四统一"管理原则，对建筑垃圾产生量和处置量进行严格核准，建筑垃圾产生单位提前办理运输和处置许可证，并按照核准量缴纳处理费用，特许经营企业负责统一运输和处理。

（2）加强运输监管。结合环境污染防治工作，对施工工地进行严格管理，对运输车辆进行动态监管，定期进行审查验收，合格的发放许昌市建筑垃圾清运车辆准运证，进行备案；不合格的督促其进行整改。同时，督促特许经营企业加大投资力度，积极购置先进运输设备，升级改造陈旧运输设备，先后投资 2 800 多万元，购置 60 台绿色环保全封闭式建筑垃圾运输车辆。

（3）建立巡查制度。许昌市建筑垃圾管理办公室实行 24 小时巡查值班制度，坚持普遍巡查与重点监管相结合、数字化信息采集与群众举报相结合，加大巡查频次，持续开展夜间渣土车和清运工地整治，对重点区域实行严格监控，依法严查建筑垃圾运输车辆违规清运、私拉乱运、超高超载、抛撒污染等违法行为，有效规范了建筑垃圾清运秩序。

（4）实行全天候智慧监管。智慧监管以渣土车监管为目标，以"车辆定位+物联网传感器"技术解决渣土车运输资质审批、抛洒滴漏、盲区事故多发、乱跑乱卸、超载超速、驾驶员身份验证等各种问题；通过具有渣土排放消纳核准功能、渣土车辆运行轨迹管理功能、渣土清运工地视频源头监控功能、在线渣土车辆违规报警功能、案件查处反馈通报功能、信息上报功能的建筑垃圾监控平台，实现了对渣土业务从工地、运输过程到消纳场的闭环管控，形成渣土大数据；通过与市数字化城管平台、特许经营企业内部监控平台进行联网运行，实现了建筑垃圾收集、清运、利用、处置等全链条统筹衔接、智能化运行的闭环，真正实现"每吨建筑废弃物的处理去向有迹可查"。

5.4.3 深圳市全过程智慧监管模式

深圳作为一个社会经济大市和资源空间小市，在 40 多年快速城市化进程中，不断进行高强度的城市开发建设，产生了大量的建筑废物，占全市固体废物废物产生量的 90%。2020 年，全市建筑废弃物的产生量约为 1.42 亿吨，日均产生量约 39 万吨。长期以来深圳市土地资源紧缺、邻避问题突出，建筑废弃物处置设施规划建设落地难、建成投产难，本地处置能力严重不足，异地处置依赖性强。为破解建筑废弃物处置困局，深圳市通过完善政策法规、推动源头减量、发展综合利用、加快设施建设、强化全过程管理等一系列行之有效的举措，推动深圳市建筑废弃物处置工作，形成了深圳市建筑废弃物"源头减排+资源化利用+多渠道处置+全过程智慧监管"模式（图 5-7）。

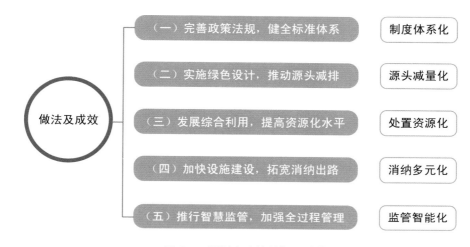

图 5-7 深圳市建筑垃圾经验模式

资料来源:深圳市"无废城市"试点建设经验模式报告。

针对建筑垃圾,深圳市在"无废城市"试点建设中的主要做法是:

1. 完善政策法规,健全标准体系

(1)加快完善法规规章。以政府规章形式颁布了《深圳市建筑废弃物管理办法》(深圳市人民政府令 第 330 号),已于 2020 年 7 月 1 日起正式施行,确立了建筑废弃物排放核准、运输备案、消纳备案、电子联单管理和信用管理、综合利用产品认定、综合利用激励等制度,实现建筑废弃物处置全过程监管,推进建筑废弃物处置减量化、资源化、无害化。同步配套编制《受纳场建设运营管理办法》《综合利用企业监督管理办法》《综合利用产品认定办法》等多项规范性文件,加快构建和完善建筑废弃物管理"1+N"政策体系。

(2)健全标准规范体系。完成深圳市建筑废弃物管理标准规范框架体系梳理(涉及 138 项,其中待制定 37 项)。先后颁布了《深圳市建筑废弃物再生产品应用工程技术规程》《建设工程建筑废弃物排放限额标准》《建设工程建筑废弃物减排与综合利用技术标准》等 7 项地方技术标准规范。

(3)加大基础研究力度。完成了《深圳市建筑废弃物产生量统计与估算方法研究》《深圳市建筑废弃物综合利用产品适用部位及比例研究》《深圳市工程弃土综合利用环保烧结与受纳场填埋处置的环境污染特性对比研究》《施工废弃物和装修废弃物无害化处置研究》等 8 项基础研究工作，为建筑废弃物管理工作政策法规及标准规范制定、产品推广应用等提供了科学依据。

2. 实施绿色设计，推动源头减排

（1）落实规划设计阶段源头减排措施。印发了《建设工程建筑废弃物排放限额标准》《建设工程建筑废弃物减排与综合利用技术标准》，在国内首次明确各类建设工程的建筑废弃物排放限额、减排与综合利用设计和验收要求。规划、水务、城管部门按照《关于加强竖向规划设计管理　减少余泥渣土排放的通知》等文件要求，共组织完成 29 个工程项目的规划设计标高审查，控制地下空间开挖，减少工程弃土源头排放。同时，为加强建设工程竖向规划设计管理，深圳市规划部门修订了《深圳市建筑设计规则》，鼓励采用半地下停车场、首层停车场，有效减少地下室开挖的土方量。

（2）大力发展装配式建筑和绿色建筑。在装配式建筑方面，全力落实《深圳市装配式建筑发展专项规划（2018—2020 年）》《关于加快推进装配式建筑的通知》等政策文件，推动装配式建造方式从公共住房向新建居住建筑、公共建筑及市政基础设施的广覆盖。在建筑信息模型（BIM）技术方面，通过信息化手段指导施工，推动 BIM 技术发展，减少现场签证及工程变更，避免返工带来的建筑废弃物产生和排放。在绿色建筑方面，印发了《2020 年深圳市勘察设计、节能绿建、装配式建筑和科技标准工作要点》（深建设〔2020〕6 号），指导各区住房建设主管部门加强绿色建筑过程监管，高质量发展绿色建筑。

（3）践行绿色发展理念，推进建筑业高质量发展。将全市工程建设全面使用预拌混凝土和预拌砂浆的要求通知到各建设项目和相关单位，目前建设工程已 100% 使用预拌混凝土、预拌砂浆。在建设工程施工现场，推广使用铝合金模板，节约建筑材料（周转材料）。组织建筑业协会研究制定绿色施工示范工程评选标准，确保评选工作的公正性和公信力，2020 年以来，共新增 53 个绿色施工示范工程。绿色建筑——深圳蛇口邮轮中心项目见图 5-8。

图 5-8　绿色建筑——深圳蛇口邮轮中心项目

资料来源：深圳市"无废城市"试点建设经验模式报告。

3. 发展综合利用，提高资源化水平

（1）推行拆除与综合利用一体化管理。贯彻实施《深圳市房屋拆除管理办法》，将房屋拆除和综合利用捆绑实施，截至目前，累计完成 627 个房屋拆除工程建筑废弃物减排与利用项目，拆除废弃物综合利用量达 2 319 万吨，有力促进综合利用行业发展。其中，2020 年以来，房屋拆除工程建筑废弃物减排与利用项目共 246 个，建筑废弃物综合利用量约 1 140 万吨，拆除废弃物综合利用率已达 97%。

图 5-9　桥梁拆除废弃物循环利用道路拼接安装示意图

资料来源：深圳市"无废城市"试点建设经验模式报告。

（2）试点开展综合利用产品应用。率先在政府投资的房建、交通、水务、园林绿化工程中各选取两个项目试点使用建筑废弃物综合利用产品，从建筑工程的设计、审图、施工、验收等环节入手，在适用部位 100%使用建筑废弃物综合利用产品，综合利用产品使用总量约为 17 万立方米，为后续产品推广应用奠定了实践基础。此外，深圳光明区光源五路采用 8 款不同样式的环保砖，以丰富多样的铺装方式，打造全市首条综合利用慢行路试验段。

（3）探索开展渣土综合利用试点。深圳市第一家高标准"花园式"综合利用厂宏恒星再生科技公司已投入运营，通过泥砂分离和余泥造粒工艺将工程渣土全部综合利用，设计年处理能力约 100 万立方米。大铲湾三期工程渣土综合利用设施 5 条生产线已投入运营，该项目能快速连续分离工程弃土，一次性将工程弃土中的废混凝土块及砖块、砂、泥分离开来；采用水洗分选方法，生产出符合国家标准的建设用砂；将废混凝土块及砖块制成再生建筑骨料；使产出的泥浆充分均化，制成质量稳定的黏土（图 5-10）。现有设计年处理能力约 600 万立方米；另外还有 3 条生产线正在进行建设，全部建成后设计年处理总能力将达 1 000 万立方米以上。

图 5-10　大铲湾三期工程渣土综合利用设施

资料来源：深圳市"无废城市"试点建设经验模式报告。

（4）开展工程泥浆施工现场处理试点。印发《深圳市工程泥浆施工现场处理试点工作方案》，在全国范围内征集技术方案，并组织以陈湘生院士为首的专家团队进行评审，选出 10 个方案供地铁集团择优选用。目前，已组织地铁集团完成在地铁四期建设工程中试点开展工程泥浆施工现场处理工作，共建设盾构渣土泥水分离和无害化处理设施 39 台（套），盾构渣土日设计处理能力已超 1 万立方米。

（5）统筹推进综合利用设施建设。印发实施《深圳市建筑废弃物综合利用设施规划建设实施方案》（深建废管〔2020〕1 号），根据深圳市 2019—2035 年的建筑废弃物产生量及时间空间分布情况，科学布局建筑废弃物综合利用设施，构建相对完善的产业链。目前，对于企业供地类设施，已公布保留的企业供地类综合利用设施名单，共计 52 处，面积 162.30 万平方米，主要用于工程渣土和拆除废弃物处理处置；同时已完成政府划拨类综合利用设施选址工作，选址面积共计 38.78 万平方米，主要用于装修废弃物和施工废弃物处理处置。

4．统筹设施规划建设，提升处置能力

（1）坚持规划引领。印发实施《深圳市 2018 年度余泥渣土受纳场实施规划》（深建废管〔2018〕15 号），为拟重点建设的受纳场提供规划依据。同时，编制完成《深圳市建筑废弃物治理专项规划（送审稿）》，全面梳理和规划全市固定消纳场、综合利用厂等处置设施的建设场址，尽力提升建筑废弃物处置能力。

（2）统筹推进设施建设。受纳场方面：共建成 4 处固定消纳场，累计消纳 3 500 万立方米建筑废弃物，剩余库容约 790 万立方米，正在推进的固定消纳场共 3 处，设计库容约 1 890 万立方米，为市政府重点工程和拆除工程提供建筑废弃物处置场地。水运中转设施方面：现已建成 9 处水运中转设施，设计年处理能力达 5 800 万立方米；正在协调推进 4 处水运中转设施建设工作。围填海工程方面：统筹海洋新兴产业基地围填海工程处置工程渣土，新增处置能力约 2 400 万立方米，累计已处置工程渣土约 1 406 万立方米，剩余库容约 1 000 万立方米。工程回填方面：全市现有回填工程 205 个，每年可处置工程渣土约 530 万立方米。

（3）加强跨区域平衡处置。积极与周边城市对接，先后与中山翠亨新区管委会、惠州潼湖生态智慧区管委会签订合作协议，新增了几千万立方米的处理能力，探索土方跨区域平衡处置协作监管模式。制定《深圳市建筑废弃物跨区域平衡处置协作监管机制的实施方案》，并多次与惠州、东莞等周边城市建筑废弃物主管部门进行沟通，协商跨区域平衡处置协作监管相关事宜，目前已与惠州潼湖生态智慧区管委会合作开展土方跨区域平衡处置试点工作，为大湾区首个土方陆路外运协作监管项目。

5．推行智慧监管，加强全过程管理

（1）全力推广应用智慧监管系统。目前，该系统已在全市建筑、市政、交通、水务、园林等建设工程中推广应用，并结合运行情况对系统进行持续化完善。同时，该系统通过了住房和城乡建设部 2018 年科学技术项目计划科技示范工程项目（信息化示范工程）验收，相关成果还先后获得了国家地理信息科技进步奖一等奖、华夏建设科学技术奖三等奖。

（2）持续开展排放管理专项整治。深圳市住房和城乡建设局于 2019 年年初印发实施《建设工程建筑废弃物排放管理专项整治工作方案》，连续 2 年组织开展专项整治行动。开展专项整治抽查督导 12 次，检查 25 家建设工程排放管理情况，对发现的问题严格督促整改查处；每月通报专项整治工作进展，提出下一步工作要求。通过集中整治，建筑废弃物排放乱象得到了有力遏制，电子联单平均签认率超过 95%，使用非法车辆运输行为显著减少，排放管理力度大幅增强，成效显著。

参考文献

[1] 建筑垃圾处理技术标准 CJJ/T 134—2019[S]. 北京：中国建筑工业出版社，2019.

[2] 袁杰，黄祎，别涛，等. 中华人民共和国固体废物污染环境防治法[M]. 北京：中国民主法治出版社，2020：157.

【本章作者：桑宇，刘刚】
本章模式案例来自雄安新区、许昌市、深圳市"无废城市"试点建设经验模式报告。

第6章

生活领域『无废城市』建设的探索与实践

6.1 生活垃圾相关情况

6.1.1 生活垃圾产生、利用处置情况

生活垃圾，是指日常生活中或者为日常生活提供服务的活动中产生的固体废物。生活垃圾主要成分包括厨余垃圾、废纸、废塑料、废织物、废金属、废玻璃、陶瓷碎片、砖瓦渣土、废旧电池、废旧家用电器等。随着经济社会发展和物质消费水平大幅提高，我国生活垃圾产生量迅速增长。根据住房和城乡建设部办公厅统计，截至 2020 年年底，全国城市生活垃圾年清运量 2.43 亿吨，无害化日处理能力达 89.77 万吨，无害化处理率为 99.3%，我国现建成运行的焚烧厂已超过 450 座，城市焚烧处理能力占总处理能力的比例达到 52.5%以上；截至 2020 年年底，46 个重点城市因地制宜设置生活垃圾分类投放装置，合理布局分类收集设施设备，在 16.8 万个小区开展生活垃圾分类工作，覆盖居民 8 300 多万户，基本实现了分类投放、分类收集全覆盖的目标，分类运输体系基本建成，已配备 1 万多辆厨余垃圾运输车、1 700 多辆有害垃圾运输车，分类处理能力明显增强，日处理能力已达 48.3 万吨，总体上已超过日清运量；垃圾回收利用率不断提高，平均为 36.2%，较 2019 年同期提升 7.1 个百分点；居民垃圾分类习惯加快养成，上海、厦门、宁波、广州、杭州、苏州、深圳等城市居民垃圾分类投放准确率超过 70%，上海市超过 95%；截至 2020 年年底，农村生活垃圾进行收运处理的行政村比例达 90%以上，基本解决了设施有无的问题，明显改善了村庄人居环境。

厨余垃圾，是指居民日常生活及食品加工、饮食服务、单位供餐等活动中产生的垃圾，包括丢弃不用的菜叶、剩菜、剩饭、果皮、蛋壳、茶渣、骨头等，其主要来源为家庭厨房、餐厅、饭店、食堂、市场及其他与食品加工有关的行业。根据《生活垃圾分类标志》（GB/T 19095—2019），厨余垃圾分为家庭厨余垃圾、餐厨垃圾和其他厨余垃圾；其中，家庭厨余垃圾又称易腐垃圾或湿垃圾，是指居民家庭日常生活过程中产生的菜帮、菜叶、瓜果皮壳、剩菜剩饭、废弃食物等易腐性垃圾；餐厨垃圾又称餐饮垃圾，是指相关企业和公共机构在食品加工、饮食服务、单位供餐等活动中，产生的食物残渣、食品加工废料和废弃食用油

脂等;其他厨余垃圾是指农贸市场、农产品批发市场产生的蔬菜瓜果垃圾、腐肉、肉碎骨、水产品、畜禽内脏等。家庭厨余垃圾和其他厨余垃圾都可简称为"厨余垃圾"[1]。我国厨余垃圾占城市生活垃圾的40%~60%,2020年全国厨余垃圾产生量近1.3亿吨,增幅超过了5%。截至2015年年末,全国已投运、在建、筹建(已立项)的餐厨垃圾处理项目(50吨/天以上)约有118座,总设计处理能力约为2.15万吨/天,其中筹建中的40座处理设施(处理能力0.66万吨/天),大部分仅处于完成立项阶段;我国餐厨垃圾实际处理能力不超过1.4万吨/天,日处理率仅为5.5%。但国家相关部门采取了一系列措施,加快厨余垃圾分类处理设施建设。2011年以来,国家发展改革委会同有关部门先后组织5批共100个城市开展餐厨废弃物资源化利用和无害化处理试点建设,形成年处理能力约1 800万吨;截至2020年年底,46个重点城市已配备1万多辆厨余垃圾运输车,餐厨和厨余垃圾处理能力从上年同期3.5万吨/天提升到7.07万吨/天。2015—2019年全国生活垃圾清运量与无害化处理量见图6-1。

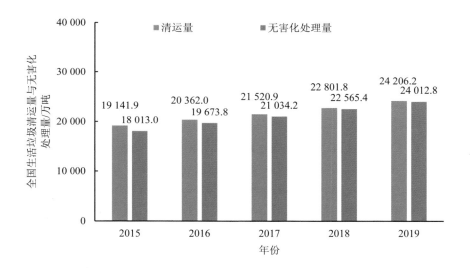

图6-1　2015—2019年全国生活垃圾清运量与无害化处理量

数据来源:2016—2020年中国统计年鉴。

再生资源,是指在社会生产和生活消费过程中产生的,已经失去原有全部或部分使用价值,经过回收、加工处理,能够使其重新获得使用价值的各种废弃物。具体包括废旧金属、报废电子产品、报废机电设备及其零部件、废造纸原料、废轻化工原料、废玻璃等。近年来,我国再生资源回收行业规模明显扩大。商务部发布的《中国再生资源回收行业发展报告(2020)》显示,截至 2019 年年底,废钢铁、废有色金属、废塑料、废轮胎、废纸、废弃电器电子产品、报废机动车、废旧纺织品、废玻璃、废电池 10 大品种的回收总量约 3.54 亿吨,同比增长 10.2%。再生资源回收总额约 9 003.8 亿元,同比增长 3.7%[2]。

21 世纪以来,随着淘宝、京东、美团、饿了么等一大批电子商务新兴业态的迅猛发展,快递、外卖等业务量直线攀升,产生的包装袋、塑料泡沫隔层、塑料餐盒等产品消耗量快速上升。据统计,从 2012 年到 2017 年,中国的快递业务量已经从 56 亿件飙升至 400 亿件,2020 年因为新冠肺炎疫情影响,快递总量更是同比 2019 年疯狂增长 30.8%,全年预计完成快递 830 亿件,相当于每个中国人一年都要收发 60 个快递,调查显示 2019 年,中国快递业每年产生约 180 万吨塑料垃圾。同时,外卖行业成为新的塑料垃圾产生者,仅美团一家年度外卖交易笔数就超百亿,日均订单量达到 2 780 万,按每单外卖用 1 个塑料袋计算,每天所用的塑料袋就达到惊人的 160 万平方米(每个塑料袋按 0.06 平方米计算)。此外,根据中国塑协塑料再生利用专业委员会的统计,截至 2019 年,我国塑料袋使用量超过 400 万吨,平均每天使用塑料袋约 30 亿个。虽然塑料废物的产生量巨大,但是由于生活领域的塑料废物存在回收价值利用不高且成本高,经常是多种材质废塑料混杂在一起或废塑料污染严重,分拣难度大,影响再生利用等问题,其回收利用程度很低。例如,2019 年,塑料类包装袋快递包装废物产生量为 48.86 万吨,其中塑料袋及气泡袋回收利用量为 0.98 万吨,仅占比 2%,主要通过塑料颗粒制造及树脂胶制造的方式得到 0.78 万吨的回收利用产出。另一部分未回收量高达 47.88 万吨,占比为 98%,其中有 20.59 万吨进行了焚烧处理,得到热能 69.54 亿兆焦耳,占比为 43%,有 27.29 万吨进行了填埋处理,占比为 57%。

6.1.2 生活垃圾主要管理政策

1. 生活垃圾

2016 年,习近平总书记在中央财经工作领导小组第十四次会议上提出"要普遍推行生活垃圾分类制度"。2017 年国家发展改革委、住房和城乡建设部发布了《生活垃圾分类制度实施方案》（国办发〔2017〕26 号），确定在全国 46 个重点城市的城区范围内试行生活垃圾强制分类。2019 年 6 月 2 日，习近平总书记对垃圾分类再次作出重要指示，指出"推行垃圾分类，关键是要加强科学管理、形成长效机制、推动习惯养成"。2019 年 6 月，住房和城乡建设部等部门发布《关于在全国地级及以上城市全面开展生活垃圾分类工作的通知》（建城〔2019〕56 号），在全国地级及以上城市全面启动生活垃圾分类工作。2020 年 7 月，国家发展改革委、住房和城乡建设部、生态环境部印发了《城镇生活垃圾分类和处理设施补短板强弱项实施方案》（发改环资〔2020〕1257 号）。2020 年 11 月，住房和城乡建设部等部门联合印发《关于进一步推进生活垃圾分类工作的若干意见》（建城〔2020〕93 号），提出生活垃圾分类工作 2020 年阶段性目标和 2025 年主要目标。2021 年 2 月，住房和城乡建设部办公厅印发《生活垃圾分类工作"1 对 1"交流协作机制实施方案》，确定广东、浙江、上海、厦门等与中西部和东北地区省份结对，加强沟通协作，互促互进。2021 年 3 月，《中华人民共和国国民经济和社会发展第十四个五年规划和 2035 年远景目标纲要》正式发布，明确指出要建成全链条的生活垃圾分类处理系统。2021 年 5 月，国家发展改革委、住房和城乡建设部关于印发《"十四五"城镇生活垃圾分类和处理设施发展规划》（发改环资〔2021〕642 号），统筹推进"十四五"城镇生活垃圾分类和处理设施建设工作，加快建立分类投放、分类收集、分类运输、分类处理的生活垃圾处理系统。2021 年 8 月，国家发展改革委、住房和城乡建设部联合印发《"十四五"黄河流域城镇污水垃圾处理实施方案》（发改环资〔2021〕1205 号），明确到 2025 年地级城市基本建成生活垃圾分类投放、分类收集、分类运输、分类处理系统，新增分类收运能力约 1.8 万吨/天，新增焚烧处理能力约 2.8 万吨/天等要求。

各级政府积极推动生活垃圾分类，成立专项工作小组，部分地方由党政负责同志担任组长开展工作。2019 年 7 月 1 日，上海率先实施《上海市生活垃圾管理条例》，以严格的奖惩措施和完善的监管体系掀起垃圾分类热潮；2019 年 10 月，《宁波市生活垃圾分类管理条例》正式实施，随后宁波市出台 18 项配套政策对全流程进行系统规定；2019 年 11 月，新修订的《北京市生活垃圾管理条例》通过，强化对单位与个人的处罚措施，加强源头减量，完善监督制度；2020 年 9 月《深圳市生活垃圾分类管理条例》正式实施，开启"大分流、细分类"垃圾分类模式的探索。目前 46 个重点城市全部出台了垃圾分类相关的地方性法规或地方政府规章，各省份均制定垃圾分类实施方案，各地级城市均明确了工作计划，各地方案中根据国家"四分类"的大原则，结合地方实际制定垃圾分类指导目录。浙江、福建、广东、海南、河北 5 省已出台地方性法规，山东、安徽等 15 省地方性法规或规章也进入了立法程序。

2020 年 8 月，国家发展改革委、住房和城乡建设部、生态环境部印发实施《城镇生活垃圾分类和处理设施补短板强弱项实施方案》（发改环资〔2020〕1257 号），要求县级以上地方人民政府应当按照产生者付费原则，建立生活垃圾收费制度，合理制定垃圾处理收费标准，加大征收力度；对非居民用户，推行计量收费，并实行分类垃圾与混合垃圾差别化收费，提高混合垃圾收费标准；鼓励各地结合垃圾分类对居民用户生活垃圾实行差别化收费，探索开展计量收费，促进生活垃圾减量。2020 年 11 月，住房和城乡建设部会同有关部门印发《关于进一步推进生活垃圾分类工作的若干意见》（建城〔2020〕93 号），再次重申"建立生活垃圾处理收费制度"的要求与"分类计价、计量收费"的管理原则。2021 年 7 月，国家发展改革委、住房和城乡建设部发布《关于推进非居民厨余垃圾处理计量收费的指导意见》（发改价格〔2021〕977 号），指导地方推进非居民厨余垃圾处理计量收费工作，提出"计量收费，逐步建立超定额累进加价机制"的收缴策略。

2020 年，深圳市发布《深圳市生活垃圾分类管理条例》，第十一条规定：市人民政府应当按照"谁产生、谁付费"和差别化收费的原则，完善生活垃圾处理收费制度，逐步实行分类计价、计量收费。深圳市此前已经实行了按污水量进行差异计费的收缴模式，已经开始了试点区域的顶层设计工作，计划对居民区产生的其他垃圾采用随袋征收的模式，希望通过垃圾处理费与垃圾产生量直接挂钩，引导居民参与垃圾减量和分类。北京市出台《北京市生活垃圾管理条例》，并自 2020 年 5 月 1 日起施行，其中第八条规定：本市按照多排放多付费、少排放少付费，混合垃圾多付费、分类垃圾少付费的原则，逐步建立计量收费、分类计价、易于收缴的生活垃圾处理收费制度，加强收费管理，促进生活垃圾减量、分类和资源化利用。2021 年 7 月，北京市生活垃圾分类推进工作指挥部办公室印发《关于加强本市大件垃圾管理的指导意见》，要求居民合理承担大件垃圾清运费，通过宣传引导，增强居民"谁产生、谁付费，多产生、多付费"的意识，为生活垃圾处理收费制度的进一步落实打好基础。2021 年 8 月，北京市城市管理委员会、北京市发展和改革委员会、北京市财政局、北京市市场监督管理局联合发布《关于加强本市非居民厨余垃圾计量收费管理工作的通知》，在全国率先对非居民厨余垃圾开始定额管理和差别化收费。江苏省推进城乡生活垃圾处理收费方式改革，加快制定出台城镇生活垃圾处理收费管理办法，对配套设施完备、已经具备条件的非居民用户推行垃圾计量收费，并实行分类垃圾与混合垃圾差别化收费。浙江省印发加快健全生活垃圾处理收费制度的通知，指导各地开展收费试点，逐步推行收费制度。山西省太原市人民政府发布的《关于在城镇范围内全面征收生活垃圾处理费的通知》，对混合生活垃圾实行按月计收的统一计费。

在农村垃圾方面，浙江金华首先作出了探索尝试，2016 年住房和城乡建设部发布《关于推广金华市农村生活垃圾分类和资源化利用经验的通知》。2017 年以来，党中央、国务院以及有关部门相继印发了《中共中央　国务院关于实施乡村振兴战略的意见》《农村人居环境整治三年行动方案》《生态环境部　农业农村部关于印发农业农村污染治理攻坚战行动计划的通知》《关于建立健全农村生活垃圾收集、转运和处置体系的指导意见》《关于进一步推进生活垃圾分类工作的若干意见》《中共中央　国务院关于全面推进乡村振兴　加快农业农村现代化的意见》等相关政策文件，对推进农村生活垃圾治理、改善农村人居环境提出了相关要求，指明了方向。另外，农村生活垃圾处理技术规范和标准体系也在不断健全。2018年，《农村生活垃圾处理导则》（GB/T 37066—2018）发布实施，规定了农村生活垃圾分类投放与收集、运输、处理和运行管理的基本要求，对农村生活垃圾处理技术路径、农村生活垃圾处理工艺技术分类作出了相关规定。2019 年 10 月，住房和城乡建设部发布《关于建立健全农村生活垃圾收集、转运和处置体系的指导意见》（建村规〔2019〕8 号），2020 年将北京市大兴区等 41 个县（市、区）列为2020 年农村生活垃圾分类和资源化利用示范县。2020 年 6 月，印发《重大疫情期间农村生活垃圾应急处理技术指南（试行）》，指导地方统筹做好疫情防控和农村生活垃圾处理工作。2021 年 4 月发布《农村生活垃圾收运和处理技术标准》（GB/T 51435—2021）。截至 2020 年年底，农村生活垃圾进行收运处理的行政村比例达 90%以上，基本解决了设施有无问题，明显改善了村庄人居环境，但垃圾分类工作的开展仍需继续加强。同时，按照《农村人居环境整治三年行动方案》，截至 2020 年年底，基本完成 2.4 万个非正规垃圾堆放点整治。

2. 厨余垃圾

随着生活垃圾分类工作的不断推进，家庭厨余垃圾分类收集逐步展开。《"十四五"城镇生活垃圾分类和处理设施发展规划》指出当下的目标在于"有序开展厨余垃圾处理设施建设"，按照科学评估、适度超前原则，有序推进厨余垃圾处理设施建设。2021 年 7 月，国家发展改革委、住房和城乡建设部发布《关于推进非居民厨余垃圾处理计量收费的指导意见》，指导地方推进非居民厨余垃圾处理计量收费工作，提出"计量收费，逐步建立超定额累进加价机制"的收缴策略。

2017 年 7 月，浙江省出台《浙江省餐厨垃圾管理办法》，对餐厨垃圾的投放、收运、处置及相关管理活动都作出了具体规定。2020 年 1 月，湖北省出台《湖北省餐厨垃圾管理办法》，加强餐厨垃圾管理，保障食品安全，促进餐厨垃圾资源化利用和无害化处理，并明确了将餐厨垃圾与其他生活垃圾混合投放、直接使用餐厨垃圾喂猪等行为的处罚措施。2020 年 6 月，北京市城市管理委员会、北京市城市管理综合行政执法局印发《北京市厨余垃圾分类质量不合格不收运管理暂行规定》，规范厨余垃圾收集运输管理，促进生活垃圾分类管理责任人和收集运输单位依法履行垃圾分类义务。2020 年，上海市绿化和市容管理局发布通知，延长 2016 年发布的《上海市餐厨垃圾自行收运管理办法》的有效期。

3. 再生资源

再生资源产业是循环经济的重要组成部分，是一项涉及社会、经济与环境的综合性系统工程，是缓解我国经济发展与资源约束、环境保护、产业结构升级之间矛盾，提高生态环境质量、实现绿色低碳发展的重要途径。在减污降碳的大背景下，国家越发重视再生资源行业，相继实施了一系列政策以鼓励居民和企业进行资源回收。

以 2004 年 12 月全国人大常委会通过的《固体废物污染环境防治法》第一次正式提出"循环经济"概念为标志，循环经济得到了国家层面的日益重视。2005 年，国务院印发了我国循环经济发展史上第一个纲领性文件——《关于加快发展循环经济的若干意见》，提出我国推动循环经济发展的指导思想、基本原则、主要目标、重点任务和政策措施。2016 年 5 月，商务部等六部门颁布了《关于推进再生资源回收行业转型升级的意见》，其中指出要以加快转变发展方式、促进行业转型升级为主线，顺应"互联网+"发展趋势，着力推动再生资源回收模式创新，推动经营模式由粗放型向集约型转变，推动组织形式由劳动密集型向劳动、资本和技术密集型并重转变，建立健全完善的再生资源回收体系。2019 年 1 月，国家发展改革委发布《关于推进大宗固体废物综合利用产业集聚发展的通知》，提出到2020 年建设 50 个大宗固体废物综合利用基地、50 个工业资源综合利用基地，形成多途径、高附加值的综合利用发展新格局。2019 年 3 月，工业和信息化部和国家开发银行联合发布了《关于加快推进工业节能与绿色发展的通知》，指出在有条件的城镇推动水泥窑协同处置生活垃圾，推动废铜铁、废塑料等再生资源综合利用；重点支持开展退役新能源汽车动力蓄电池梯级利用和再利用。2020 年 9 月，新修订的《固体废物污染环境防治法》，要求县级以上地方人民政府加强生活垃圾分类收运体系和废旧物品回收体系在规划、建设、运营等方面的融合。2020 年 11月，住房和城乡建设部会同有关部门印发《关于进一步推进生活垃圾分类工作的若干意见》，要求加强分类处理产品资源化利用，推动再生资源回收利用行业转型升级，统筹生活垃圾分类网点和废旧物品交投网点建设，规划建设一批集中分拣中心和集散场地，推进城市生活垃圾中低值可回收物的回收和再生利用。

4. 塑料废物

2020 年 1 月 19 日，国家发展改革委、生态环境部印发《关于进一步加强塑料污染治理的意见》（发改环资〔2020〕80 号），针对"不规范生产、使用塑料制品和回收处置塑料废弃物，会造成能源资源浪费和环境污染，加大资源环境压力"的问题，从"禁止、限制部分塑料制品的生产、销售和使用""推广应用替代产品和模式""规范塑料废弃物回收利用和处置""完善支撑保障体系""强化组织实施"等 5 方面提出要求，并规定完成具体任务的 2020 年、2022 年、2025 年 3 个时间节点。2020 年 7 月 10 日，国家发展改革委、生态环境部、工业和信息化部、住房和城乡建设部、农业农村部、商务部、文化和旅游部、市场监管总局、供销合作总社联合印发《关于扎实推进塑料污染治理工作的通知》（发改环资〔2020〕1146 号），对进一步做好塑料污染治理工作，特别是完成 2020 年年底阶段性目标任务作出部署；明确了各级政府的属地管理责任和部门分工，强调了工作的重点领域和重点环节，强化了日常监管和专项检查，细化了禁限管理标准。其附件《相关塑料制品禁限管理细化标准（2020 年版）》，对禁止生产、销售和使用"超薄塑料购物袋""厚度小于 0.01 毫米的聚乙烯农用地膜""一次性发泡塑料餐具""一次性塑料棉签""含塑料微珠的日化产品""以医疗废物为原料制造塑料制品""不可降解塑料袋""一次性塑料餐具""一次性塑料吸管"进行界定，为便于实际操作指明了方向。2021 年 9 月 8 日，国家发展改革委、生态环境部印发《"十四五"塑料污染治理行动方案》（发改环资〔2021〕1298 号），指出了积极推动塑料生产和使用源头减量、加快推进塑料废弃物规范回收利用和处置、大力开展重点区域塑料垃圾清理整治的主要任务，提出到 2025 年，塑料污染治理机制运行更加有效，地方、部门和企业责任有效落实，塑料制品生产、流通、消费、回收利用、末端处置全链条治理成效更加显著，"白色污染"得到有效遏制；在源头减量方面，商品零售、电子商务、外卖、快递、住宿等重点领域不合理使用一次性塑料制品的现象大幅减少，电商快件基本实现不再二次包装，可循环快递包装应用规模达到 1 000 万个；在回收处置方面，地级及以上城市因地制宜基本建立生活垃圾分类投放、收集、运输、处理系统，塑料废弃物收集转运效率大幅提高，全国城镇生活垃圾焚烧处理能力达到 80 万吨/天，塑料垃圾直接填埋量大幅减少；在垃圾清理方面，重点水域、重点旅游景区、农村地区的历史遗留露天塑料垃圾基本清零；塑料垃圾向自然环境泄漏现象得到有效控制等目标。

6.1.3　生活垃圾存在的突出问题

1. 过度消费导致生活垃圾产生量大，垃圾处理收费机制亟须完善

随着人们物质生活水平的不断提高，过度消费普遍，同时也产生了大量的生活垃圾、餐厨垃圾。研究显示，近年来我国人均生活垃圾日清运量平均为 1.12 千克，处于较高水平。其中，厨余垃圾所占比重在 36%～73.7%，纸类占 4.5%～17.6%，塑料占 1.5%～20%。不同城市生活垃圾成分差异较大，但生活垃圾中可回收的物质占绝大多数。

目前我国垃圾处理收费机制还不完善，处理费用拨付机制尚不健全。一方面，垃圾处理费用标准较低，不能覆盖垃圾收集处理成本。2012 年，全国 113 个环保重点城市单位垃圾处置成本均值为每吨 85 元，最低成本为抚顺市的每吨 6.5 元，最高为曲靖市的每吨 375.7 元，北京市为每吨 151.2 元。但是，垃圾收集处理成本

远高于垃圾收费标准。以北京市为例，2012 年，北京市生活垃圾处理综合成本为每吨超过 1 530 元，其中收集环节成本占近 60%，超过中间转运成本和末端处置成本。另一方面，垃圾处理费用拨付机制不健全。目前我国大部分地区将垃圾处理费作为行政事业性收费，纳入财政预算管理，在拨付时往往难以足额及时拨付，垃圾处理设施运营基本保障不足。农村生活垃圾治理资金保障尤为不足。现行法律未对地方政府农村生活垃圾治理的经费保障作出刚性要求。许多县级以上地方人民政府尚未将农村生活垃圾治理经费列入财政预算，农村生活垃圾治理无经费来源。

2. 再生资源回收体系机制不健全

在垃圾分类和碳减排的影响下，越来越多的人开始重视再生资源，但我国再生资源行业还存在较大的问题。首先，再生资源体系不够健全，各相关部门缺乏协调，因规划问题废旧物品回收网点往往没有稳定的分拣、加工场地，回收企业不敢进行先进设备等固定资产投资，导致回收企业规模普遍较小且技术落后，行业的技术设备水平一直较低无法提升。另外，再生资源回收企业没有进项发票，只能按照销售额全额缴纳 13% 的增值税，加上各种附加税、所得税的影响，导致很多规模性回收企业难以生存，高昂税费问题进一步增加无证照、无管理、无组织、无环保手续的游击回收队伍数量，造成市场混乱。

3. 厨余垃圾产生量大，处理能力不足

随着人们生活水平的不断提高，厨余垃圾产生量越来越大，但厨余垃圾处理设施建设并未跟上，而且，由于非法收集加工黑色产业链的广泛存在，大部分建设的厨余垃圾处置设施运行负荷低等问题十分突出，部分设施甚至无法正常运行。除此之外，厨余垃圾资源化产品出路较窄。

4. 塑料制品绿色供给不充分，废塑料收集利用不完善

实用价廉难禁限。塑料制品具有易生产、成本低、方便实用等优点，因而大量生产、大量消费、大量废弃且散布面广。统计显示，2017 年我国塑料制品年产量约 7 515.5 万吨，主营业务收入在 2 000 万元以上的生产企业为 7 000 多家，国内实际塑料消费量约为 7 567.3 万吨，塑料废弃量约为 4 106.7 万吨。除以往关注的塑料购物袋以外，2016 年，农膜使用量为 240 万吨，商品包装领域使用的塑料薄膜约为 1 000 万吨，快递使用塑料编织袋 32 亿条、一次性塑料袋 147 亿个、塑料胶带 3.3 亿卷；外卖行业消耗的一次性塑料餐盒约 100 万吨。塑料制品有物美

价廉、实用方便的优点，也是解决"白色污染"问题的难点。十余年的禁塑、限塑实践已证明，在违法成本低，守法和执法成本高的现实面前，这些消费环节的行政管理措施效果有限，难以持续。

绿色供给不充分。近年来，作为传统塑料材质的主要替代产品，可生物降解塑料［如聚乳酸（PLA）、聚己二酸对苯二甲酸丁二醇酯（PBAT）］产业得到一定的发展，但离大范围推广还有一定差距。一是产品技术性能方面，可生物降解材料的机械强度较低，生产的农用地膜增温保墒性弱。二是生物降解条件苛刻，高温堆肥需要 90～180 天才可以完全降解。三是成本价格偏高，PLA 为 2.5 万元/吨，PBAT 为 3 万元/吨，约为传统的塑料聚乙烯价格的 3 倍、聚丙烯的 2 倍。四是产能产量有限，2018 年 PLA 全球产能 16 万吨，国内产能仅为 1.5 万吨；2018 年 PBAT 全球产能 69 万吨，国内产能仅为 3.4 万吨。产能产量远远不能满足我国的需求。

收集处置不完善。一是废塑料收集、利用率低且不规范。废塑料袋等一次性塑料制品普遍价值低，回收、利用成本高。而且经常是多种材质废塑料制品混杂在一起，分拣难度大，影响再生利用。2017 年我国国内实际塑料废弃量约为 4 106.7 万吨，回收再生量约为 2 000 万吨，回收、再生率不到 50%。不规范的回收市场、"散乱污"再生塑料企业、废塑料炼油作坊构成的黑色产业链，仍在一些地方、一定范围内存在。二是回收手段受限。如量大面广的农用地膜，厚度薄、强度小，清除时容易破碎，并且不易与秸秆分离，缺乏有效的回收捡拾机具。据农业农村部统计分析，全国地膜回收不到覆膜农田均有不同程度的残膜污染，每亩农田残膜量为 4～20 千克。

相关管理制度滞后。无论对传统的塑料袋，还是快递、外卖等新业态塑料包装物，都没有明确生产、销售、消费、监管者责任及处罚的制度。源头的生产者未承担环境责任；规范的废塑料回收者、利用者没有得到鼓励。

6.2　试点思路

6.2.1　多措并举，加强生活垃圾分类和处置能力

1. 践行绿色生活方式，促进生活垃圾减量

"无废城市"建设试点工作方案主要任务中指出，要以绿色生活方式为引领，

促进生活垃圾减量。通过发布绿色生活方式指南等,引导公众在衣食住行等方面践行简约适度、绿色低碳的生活方式。简约适度、绿色低碳的生活方式和消费模式是从源头减少各类生活垃圾产生的关键途径。发达国家在践行"零废物"战略过程中,普遍将降低人均垃圾产生量作为重点任务,并将减少生活垃圾产生作为社会公共参与的重要内容。在管理制度上,对于一次性消费产品给予严格限制;通过收取押金等制度,对废弃包装物等实施强制回收。在消费方式引领方面,一方面通过国民教育体系不断强化对公众实施绿色生活方式和消费模式的教育宣传,使相关理念深入人心;另一方面设置分类收费机制,促进源头减量和分类回收。

2. 完善生活垃圾收费机制及资金拨付机制

"无废城市"建设试点工作方案主要任务中指出,要多措并举,加强生活垃圾资源化利用。全面落实生活垃圾收费制度,推行垃圾计量收费。针对城镇生活垃圾,探索建立生活垃圾分类计量收费制度,合理核定垃圾分类清运和处置收费标准。对未分类生活垃圾提高处理费标准,倒逼产生源头分类。优化垃圾处理费征收使用管理,探索设立生活垃圾处理费专款专用管理机制,确保及时足额拨付,合理核定不同处理模式下的垃圾收费标准及其调整机制,促进垃圾发电和资源化能源化利用,保障设施运营。

针对农村生活垃圾,要保障治理资金投入。省级、地市级人民政府应当建立稳定的农村生活垃圾治理投入机制,县级人民政府应当将农村生活垃圾治理费用纳入财政预算,安排专项经费,并统筹整合相关涉农资金用于生活垃圾治理,鼓励以县为单位推行生活垃圾治理 PPP 模式,建立财政和村集体补贴、农户付费相结合的费用分摊机制。

3. 构建高效生活垃圾分类收运与处理管理模式

"无废城市"建设试点工作方案主要任务中指出,要建设资源循环利用基地,加强生活垃圾分类,推广可回收物利用、焚烧发电、生物处理等资源化利用方式。根据不同地区城市和农村生活垃圾的产生特点,建立高效分类清运、运输、利用、处置运营管理模式。到 2020 年,基本实现生活垃圾分类体系全覆盖。在城镇地区,统筹前端分类、过程运输、后续利用处置技术等系统设计,形成不同类别垃圾分类收集、运输和利用处置运营体系,提高全过程技术条件、管理要求、运行能力等协调匹配，促进高效资源化利用和无害化处置。在农村地区，生活垃圾以"分类收集、定点投放、分拣清运、回收利用、生物堆肥"为重点，因地制宜开展分类收集投放，就近就地利用处置，提高清运和处置的时效性，促进就地减量化、就近资源化。

4. 强化监管，不断提高处置设施运行管理水平

"无废城市"建设试点工作方案主要任务中指出，要垃圾焚烧发电企业实施"装、树、联"（垃圾焚烧企业依法依规安装污染物排放自动监测设备、在厂区门口树立电子显示屏实时公布污染物排放和焚烧炉运行数据、自动监测设备与生态环境部门联网），强化信息公开，提升运营水平，确保达标排放。强化焚烧设施运行管理控制要求，确保稳定达标排放。垃圾焚烧发电企业实施"装、树、联"，强化处置设施信息公开管理要求，细化信息公开内容，合理引导社会监督。

6.2.2 强化厨余垃圾"绿色"，促进厨余垃圾资源化利用

"无废城市"建设试点工作方案主要任务中指出，要以餐饮企业、酒店、机关事业单位和学校食堂等为重点，创建绿色餐厅、绿色餐饮企业，倡导"光盘行动"。促进餐厨垃圾资源化利用，拓宽产品出路。促进厨余垃圾资源化利用，因地制宜地开展厨余垃圾利用处置。例如，对产生量大、具备合适场地条件的可优先考虑就地消纳；对产生源分散、场地条件不允许的，开展统一收集服务。以餐饮企业、酒店、机关事业单位和学校食堂等为重点，创建绿色餐厅、绿色餐饮企业，倡导"光盘行动"。同时，打通后端产品出路，通过产业链延长来提升资源化利用水平。

6.2.3 加强"两网融合"，促进再生资源回收和循环利用

"无废城市"建设试点工作方案主要任务中指出，要推动公共机构无纸化办公。在宾馆、餐饮等服务性行业，推广使用可循环利用物品，限制使用一次性用品。创建绿色商场，培育一批应用节能技术、销售绿色产品、提供绿色服务的绿色流通主体。再生资源产业是循环经济的重要组成部分，也是提高生态环境质量、实现绿色低碳发展的重要途径。"两网融合"，是指融合城市环卫系统和再生资源系统，对垃圾进行统筹规划、统一管理。"两网融合"的意义不仅仅是让垃圾得到最有效的处理，根据集体数据，极力推进"两网融合"，按照"点、站、场"建立垃

圾回收网点和中转站，能够让生活垃圾的利用率达到35%以上，不仅能够减少资源消耗，降低环境污染，还能帮助再生资源行业的企业进行转型和发展。

6.2.4　加强政策引导，完善废塑料回收及利用处置体系

"无废城市"建设试点工作方案主要任务中指出，制定落实《关于进一步加强塑料污染治理的意见》的细化措施，明确生产、经营、消费、监管者的责任，加大处罚力度；明确禁止、限制一次性塑料制品生产、使用等要求；出台再生产品和可重复利用产品目录；制定全生物降解地膜的财政补贴政策；制（修）订塑料制品绿色设计导则、可降解材料与产品的标准标识、限制商品过度包装要求等国家标准；建立健全电商、快递、外卖等新兴领域企业绿色管理和评价标准。研发替代传统塑料的易降解、可循环、可回收、可量产、物美价廉、实用方便的材料，有显著经济效益和社会效益的经验，在全国范围推广。堵疏结合，强化塑料生产和销售企业回收、利用和处置废塑料的主体责任。一方面加大力度打击"散乱污"再生塑料企业、废塑料炼油作坊等地下、黑色产业；另一方面鼓励具有先进技术装备、管理规范的企业整合各地废塑料回收力量，通过清洁、高值回用，带动废地膜等难收集的低值废塑料的收集、利用。将"白色污染"治理情况纳入地方党政领导考核指标，实现长效监督。充分利用大众传媒载体，面向学校、社区、家庭、企业开展绿色生活方式公众意识教育，广泛宣传"白色污染"、微塑料的危害性，普及"白色污染"防治的具体要求，宣传典型做法和经验，发挥示范带动作用；引导企业简化商品包装，积极选用绿色、环保包装。

6.3　探索实践

6.3.1　践行绿色生活方式，推动生活垃圾源头减量和资源化利用

1. 探索制度助力"无废城市"建设，引导公众践行绿色生活方式

为解决生活垃圾不合理收集、清运、利用处置等环节产生的环境问题和土地占用问题，充分节约利用资源，需要通过推动立法、出台分类收运及利用处置规范、完善实施细则、编制专项规划等顶层设计手段，建立健全法规制度体系，使

各地区各部门在推动生活垃圾高质量分类管理和资源化利用上有所遵循。为提升公众参与度，提高生活垃圾源头减量化水平等，需要通过宣传、指导等手段积极引导公众从衣食住行各个方面践行绿色生活方式。目前，一些"无废城市"建设试点城市/地区通过制度探索已经出台了一系列生活垃圾分类管理和资源化利用相关的地方法规、管理文件、规划方案等，有效指引了地方进行相关工作，引导了公众践行绿色生活方式。

深圳市探索创建 1 426 个"无废城市细胞"，制定创建标准，统一考评要求，号召机关、学校、酒店、商场、街道等全面开展无废建设，营造无废文化氛围。重庆市将"无废城市"建设与垃圾分类、绿色快递邮政城市建设等多项工作有机结合，制定"无废城市"宣传工作方案，通过新闻发布、媒体报道、专家访谈、线上公益讲座等多种方式强化"无废城市"的宣传引导，创建 680 余个"无废城市细胞"。

徐州市高度重视"无废城市细胞"单元培育工作，在全市范围内开展"无废细胞"创建，全面覆盖机关、工地、社区、学校、公园、景点、商超、农贸市场、家庭、乡镇等。对"无废细胞"工作进行标准细化，先后编制完成了"无废商超""无废医院""无废工地""无废公园"创建标准，将建设任务细化分解到各地、各部门。徐州市积极推广简约适度、绿色低碳、文明健康的生活方式和消费模式，引导公众逐步转变衣食住行习惯，减少资源浪费，促进生活垃圾减量。

2. 探索生活垃圾收费模式，完善生活垃圾处理效果

浙江省积极探索生活垃圾收费制度，根据国家发展改革委《关于加快健全生活垃圾处理收费制度的通知》，制定《生活垃圾处置收费制度工作清单》，建立"发改+综合执法（建设）"双牵头的联合推进机制，目前各区、县（市）均已建立城市生活垃圾处理收费制度并覆盖所辖建制镇。

为推动生活垃圾从源头减量，威海市从企事业单位入手，探索通过计量收费的方式推动企事业单位生活垃圾减量，研究制定了相关收费标准，印发了《关于明确市区企事业单位生活垃圾处理费标准的通知》，率先在企事业单位实施生活垃圾计量收费制度，条件成熟后将逐步在居民小区实施。三亚市为落实生活垃圾产生者责任，解决政府补贴生活垃圾处理费负担重的问题，印发《三亚市生活垃圾处理费征收使用管理实施办法》，按照"污染者付费"的原则，建立生活垃圾处理

费随水费征收的管理模式，配套印发《关于三亚市城镇生活垃圾处理收费标准及有关问题的通知》，按照"高污染高收费"的原则，明确了个人及不同产业相关单位的收费标准（居民 0.29 元/立方米，商业等非居民户 0.17～1.4 元/立方米），并将生活垃圾处理费用直接用于补贴生活垃圾焚烧发电项目。2020 年征收垃圾处理费共计 5 600 万元，垃圾处理补贴费用共计 8 030 万元，征收费用占补贴费用的71%，有效减轻了财政负担。

3. 全面推进生活垃圾分类，完善生活垃圾收运体系

在生活垃圾投放、收运环节，建立健全分类体系，是保障生活垃圾高效资源化利用的重要手段之一。目前，一些"无废城市"建设试点城市/地区已在全面推进生活垃圾分类，完善生活垃圾收运体系方面开展了一系列工作，并取得了积极成效。

为解决生活垃圾科学分类管理，提高垃圾分类回收利用率，深圳市出台了《深圳市生活垃圾分类管理条例》，将生活垃圾分成"可回收物、厨余垃圾、有害垃圾和其他垃圾"4 大类，将可回收物再细分为玻金塑纸、废旧家具、废旧织物、年花年桔等小类，按照"集中分类投放+定时定点督导"模式开展垃圾分类工作。实现垃圾分类全覆盖。在 5 505 个居民区等场所设置 21 830 个分类集中投放点，建成中转和处理设施 122 处，各类垃圾专车专运、分别处理。生活垃圾分类回收量1.6 万吨/天，分类回收利用率达到 42%，位列全国前三。

铜陵市成立了以市委、市政府主要负责同志为"双组长"的领导小组，出台了《铜陵市生活垃圾分类管理条例》《铜陵市生活垃圾分类考核评价办法》和一系列的导则、规范，全面推进居民小区生活垃圾分类集中投放点建设。设置厨余垃圾驳运点和专业收运线路，全面开展"万人志愿者"进社区宣传督导活动，定期对小区按"示范、合格、提醒、不合格"4 个等次开展考核，持续开展生活垃圾分类专项执法，在市辖区范围内全面开展生活垃圾分类示范片区创建，建立了定期入户调查走访、积分兑换、奖惩公示等相关制度，帮助居民"分得清、投得准"。

重庆市中心城区构建形成各区负责前端收运、市里负责二次中转的生活垃圾收运体系，有效减少了垃圾运输车辆穿越城区次数和小型垃圾车长距离运输可能造成的"跑冒滴漏"及其他二次污染问题，有利于中心城区生态环境保护。

绍兴市通过积极推行"枫桥经验"的契约治理、易腐垃圾"每日一袋""头雁"

工程、分类示范小区和片区建设等多元化措施，助推生活垃圾精准分类。

徐州市生活垃圾分类方式进一步细化，将城市居民生活垃圾分类标准由过去的"三分类"调整为"四分类"。徐州市充分利用现有环卫保洁和生活垃圾分类体系，融合再生资源回收，依托生活垃圾分拣中心，建设区（县）级再生资源回收利用中心，充分融合环卫保洁体系和资源回收体系，积极构建可回收物回收体系。发挥运用市场化引导手段，鼓励再生资源回收利用企业参与生活垃圾分类设施建设，多元化渠道建设再生资源回收体系。徐州市全面提升城区生活垃圾转运模式，严格贯彻"分类投放、分类收集、分类运输、分类处理"，规范运输车辆标识标志，优化分类收运线路，实现"集约化、大型化、高效化"的生活垃圾分类转运。不断完善农村垃圾收运体系建设，实现垃圾收运全覆盖。

威海市出台了《威海市城市生活垃圾分类实施方案》，以可回收物、其他垃圾、有毒有害、餐厨废弃物为基本类型，明确公共机构、示范片区主要采取"四分法"，有条件的区域，因地制宜增加分类种类。制定《威海市生活垃圾分类管理评分细则》《威海市 2020 年生活垃圾分类工作计划》《关于做好生活垃圾分类管理工作的通知》等文件，建立健全长效机制，确保生活垃圾分类工作纳入制度化、规范化、常态化管理，推广"农村垃圾分类与全域化社会信用体系建设衔接"模式，考核及验收结果纳入村居垃圾分类信用体系进行管理等。

4. 探索制度+智慧监管建设，支撑"无废城市"管理运行水平

为有效解决生活垃圾终端处理设施运行监管过程中存在的监管制度缺失、管理机构权责不清和监管力量薄弱等问题，徐州市 2020 年出台的《徐州市生活垃圾管理条例》，进一步确立"四分类"标准，明确各级政府及部门职责，规定各主体在分类投放、分类收集、分类运输、分类处置环节的权利与义务。《徐州市生活垃圾终端处理设施监管办法》《徐州市生活垃圾处理运营信用评价管理办法》，加强了生活垃圾处理设施监管，建立了信用评价和诚信惩戒"黑名单"制度。铜陵市制定出台了《铜陵市餐厨垃圾管理办法》和一系列导则、规范，明确了分类标准，细化了政府部门职责，推动生活垃圾分类管理工作的规范化。重庆市将《重庆市生活垃圾管理条例》纳入立法后备库，出台生活垃圾分类等 5 项政府规章，制定生活垃圾处理异地补偿等 13 项管理制度。绍兴市优化顶层设计，构建垃圾治理"1+X"制度体系，"1"即《绍兴市城镇生活垃圾分类管理办法》，"X"即《绍兴

市餐厨垃圾管理办法》《生活垃圾分类专项规划》等 12 项配套制度，实现生活垃圾制度全链条、全过程、全领域、全品类覆盖。

为适应环卫管理面广量大、实施监管要求高、工作量大、统计准确性高的要求，徐州市开发设计了智慧环卫监督管理系统，包括环卫基础设施 GIS、道路作业考核、垃圾清运车辆监管、中转站监管、垃圾分类监督、固体废物处置监管、建筑渣土移动管理等系统功能，对道路机械化作业考核，终端处置场所监管、第三方环卫作业监督考核等环卫业务进行全方位监管，实现了环卫监管专业化、智慧化、多维化、可视化。为实现对各类固体废物收运全过程进行实时监管和数据在线传输，避免"前端细分类，后端一勺烩"现象，中新天津生态城搭建"无废"信息化管理平台，按照生活垃圾、餐厨垃圾、园林绿化垃圾、危险废物、医疗废物、建筑渣土、装修垃圾 7 个类别分类管理；产生单位、收运单位、处置单位、执法单位通过不同的权限配置，经由同一套小程序，实现各类垃圾前端收集、中端转运、末端处理的全过程闭环管理，生成生态城固体废物大数据，为固体废物管理执法、推广计量收费、实施企业考核提供数据支撑。为解决白洋淀区垃圾坑塘治理问题，聚焦入淀河流两岸和新区三县村庄各类垃圾，采用无人机航拍和"地毯式"摸排的方式，大力实施河道清洁专项行动。发起环境整治大会战行动，出动挖掘机和铲车，开展清理生活垃圾、建筑垃圾、河道水面垃圾，清理淀区垃圾及漂浮物，治理纳污河塘，清理河道淀区垃圾，整治入淀排污口等工作。对郑州镇、苟各庄镇、七间房乡 197 个季节性坑塘和 88 个干涸坑塘，坑塘内及周边岸带积存的各类垃圾固体废物进行清理。对容城县大清河古道，以及尾水渠、大碱场等 5 条渠道的垃圾进行清理。

6.3.2　加强法规制度保障，促进餐厨垃圾减量

针对餐厨垃圾产生量增长较快，减量化和资源化压力巨大，含水率、含油率和含盐率高等问题，目前，一些"无废城市"建设试点城市/地区已在提升餐厨垃圾管理水平方面开展了一系列工作，取得了积极成效。重庆市颁布实施了《重庆市餐厨垃圾管理办法》，明确了餐厨垃圾产生、收运、处理各个环节的责任主体的权利和义务；市政府专门建立了餐厨废弃物收运处理联席会议制度，统一部署市区联合执法，打击非法收运行为。餐饮企业签订《重庆市餐厨垃圾收运协议书》，

明确双方的权利和义务，共同负责做好餐厨垃圾收运工作。

重庆市通过餐厨垃圾处理厂共处理餐厨垃圾 61 万余吨，年发电 2 000 万千瓦时，沼气制成压缩天然气 CNG 300 万～400 万立方米，生产生物柴油约 5 000 吨，生产有机肥 2 万～3 万吨。

为规范餐厨垃圾收运和处理，绍兴市印发了《绍兴市餐厨垃圾管理办法》，明确餐厨垃圾产生与投放要求，政府及相关部门职责，收运、处置单位的准入条件，收运、处置费用，应急措施及信息公开要求，特别是对于新的餐厨垃圾产生单位推行"鼓励上报"制度，鼓励各餐饮企业供应小份菜、提示消费者适量点餐及餐后打包，力促餐厨垃圾源头减量。针对餐厨垃圾处置能力短板，建设循环生态产业园（一期）、新昌、嵊州、诸暨 4 个餐厨垃圾综合利用项目，新增处置能力 800 吨/天，全市餐厨垃圾设计处置能力达到 1 000 吨/天，实现全市城区餐厨垃圾全收集、处置设施全覆盖。

针对餐厨垃圾产生单位分布散、收运不及时、收运覆盖率低的问题，三亚市印发了《三亚市餐厨垃圾管理规定》，对餐厨垃圾实行统一收运、集中处置的特许经营管理，在产生、运输和处置环节实行台账和联单管理。要求全市所有餐厨垃圾产生单位与光大环保餐厨（三亚）有限公司签订运输处置合同，光大环保餐厨（三亚）有限公司统一运至餐厨垃圾处理厂进行处理。针对居民产生的厨余垃圾，由各区环卫部门负责统一运至餐厨垃圾处理厂进行处理。目前，三亚市餐厨垃圾收运处覆盖率达到 100%。2020 年较 2018 年餐厨垃圾回收利用量增长 48%。西宁市制定了《西宁市餐厨垃圾收运处置企业监管考核办法》和《西宁市政府购买餐厨垃圾收运和处置服务操作办法》，进一步加强对餐厨垃圾收运处置企业在收集、运输、处理等环节的监督、管理，包含各方责任明确、餐饮企业约束、第三方收运处置企业监管考核、处置费用保障等多层次、全方位的制度监管。

6.3.3　探索"互联网+"再生，推动再生资源体系建设

近年来，部分地区加大探索力度，已建立起以回收网点、分拣中心和集散市场（回收利用基地）为核心的"三位一体"再生资源回收网络。一批龙头企业迅速发展壮大，创新能力、品牌影响力和示范带动作用不断凸显，垃圾分类与再生资源回收衔接模式、"互联网+回收"模式、手机 App 或热线平台服务模式逐步成

熟，集回收、分拣、集散为一体的再生资源回收体系逐渐完善。

绍兴市制定出台再生资源回收经营企业扶持政策，支持再生资源回收企业做大做强。以废旧化纤纺织、废金属、废塑料、废纸等门类为重点，培育形成回收分拣龙头企业，建立起"三全"型再生资源回收体系。为便于数据采集和居民消费，再生资源回收利用工作中采用了智能化运作、大数据实时管理以及积分兑换等创新机制，居民不但可以拨打热线电话"114-88"预约或在手机 App 上预约企业上门回收大件可回收垃圾，还可以在手机上查看自己的积分及积分兑换情况，居民凭借再生资源回收积分卡即可到就近的超市门店使用积分兑换所需商品，实现了资源回收网与商品销售网的深度联结。2020 年绍兴全市生活垃圾回收利用率为 47.42%，生活垃圾资源化利用率为 90.93%，再生资源回收量增长率达到 30%以上，累计培育可回收物（再生资源）骨干企业 16 家。盘锦市推进"生活垃圾"和"再生资源"两套回收系统的"两网融合"，在推进垃圾分类的基础上，按照"市场主导、政府引导、全民参与"的推进原则，把持续推进生活废物源头减量和资源化利用作为发展再生资源回收行业的落脚点，积极推动京环公司小区再生资源固定回收网点、市物资回收公司下属回收站点、辽宁 D 滴回收、"90 后"等线上回收企业发展，初步形成"固定+流动+线上"的"三位一体"回收模式。

6.3.4 开展"禁塑"行动，助推生活消费方式绿色转型

党中央、国务院高度重视"白色污染"治理。2008 年，商务部、国家发展改革委、国家工商管理总局发布《商品零售场所塑料购物袋有偿使用管理办法》（以下简称"限塑令"），基本解决"超薄塑料袋满天飞"的问题，但快递、外卖等新业态一次性包装、商品过度包装的塑料制品大量废弃且增势强劲，导致"白色污染"再度成为全社会关注的焦点和热点。2020 年以来，国家发展改革委、生态环境部等部门针对现存问题，出台了一系列政策文件，用以指导"白色污染"治理工作。目前，一些"无废城市"建设试点城市/地区已通过出台"禁塑"相关系列方案，加强塑料废物回收利用、开展宣传教育和培训活动、借力国际先进治理经验、扶持塑料替代产品研发企业、倡导绿色生活方式等措施取得了一定成效。

三亚市深入推进实施"禁塑"工作。制定出台了《三亚市禁止生产、销售和使用一次性不可降解塑料制品实施方案》《三亚市禁止生产销售使用一次性不可降

解塑料制品试点工作任务分工方案》等一系列"禁塑"相关方案，建立市政府统一领导，各行政主管部门分工负责、密切配合的工作机制。2020 年 12 月起，全市范围内全面禁止生产、销售和使用列入海南省"禁止名录"的一次性不可降解塑料制品。通过生活垃圾分类和再生资源回收体系建设，加强塑料废物回收利用；探索对饮料瓶等一次性塑料标准包装物推行押金的制度，引导驱动一次性塑料标准包装物回收。加强入海垃圾管控能力，推行河长制、湖长制，从流域管控角度加强对入海河流、海域沿岸垃圾和固体废物堆放等的监督管理和专项整治，加强巡视检查，依法查处并严厉打击各类随意倾倒垃圾入海的违法行为。制定《三亚市防治船舶污染环境管理办法》，对市域范围内船舶及其相关活动的环境污染进行监督管理，减少入海垃圾。开展海洋垃圾监测研究，摸清三亚海域海洋垃圾的来源、种类、数量、分布特点等，建立三亚海洋垃圾数据库。制定出台《三亚市推进海上环卫工作实施方案》，全面启动海上环卫工作，实现岸滩和近海海洋垃圾治理全覆盖，构建完整的收集、打捞、运输、处理体系，打通陆海环卫衔接机制，由市住房和城乡建设部门统一统筹、部署，海上垃圾收集分类后，其他垃圾运至就近的垃圾中转站，同陆上垃圾一起运至生活垃圾焚烧厂进行处置，可回收物进入各区再生资源回收体系。开展防治"白色污染"、管控海洋垃圾、净滩等宣传教育和培训活动，构建全民参与的社会行动体系。积极参与国内外塑料污染治理相关论坛研讨，加入世界自然基金会（WWF）全球"净塑"城市倡议，加强与巴塞尔公约亚太区域中心的合作交流，参与国际"净塑"经验分享，签署"中挪合作—海洋塑料及微塑料管理能力建设合作备忘录"，打造中挪项目"减塑"示范城市，提升三亚海洋塑料及微塑料管理能力，推动三亚在塑料污染防治方面的国际影响力。

深圳市印发了《深圳市关于进一步加强塑料污染治理的实施方案》，制定 2020 年、2022 年、2025 年三阶段目标，围绕禁限塑料生产、禁限塑料使用、替代产品开发、回收利用处置、强化工作保障 5 方面出台 59 项任务，分解到 31 家单位进行落实。培育超然塑料包装制品（深圳）有限公司等一批可降解塑料企业，扶持塑料替代产品研发企业。完成塑料污染治理部委联合专项行动迎检工作，全面抓实禁限塑料治理工作督办。举行了"无塑城市"建设高峰论坛，从政策解读、技术创新、产业发展和公共意识 4 个角度深入探讨了塑料的减量、替代、循环、回收、降解的全产业链、综合性解决方案。

　　绍兴市制定出台了限制一次性消费用品办法，全市三星级及以上宾馆（酒店）不主动提供一次性消费用品，在全市党政机关和国有企事业单位食堂推广不主动提供一次性筷子、调羹等餐具，公共机构不得使用一次性杯具，鼓励使用易降解、可回收再利用的绿色环保产品，禁止经营性使用不可降解的一次性餐具和国家明令禁止的其他不可降解的一次性塑料制品及其复合制品。绍兴市发展和改革委员会、绍兴市生态环境局等九部门联合印发了《绍兴市进一步加强塑料污染治理实施方案》，目前在机关单位食堂、宾馆酒店、餐饮企业开展"光盘行动""文明餐桌""公勺公筷"行动，鼓励餐饮企业提供打包服务，建立激励措施等措施落实情况。在全市 62 家超市门店、60 家农贸市场推广使用菜篮子、布袋子，超额完成省定目标。

6.4　模式案例

6.4.1　深圳市生活垃圾分类治理、全量焚烧处置模式

　　目前，深圳市生活垃圾产量达 32 292 吨/天，全市生活垃圾分流分类回收量达到 9 636 吨/天，其他垃圾量达 15 356 吨/天，市场化再生资源量达到 7 300 吨/天，生活垃圾回收利用率达 41%，全市共建成五大生活垃圾能源生态园，焚烧处理能力 1.8 万吨/天，实际处理能力可达 2 万吨/天，基本实现原生垃圾全量焚烧、趋零填埋。为破解垃圾分类难题，深圳坚持社会化和专业化相结合的"双轨战略"，明确以"源头充分减量，前端分流分类，末端综合利用"为战略思路，通过着力建设垃圾分类"四个体系"（分流分类体系、宣传督导体系、责任落实体系和技术标准规范体系），积极做好"两篇文章"（算好减量账、算好参与账），推动生活垃圾从源头到末端的全过程治理。针对生活垃圾，深圳市在"无废城市"试点建设中的主要做法是：

　　1. 多措并举促进生活垃圾源头产量，引导市民践行绿色生活方式

　　深圳加快构建绿色行动体系，广泛推广绿色简约适度、绿色低碳、文明健康的生活理念，形成崇尚绿色的社会氛围。广泛开展绿色机关、绿色学校、绿色酒

店、绿色商场、绿色家庭等"无废城市细胞"创建行动，编制印发 5 个标准和 5 个考评细则，为各类"无废城市细胞"创建提供了明确的评价指标体系。深圳在全国率先上线投用生态文明碳币服务平台，注册用户分类投放生活垃圾、回收利用废塑料等绿色低碳行为，以及参与垃圾分类志愿督导活动和"无废城市"相关知识竞答均可获得碳币奖励，使用碳币兑换生活、体育、文化用品及运动场馆、手机话费等电子优惠券，正面引导、广泛激励公众积极参与"无废城市"建设（图 6-2）。

图 6-2　深圳市生态文明碳币服务平台

资料来源：深圳市"无废城市"试点建设经验模式报告。

　　开展塑料污染治理升级行动，印发《深圳市关于进一步加强塑料污染治理的实施方案》，严格限制禁止类塑料产业立项审批，开展淘汰类塑料制品生产企业产能摸排调查，全面推进产业转型升级、技术改造，淘汰落后低端塑料生产企业。设立循环经济与节能减排专项资金，扶持可降解塑料企业申请绿色制造体系。从政策、技术、产业、公共意识 4 个角度探索推进塑料减量、替代、循环、回收、处置全产业链综合治理。

　　加快推进同城快递绿色包装和循环利用。印发同城快递绿色包装管理指南和循环包装操作指引，为深圳快递包装减量化、绿色化、可循环化提供标准规范。研发丰·BOX 循环包装箱（图 6-3）、"快递宝"共享包装箱、青流箱、循环中转袋，大力推广使用电子运单，建立快递包装回收服务网络。通过地方电视台、报纸等多媒体宣传绿色快递，多家快递企业发起"绿色快递"倡议，提升公众意识。

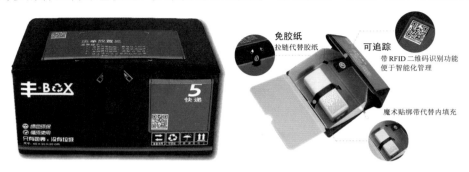

图 6-3　丰·BOX 循环包装箱

资料来源：深圳市"无废城市"试点建设经验模式报告。

全民倡导"光盘行动"，倡导勤俭节约、文明就餐的良好风气。制作宣传海报和倡议书 30 余万份，在全市 5 000 多家餐厅播放"光盘行动"系列视频，形成宣传效应。所有星级酒店设置"光盘行动"标识牌呼吁适量点餐，打造 11 月 8 日"垃圾减量日"，开展"光盘行动·拒绝舌尖上的浪费""光盘行动·每天快乐进行时"等大型公益活动。

2．建立垃圾分类投放宣传督导体系，提高源头分类效率

深圳牢固树立"做垃圾分类，就是做城市文明"的理念，以行为引导为重点，加大宣传策划力度，夯实学校基础教育，创新公众教育，全力构建市区联动的宣传督导体系，营造了社会参与的良好氛围。始终把市民的教育引导放在突出位置，初步构建了集公众教育、社会宣传、学校教育、家庭指引、现场督导等于一体宣传督导体系。

3．建立分类治理体系，提升回收利用能力

深圳严格按照"分类投放、分类收集、分类运输、分类处理"的要求，努力推动生活垃圾全过程分类治理。在前端分类上，遵循国家标准，以"可回收物、厨余垃圾、有害垃圾和其他垃圾""四分类"为基础，按照"大分流、细分类"的具体推进策略，对产生量大且相对集中的餐厨垃圾、果蔬垃圾、绿化垃圾实行大分流；对居民产生的家庭厨余垃圾、玻金塑纸、废旧家具、废旧织物、年花年桔和有害垃圾进行细分类。在收运处理上，对不同类别的垃圾，委托不同的收运处

理企业，做到专车专运、分别处理，防止"前端分，末端混"现象。深圳垃圾分类收集运输和处理方式如图 6-4 所示。

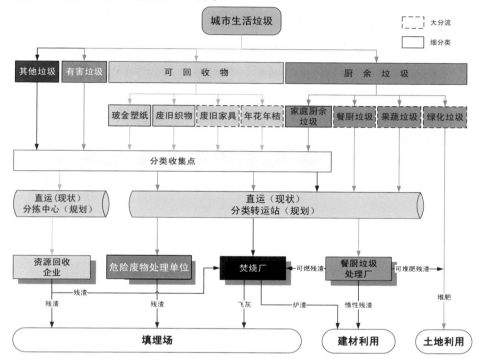

图 6-4　深圳垃圾分类收集运输和处理方式

资料来源：深圳市"无废城市"试点建设经验模式报告。

4. 建设兜底处置设施，实现趋零填埋

建成投产宝安、龙岗、南山、平湖、盐田 5 个能源生态园，生活垃圾焚烧能力达到 1.8 万～2.0 万吨/天，原生生活垃圾实现全量焚烧和零填埋，生活垃圾 100% 无害化处置。出台"全球最严"生活垃圾焚烧污染控制标准，主要污染物排放限值优于欧盟标准。出台生活垃圾跨区处置经济补偿制度，产废行政区委托其他行政区协同处置生活垃圾，需向处置行政区缴纳高额处置费作为对处置行政区的生态补偿费。盐田能源生态园如图图 6-5 所示。

图 6-5　盐田能源生态园

资料来源：深圳市"无废城市"试点建设经验模式报告。

5. 建立全过程监管体系

建立健全"全覆盖、全过程、分层次"生活垃圾清运处理监管体系，全面强化垃圾清运处理监管。一是明确市、区城管部门职责划分，层层落实监管责任，市一级专门成立垃圾处理监管中心，指导、督促各区加强监管；各区城管部门落实日常监管工作，采取派驻监管小组、委托第三方专业机构等方式，确保环卫设施全部纳管。二是建成智慧城管平台，利用物联网、大数据等技术，对垃圾产生、转运、处理进行全过程监管，发现问题及时处理，确保生活垃圾清运处理工作规范有序。

6.4.2　绍兴市再生资源"三全"型回收模式

绍兴是一个工业发达的城市，生产加工企业众多，几大工业园区的厂区内外工业垃圾堆积如山。随着城乡居民收入和消费水平的不断提高，报废汽车、废旧五金、废旧电器电子产品、废纸废塑料、废轮胎废橡胶等废旧物资迅速增加。绍兴市原有的再生资源回收体系缺乏统一的政府规划，个体经营户以利为重，无利不收，脏、乱、差现象严重。为响应"无废城市"建设，有效改善城乡人居环境，打造生态宜居的生活环境，2018 年，绍兴市人民政府把绍兴市再生资源回收站点建设列入 2018 年度十大民生实事工作之一,出台城市社区和农村再生资源回收利用工作规范,成立了再生资源回收利用体系建设领导小组,由市供销总社牵头全市再生资源回收利用体系建设,各区也成立了相应的区级再生资源回收利用体系建设机构。项目从 2018 年 11 月正式开始运营,计划三年时间构建起城市社区与村级再生资源回收站点,乡镇再生资源收购站,县、市级再生资源分拣加工中心及相关再生资源利用企业组成的再生资源回收利用体系。原则上每个社区、每个行政村设立 1 个再生资源回收点,90%以上的社区、村设立规范的回收站点,90%以上回收人员纳入规范化管理,90%以上的再生资源进入分拣加工中心处理。针对再生资源,绍兴市在"无废城市"试点建设中的主要做法是:

1. 健全政策保障

出台一系列规范性文件:《关于加强城市社区再生资源回收利用工作的实施办法》《绍兴市区社区再生资源回收站点建设指导意见》《关于规范绍兴市城市社区再生资源回收站点经营管理行为的指导意见》《关于加强再生资源队伍建设的指导意见》《关于做好农村再生资源回收利用工作的通知》等。

以政策为保障,以政策来规范行业标准。绍兴市对再生资源回收网络建设提出了明确的建设要求,部门分工及协同工作机制初步形成。通过明确责任主体、落实经费保障、加强督查考核等方式,引导和规范企业开展再生资源回收体系建设,切实提升再生资源回收体系新形象,提高再生资源回收利用率。

市供销总社牵头建设的再生资源回收站点,坚持公益服务原则,依照"合理布局、便民快捷、保护环境"的要求设置,原则上每个社区、村居设立一个,按照布局统一规划、外观统一标识、人员统一着装、收购统一价格、计量统一衡器、业务统一管理的要求建设。

每个回收站点配备有智能台秤、回收站点电动三轮车等硬件设备。回收站统一从事社会生产和生活消费过程中产生的、可利用的各种废旧物资回收,主要包括金属类、家具类、纺织类、旧车类、纸品类、塑料类、橡胶类、玻璃类、电器类、有害物质类 10 类,规定应收尽收。有效解决了低值再生资源无人回收、有害物质污染生态环境等问题,有效推进城乡垃圾源头分类工作,每天减少生活垃圾产出量近 70 吨,累计减少生活垃圾产出量 6.1 万吨。再生资源回收站点和分拣如图 6-6 所示。

图 6-6　绍兴市再生资源回收站点和分拣

资料来源：绍兴市"无废城市"试点建设经验模式报告。

2．打造"三全"型再生资源回收体系"绍兴模式"

（1）打造全域再生资源回收体系。结合绍兴实际，因地制宜，探索出以政府部门作规划、社会企业全程运营的绍兴再生资源回收系统构建模式。按城市每1 000 户居民设置 1 个回收点、乡镇每 2 000 户居民设置 1 个回收点、城区内每个新建小区配套建设 1 个回收站点的原则，合理布局回收站点和分拣中心，构建起由社区、村居再生资源回收站点、区级分拣加工中心及相关再生资源利用企业组成的再生资源回收利用网络体系，实现垃圾分类和回收利用"两网"高度融合。

绍兴市再生资源回收利用体系建设按照"试点先行、稳步推进"的原则，以社区回收站点建设为起点，在实现越城、柯桥、上虞三区全覆盖的基础上，拓展到农村站点建设，并全面开展分拣中心和回收站点建设。

（2）建设全新运行模式。以"前端分类智慧化、过程管控数据化、因地制宜减量化、处置利用资源化"为内容，以再生资源回收循环发展为减量手段，以突出垃圾分类资源化和无害化为目标，打造出具有"智慧化程度高、两网融合度高、适应性好、用户认可度高、全过程和全主体覆盖"等优点的一种产业全过程模式，进而形成了集垃圾分类投放、分类收运、分类处置利用于一体的完整的再生资源产业体系。规范处理生活垃圾，着力建设再生资源分拣中心。再生资源回收利用分拣中心发挥着承接再生资源回收站点回收物整合、堆放、分拣、加工、发货的功能。每个区建设一个以上分拣中心，每个分拣中心建筑面积不少于 5 000 平方米，场内按照垃圾分类标准设置废纸、废旧金属、废塑料、废橡胶、废弃电器电子产品、废旧衣织物、废玻璃、废旧家具等可回收物存放区域、有害垃圾存储区域、大件垃圾拆解区域、运行调控办公区域等；配备有打包机、叉车、大件拆解设备、地磅系统及监控设备、泡沫挤压设备、回收数据展示平台等硬件设备。越城区城东分拣中心新扩建场地 1 500 平方米，柯桥分拣中心扩建新增一家，分拣中心按样板点规范提升改造，为实现生活垃圾减量化、资源化、无害化处理发挥重要作用。

（3）运用全方位智慧管理手段。"软件+硬件+项目运营"全服务闭环，依托"互联网+"科技，实施精细化、智慧化、全面化的运维管理服务力（图6-7）。为便于数据采集和居民消费，再生资源回收利用工作中采用了智能化运作、大数据实时管理以及积分兑换等创新机制。企业通过智能秤、智能箱、智能卡等智能管理设备，对居民信息和再生资源回收工作进行大数据管理，实现对各区域再生资源回收量、去向、积分兑换等数据的实时监控和动态反馈。居民不但可以打热线电话"114-88"预约或在手机 App 上预约企业上门回收大件可回收垃圾，还可以在手机上查看自己的积分及积分兑换情况，凭借再生资源回收积分卡即可到就近的超市门店使用积分兑换所需商品，无须支付现金，实现了资源回收网与商品销售网的深度联结，促进各类商品销售额已达 180 万元。

2020 年，配合全国"无废城市"试点建设，建立绍兴市再生资源回收体系数据平台，作为绍兴市"无废城市"信息化平台中的子平台。该平台建立整个绍兴市各区、县（市）的再生资源回收数据仓，形成区域回收站点、区域回收用户信息、回收物资列表信息、回收物资每日价格、回收物资回收信息、回收物质销售信息等业务主体库、基础库和专题库。通过数据共享，为促进固体废物实现全周期、智能化、闭环式运作管理提供更全面的智慧支撑。

图 6-7　　"软件+硬件+项目运营"全服务闭环运营模式

资料来源：绍兴市"无废城市"试点建设经验模式报告。

6.4.3　重庆市餐厨垃圾创新驱动、特许经营模式

2003 年以来，重庆市中心城区生活垃圾处理逐步形成了从源头收集、中间运输和终端处置的完善体系，但作为生活垃圾一部分的餐厨垃圾，因其产生量巨大，给末端治理设施带来巨大压力。由于重庆市的地域特色及餐厨垃圾的特性，对餐厨垃圾的处置与管理面临几个方面的挑战：一是重庆市作为新兴的"网红"城市和旅游城市，餐饮业伴随着旅游业迅速发展，餐厨垃圾产生量增长较快，减量化和资源化压力巨大；二是重庆市的餐饮行业具有浓烈的地方特色，尤其以火锅餐饮为主，产生的餐厨垃圾具有高含水率、高含油率和高含盐率等特点，若将此部分餐厨垃圾按照普通生活垃圾处置，会对生活垃圾填埋场和焚烧厂相关设施造成损害。针对餐厨垃圾，重庆市在"无废城市"试点建设中的主要做法是：

1．做好顶层设计，完善管理体制机制，加强监督执法

近年来，重庆市委、市政府高度重视餐厨垃圾管理工作，不断完善餐厨垃圾收运处理法律法规，构建联合执法机制，实现餐厨垃圾收运有法可依、执法必严。

（1）完善法律法规制度。2009 年 9 月，重庆市政府颁布实施了《重庆市餐厨垃圾管理办法》（渝府令〔2009〕226 号），明确了执法主体和处罚依据，为实施餐厨垃圾规范化管理提供了强有力的政策保障。例如，重庆市市容环境卫生主管部门负责全市餐厨垃圾收集、运输、处理的政策制定、监督、管理和协调工作，市场监督管理部门负责餐饮消费环节、食品流通环节的监督管理，卫生、生态环境等其他有关部门按照职责分工做好餐厨垃圾管理的有关工作，为实施餐厨垃圾

规范化管理提供了强有力的政策保障。

（2）构建联合执法机制。重庆市政府专门建立了餐厨废弃物收运处理联席会议制度，市级各部门陆续下发《关于开展餐厨垃圾专项整治工作的通知》《重庆市餐厨垃圾全链条监管工作方案》《关于加强餐厨垃圾治理　做好非洲猪瘟防控工作的紧急通知》等文件，建立联合执法机制，定期开展专项执法行动，严厉打击非法收运处理餐厨垃圾的行为。

（3）加强餐厨垃圾收运考核。重庆市城市管理局将餐厨垃圾收运量纳入年度目标考核，向中心城区下达日均收运量的目标任务，结合实际定期通报情况。同时，加强主城各区收运的餐厨垃圾的含固率抽查，确保收运质量。

2．优化运营模式，培育健康市场氛围，落实资金保障

重庆市坚持采取"政府主导、企业运作"的可持续运营模式，按照"统一规划、分级实施、统一收运、集中处理"的原则，明确了市、区两级政府以及企业的主体责任，大幅减少政府投入，激发市场主体活力，确保餐厨垃圾收运处理工作的正常开展。市级政府主要负责制订全市餐厨垃圾收运处理规划，对餐厨垃圾进行集中处理；区级政府主要负责统一收运即负责本行政区域内餐厨垃圾收运系统的建设和运营管理；企业层面，重庆市环卫集团等专业环卫企业按照市级政府授权，建设运营管理餐厨垃圾处理厂。

重庆市餐厨垃圾处置在未收取处置费的情况下，通过重庆市、区两级政府投入专项资金，保障收运处置运营。其中，市级层面的市财政专项资金主要用于保障处理设施正常运转，区级层面由区财政投入资金建设收运系统，并保障收运系统的日常运行。

3．坚持规划先行，推进基础设施建设，健全收运体系

重庆市坚持基础设施建设与城市规划高度融合，按照协同化、区域化原则科学构建餐厨垃圾收运处理系统，实现餐厨垃圾处置基础设施共建共享，最大限度地节约土地资源和投资，减少环境敏感点和社会矛盾，充分实现了生态环境、经济、社会等综合效益。

收运方面，依托重庆市环卫集团和主城各区组建的固体废物运输公司负责餐厨垃圾收运，构建了覆盖全域的餐厨垃圾收运系统，确保餐厨垃圾应收尽收。处理方面，全市共有 11 座餐厨垃圾处理厂，其中服务主城的黑石子餐厨垃圾处理厂

于 2009 年投入运营，设计日处理餐厨垃圾能力为 1 000 吨，累计处理量居全国第一。2020 年年底建成投运的洛碛餐厨垃圾处理厂，设计日处理能力为 3 100 吨（图 6-8）。重庆市中心城区餐厨垃圾收运量见图 6-9。

图 6-8 洛碛垃圾综合处理厂总体鸟瞰图

资料来源：重庆市"无废城市"试点建设经验模式报告。

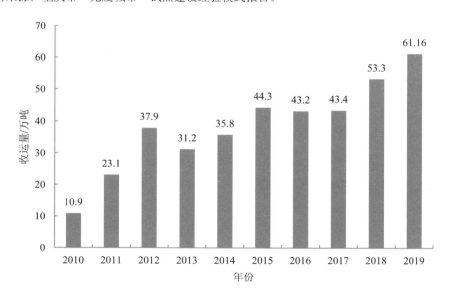

图 6-9 重庆市中心城区餐厨垃圾收运量

数据来源：重庆市"无废城市"试点建设经验模式报告。

在中心城区人口变化不大的情况下,重庆市中心城区近 10 年来餐厨垃圾收运量逐步提升,到目前基本做到了餐厨垃圾应收尽收,且通过强大的终端设施保障,有效解决了生活垃圾中的厨余垃圾先分后混的问题。

4.坚持创新驱动,推进科研协同攻关,强化技术支撑

重庆市率先掌握餐厨垃圾处理核心装备技术,资源化利用餐厨垃圾生产新能源(生物柴油、发电、CNG),全国率先实现果蔬垃圾、污泥和餐厨垃圾联合厌氧消化生产新能源,开辟了果蔬垃圾、污泥资源化利用新途径,成功研发出符合中国餐厨垃圾物料特性的全套餐厨垃圾处理设备,取得了 100 多项专利授权,打破了国外的技术垄断,实现了良好的经济效益、环境效益和社会效益。

黑石子餐厨垃圾处置厂采用世界领先的"厌氧消化、热电联产"工艺技术处理餐厨垃圾,将餐厨垃圾进行油水分离,潲水油经过酯化和酯交换等生产生物柴油,"潲水"经高温厌氧消化后产生沼气,沼气经过净化处理后发电或生产 CNG,实现了餐厨垃圾资源化利用,减少了财政对运营经费的投入。

利用重庆环卫集团国家高新技术企业等一流科技创新平台,联合清华大学、重庆大学等院校,深入研发餐厨垃圾处理新工艺新技术新装备。其中,"城市生活垃圾单相湿式厌氧生物制气设备研发与示范工程"被科技部列入国家科技支撑计划,"城市生物质废物制气技术开发及集成示范"课题被住房和城乡建设部立项,研发出符合中国餐厨垃圾物料特性的餐厨垃圾处理设备,并获得了约 40 项专利授权。

6.4.4　三亚市塑料废物陆海统筹、国际合作模式

三亚作为国际滨海旅游城市,旅游人口众多,每年旅游人次为 2 000 万以上,一次性塑料制品消耗量大,塑料垃圾管控较为困难。通过研究发现,三亚市各区域海滩垃圾在空间和时间的分布上,显著地与人类活动量成正比,即人口密集地区垃圾数量多、旅游旺季垃圾数量多:从空间分布上来看,三亚湾、大东海垃圾数量明显(三亚湾、大东海为游客聚集地);从时间分布上来看,11 月起随着旅游旺季的来临,整体垃圾数量有较为明显的上升趋势。塑料垃圾占到海滩垃圾类型的最大比例,数量占比达到 85.4%,重量占比达到 69.5%;陆源垃圾占海滩垃圾数量的 99.5%。因此,防控海洋垃圾污染的重点在于防治塑料垃圾污染。目前,

国际对塑料垃圾污染，尤其是海洋塑料、微塑料污染的关注度持续升温，如何建立塑料污染的综合治理模式，降低塑料污染风险，展现三亚态度，贡献中国智慧，成为三亚"无废城市"建设需重点解决的问题。针对生活领域的废塑料，三亚市在"无废城市"试点建设中的主要做法是：

1. 创新"白色污染"综合治理制度体系建设

全面实施"禁塑"，强化顶层设计，加强制度体系建设。出台《三亚市全面禁止生产、销售和使用一次性不可降解塑料制品实施方案》，明确"禁塑"范围，"禁塑"任务，"禁塑"时间表、路线图，作为推进"禁塑"工作的纲领性文件；配套印发《2020 年全面禁止生产销售使用一次性不可降解塑料制品工作重点任务》，明确年度重点任务，细化年度目标；发布《三亚市禁止生产销售使用一次性不可降解塑料制品试点工作任务分工方案》，进一步细化任务分工，强化责任落实，建立"禁塑"工作制度保障体系；同时，建立月调制度、通报制度，建立部门监督考核机制，全方位保障"禁塑"工作落实。贯彻落实《三亚市全面推行河长制工作方案》，推行河长制、湖长制、湾长制，建立入海河流污染治理常态化监管制度；实施海上环卫制度，加强海洋垃圾治理，出台《三亚市推进海上环卫工作实施方案》，建立陆海环卫衔接机制。努力建立"源头禁止+中端管控+末端治理"的"白色污染"综合治理制度体系，为塑料污染治理提供全方位制度保障。

2. 多措并举，推进各领域塑料制品源头减量

在生活和消费领域，全面禁止生产、销售和使用列入海南省禁止名录的一次性不可降解塑料袋和塑料餐具等塑料制品；通过绿色商场、绿色学校、绿色社区、"无废机关""无废机场""无废酒店""无废旅游景区""无废岛屿"等细胞工程创建，鼓励可重复利用的替代品的使用；在邮政快递行业推广绿色快递包装，从源头减少一次性塑料快递包装和胶带的使用。在农业领域，禁止生产、销售和使用厚度小于 0.01 毫米的聚乙烯农用地膜，重点推广全生物降解农膜；推广绿色防控技术，减少废弃农药、化肥包装物产生量。在生产领域，禁止生产列入海南省禁止名录的一次性不可降解塑料制品，推动建设全生物降解塑料制品厂，解决"禁塑"后替代产品供应问题，保障塑料制品源头减量成果；同时，依托全省禁塑工作管理信息平台，探索全生物降解塑料制品生产—销售—使用等流通和回收环节的全过程追溯和生命周期管理。"禁塑"后替代产品供应见图 6-10。

图 6-10　"禁塑"后替代产品供应

资料来源：三亚市"无废城市"试点建设经验模式报告。

3．建立陆海统筹综合管控模式，推动多维度塑料垃圾污染防治

在塑料垃圾收集处置方面，基于城乡生活垃圾一体化收运，实现全市垃圾及时收运和无害化处理；扩建生活垃圾焚烧发电厂，实现垃圾零填埋。在塑料废物回收利用方面，通过市场运作，建立基于再生资源分拣中心的废弃塑料制品回收网络。在农业废弃物治理方面，结合"清洁田园"系列活动，对田间农业投入品实行"一管到底"，实现废弃农膜和农药瓶的规范回收。在海洋塑料污染管控方面，开展入海垃圾特征研究，为垃圾清理工作提供决策依据和数据支撑；全面启动海上环卫工作，实现岸滩和近海海洋垃圾治理全覆盖，构建完整的收集、打捞、运输、处理体系；借力河长制、湖长制，加强河道垃圾排查整治，防止河道垃圾进入海域；编制《三亚市防治船舶污染环境管理办法》，对市域范围内船舶及其相关活动的环境污染进行监督管理，减少入海垃圾（图 6-11）。

4．加强宣传引导，提升公众"净塑"意识

在世界地球日、世界环境日、世界海洋日、国际海滩清洁日等，组织开展"禁塑"、海洋环境保护等系列宣传教育活动，定期组织市民、学生、游客参与净滩，建立奖励机制，提升公众参与塑料垃圾治理的积极性；在蜈支洲岛、梅联村、西岛、大东海等游客聚集地建立海洋环保宣传教育基地，为公众搭建常态化、社会化的海洋环保科普平台；加强环保志愿者队伍建设，组建志愿者宣讲团，面向公众开展常态化宣传教育活动。

图 6-11　海上环卫工作

资料来源：三亚市"无废城市"试点建设经验模式报告。

5．加强国际合作与对话，借力国际先进治理经验

积极开展国际合作，成为中国首个加入 WWF 全球"净塑城市"倡议的城市，开展"净塑"试点，推动政府、企业、公众、研究机构等多方利益相关者寻找解决方案，加速解决塑料污染问题；加强与巴塞尔公约亚太区域中心的合作交流，参与国际"净塑"经验分享，与巴塞尔公约亚太区域中心签署"中挪合作——海洋塑料及微塑料管理能力建设合作备忘录"，打造中挪项目"减塑"示范城市，推动海洋塑料及微塑料管理能力提升，展示三亚"净塑"成效，提升三亚在塑料污染防治方面的国际影响力。

参考文献

[1] 张益. 我国厨余垃圾处理技术和管理发展综述[EB/OL]. 固体废物观察，[2021-06-18].

[2] 中华人民共和国商务部. 中国再生资源回收行业发展报告（2020）[R]. http://ltfzs.mofcom.gov.cn/article/ztzzn/202106/20210603171351.shtml，[2021-06-30].

【本章作者：桑宇，梁浩轩，薛军】

本章模式案例来自深圳市、绍兴市、重庆市、三亚市"无废城市"试点建设经验模式报告。

第7章

危险废物领域『无废城市』建设的探索与实践

7.1 试点背景

危险废物，是指列入《国家危险废物名录》或者根据国家规定的危险废物鉴别标准和鉴别方法认定的具有危险特性的固体废物[1]。因其具有腐蚀性、毒性、易燃性、反应性或感染性等危险特性，故环境风险远高于其他种类固体废物，是固体废物环境领域管理的"重中之重"。虽然近年来危险废物环境管理工作不断深入，危险废物产生单位和经营单位的规范化环境管理水平持续提高，但危险废物环境管理制度不完善、利用处置能力不均衡、监督管理能力薄弱和企业主体责任未压实等突出问题依然存在。因此，《工作方案》将"提升风险防控能力，强化危险废物全面安全管控"列为六大主要任务之一，在其他任务中也对危险废物风险防控要求有所部署。"无废城市"建设试点危险废物环境管理领域目标是通过政策体系、技术体系、监管体系和市场体系在危险废物环境管理领域的创新实践，对提高危险废物环境管理能力和水平有较强的示范效果和引领作用，也为一般工业固体废物、生活垃圾等其他固体废物的精细化管理要求高的环境管理领域积累宝贵经验。

7.1.1 危险废物产生及利用处置情况

1. 危险废物产生现状

危险废物产生种类多，来源行业广，成分复杂。从工业来源看，仅《国家危险废物名录》中标明的行业来源就涉及药品原料药制造、农药制造、金属表面处理及热处理加工、石油天然气开采、精炼石油产品制造、电子元件及专用材料制造、化学原料制造、煤炭和木材加工等近 60 个行业，其中包括"非特定行业"，通过危险废物鉴别途径还有大量其他行业产生的危险废物；从生活来源看，汽修行业的废铅蓄电池、废矿物油、三元催化剂等属于危险废物，来自学校、医院和科研机构的实验室废物、生活垃圾中分类收集转运的有害垃圾，也有一部分属于危险废物。

　　"十三五"期间，我国危险废物产生量持续增加。随着经济的快速发展，产业结构也随着高质量发展的要求不断调整，危险废物种类随政策和产业调整变化较大，产生量不断增加。2013 年 6 月，最高人民法院和最高人民检察院联合发布的《最高人民法院、最高人民检察院关于办理环境污染刑事案件适用法律若干问题的解释》和 2016 年修订的《国家危险废物名录》对危险废物的种类和产生量影响巨大。根据生态环境部数据统计，"十三五"初期（2015—2017 年），全国危险废物产生量每年增加 1 000 多万吨，增量和增速都是有危险废物环境统计数据以来最大的，2017 年全国工业危险废物产生量接近 7 000 万吨[2]。2018 年开始，全国工业危险废物产生量增速放缓（图 7-1）。根据《中国环境统计年鉴》统计口径，危险废物统计类别分为产生量、综合利用量、处置量和贮存量。2011—2020 年，我国产生的危险废物主要用以综合利用。随着综合利用量和处置量的逐年上升，2020 年全国工业危险废物综合利用处置率达到 97.05%。

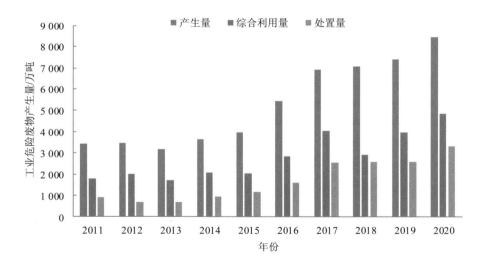

图 7-1　2011—2020 年全国工业危险废物产生量

数据来源：生态环境部，2011—2020 年（2018 年及以后数据来自全国固体废物管理信息系统）。

2019 年，工业危险废物产生量排在前五的省份分别是山东、内蒙古、广东、湖南和江苏，5 个省份工业危险废物占全国危险废物产生总量的 41%。前 5 个省份有 4 个省份推荐国家"无废城市"试点城市/地区，分别为山东威海、内蒙古包头、广东深圳和江苏徐州，但各试点城市/地区在本省危险废物产生量占比差异较大（图 7-2）。例如，工业危险废物产生量第一大省山东省推荐的国家试点城市/地区为威海市，其危险废物产生体量是山东省地级市中最小的，仅占 0.2%；徐州市的危险废物产生量在江苏省 13 个地市中也是最低的；而包头市和深圳市均在各自省份的地市危险废物产生量中排名第一，包头市危险废物产生量占内蒙古自治区危险废物产生总量的 27%，深圳市危险废物产生量占广东省危险废物产生总量的 14%。试点城市/地区选择具有随机性，试点成果也更具代表性。

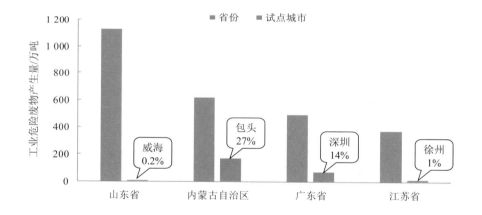

图 7-2 2019 年部分试点城市/地区及所在省危险废物产生量统计

数据来源：生态环境部，2019 年。

2019 年，工业危险废物产生量排在前五的行业依次为化学原料和化学制品制造业，有色金属冶炼和压延加工业，石油、煤炭及其他燃料加工业，黑色金属冶炼和压延加工业，电力、热力生产和供应业。5 个行业的工业危险废物产生量占全国工业危险废物产生量的 68%（图 7-3）。

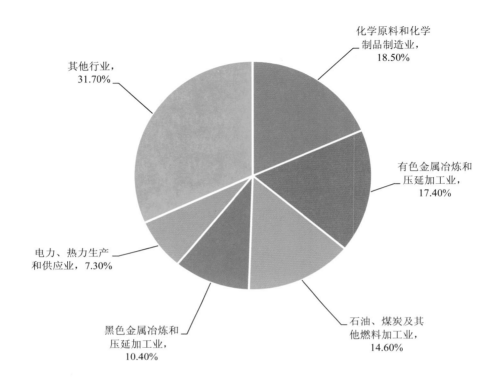

图 7-3　2019 年工业危险废物产生量行业分布

数据来源：生态环境部，2019 年。

2．危险废物利用处置现状

"十三五"期间，全国危险废物利用处置能力快速提升。截至 2020 年年底，全国持有危险废物经营许可证的单位共计 5 000 多家；核准危险废物利用处置能力约 1.4 亿吨/年，其中利用能力为 1.07 亿吨/年、处置能力为 0.33 亿吨/年，分别比 2015 年提高了 1.6 倍和 2.3 倍。根据生态环境部数据，截至 2020 年年底，持证单位实际收集和利用处置量为 4 162 万吨（含单独收集 207 万吨）。2011—2020 年全国危险废物持证单位许可证数量、核准经营规模及实际收集、处置情况如图 7-4 所示。

图 7-4　2011—2020 年全国危险废物持证单位数量、核准经营规模和实际经营情况
数据来源：生态环境部，2011—2020 年。

　　2020 年，在危险废物持证单位危险废物利用方式中，再循环、再利用金属和金属化合物方式（R4）利用，占利用总量的 40.8%；以废油再提炼或其他废油的再利用（R9）方式利用，占利用总量的 16.0%；其他方式（R15）利用，占利用总量的 20.4%。危险废物处置量排行前三位的处置方式分别是焚烧、填埋和水泥窑协同处置，占总危险废物（不含医疗废物）处置量的 81.3%（图 7-5）。

　　医疗废物，是指医疗卫生机构在医疗、预防、保健以及其他相关活动中产生的，具有直接或间接感染性、毒性以及其他危害性的废物，是我国危险废物分类中的一种特殊种类，如处置不当，极易造成二次传播，因此需要实现医疗废物集中无害化处置全覆盖。截至 2020 年，全国持有医疗废物处置经营许可证的单位有485 家，其中，454 家为单独处置医疗废物设施，31 家为同时处置危险废物和医疗废物设施。生活垃圾处理设施协同处置医疗废物的设施因无须取得危险废物经营许可证，故未纳入统计范围。全国医疗废物核准经营规模为 187 万吨/年，设施负荷率为 61%。从处置方式来看，高温焚烧和高温蒸汽处理为我国医疗废物处置的主要技术，此两种技术 2020 年实际处置医疗废物的量合计占总处置量的 90%；另外 10%的医疗废物则通过高温微波等技术处置，医疗废物常年 100%安全处置。

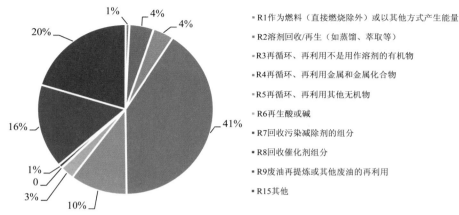

R1作为燃料（直接燃烧除外）或以其他方式产生能量

R2溶剂回收/再生（如蒸馏、萃取等）

R3再循环、再利用不是用作溶剂的有机物

R4再循环、再利用金属和金属化合物

R5再循环、再利用其他无机物

R6再生酸或碱

R7回收污染减除剂的组分

R8回收催化剂组分

R9废油再提炼或其他废油的再利用

R15其他

（a）全国危险废物持证单位2020年危险废物（不含医疗废物）利用情况

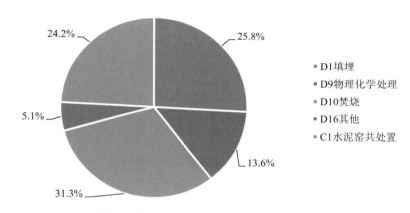

D1填埋

D9物理化学处理

D10焚烧

D16其他

C1水泥窑共处置

（b）全国危险废物持证单位2020年危险废物（不含医疗废物）处置情况

图 7-5　全国危险废物持证单位 2020 年危险废物（不含医疗废物）利用、处置情况

数据来源：生态环境部。

7.1.2　危险废物政策体系构建和发展

从 1989 年至 2011 年，我国危险废物的法制化进程处于探索阶段，初步构建了危险废物管理的政策制度体系。1989 年，我国签署了《控制危险废物越境转移及其处置巴塞尔公约》（以下简称《巴塞尔公约》），成为"三公约"中最早管控危险废物公约的缔约方之一，1989 年 12 月我国《环境保护法》出台[3]。1995 年我国首部《固体废物污染环境防治法》出台，危险废物独立成章，标志着我国首次从法律层面明确危险废物的管理，并提出建立国家危险废物名录、危险废物转移联单制度、危险废物经营许可制度，对应配套法规、部门规章分别于 1998 年、1999 年、2004 年相继落地，1995—2004 年，我国基本建立起危险废物"鉴别、转运、处置"的环境管理体系。2003 年"非典"（SARS）疫情暴发，短时间内激增的大量医疗废物对当时以医院/医疗机构内部处置为主的脆弱处置体系造成严重冲击，直接促进了我国对危险废物处置设施规划布局的重视和切实推进。2004 年，国家环境保护总局印发《全国危险废物和医疗废物处置设施建设规划》，国家发展改革委分期分批对相关项目下达投资计划，其中包括重庆市的 2 个危险废物项目，投资下达率为 66.4%，项目工程投资合计 34.95 亿元，下达国债 14.88 亿元，带动地方配套资金 8.37 亿元[4]，该规划第一次对全国危险废物处置目标、布局、规模、投资等进行统筹规划，推动了我国危险废物利用处置能力布局和监督管理体系的建立。

党的十八大以来，党中央、国务院对固体废物环境管理重视程度前所未有，将危险废物环境管理政策体系建设提升到生态文明建设的高度。习近平总书记多次就固体废物问题作出重要指示批示，要求研究部署强化危险废物监管和利用处置能力改革等工作。2017 年 10 月，党的十九大报告提出"加强固体废物和垃圾处置"。2018 年 5 月，习近平总书记在全国生态环境保护大会上发表重要讲话，提出要严厉打击危险废物破坏环境违法行为，坚决遏制住危险废物非法转移、倾倒、利用和处置。2018 年 6 月，中共中央、国务院印发的《关于全面加强生态环境保护 坚决打好污染防治攻坚战的意见》中提出"强化固体废物污染防治""提升危险废物利用处置能力"。2019 年 10 月，为切实提升危险废物环境监管能力、利用处置能力和环境风险防范能力，生态环境部印发了《关于提升危险废物环境监管能力、利用处置能力和环境风险防范能力的指导意见》（环固体〔2019〕92 号，以下简称"三个能力"指导意见），聚焦重点地区和重点行业，提出了到 2025 年年底着力提升危险废物"三个能力"的具体目标：一是针对环境监管能力，建立健全"源头严防、过程严管、后果严惩"的危险废物环境监管体系；二是针对利用处置能力，各省（区、市）危险废物利用处置能力与实际需求基本匹配，全国危险废物利用处置能力与实际需要总体平衡，布局趋于合理；三是针对环境风险防范能力，危险废物环境风险防范能力显著提升，危险废物非法转移倾倒案件高发态势得到有效遏制。同时，"三个能力"指导意见也提出长江经济带、"无废城市"建设试点城市/地区、珠三角、京津冀等部分区域提前完成目标的要求。2020年，新修订的《固体废物污染环境防治法》进一步完善对包括医疗废物在内的危险废物管理制度，同年修订的《国家危险废物名录》采取了科学、灵活的环境风险管控、分级分类精细化管理思路，更加全面地考虑环境效益、社会效益和经济效益等多方效益的平衡。2021年5月，国务院印发《强化危险废物监管和利用处置能力改革实施方案》（以下简称"危废十条"），以落实《固体废物污染环境防治法》等法律法规规定，着力提升危险废物监管和利用处置能力，有效防控危险废物环境与安全风险。我国"十三五"以来危险废物政策体系发展历程如图7-6所示。

1. 法律法规体系

危险废物法律法规体系以"从摇篮到坟墓"全流程风险管控为设计思路来构建。

《固体废物污染环境防治法》自1996年颁布以来，共历经两次修订和三次修正，2004年修订主要是解决我国工业化和城市化进程中出现的固体废物产生量持续增长、处置能力明显不足、处置标准不高、管理不严格、大量农村固体废物未得到妥善处置、废弃电器电子产品等新型固体废物造成的新的污染等问题，2013年针对生活垃圾处置设施和场所的关闭、闲置、拆除问题，变更核准的主管部门层级进行修正，2015年针对固体废物进口问题进行修正，2016年对关闭、闲置或者拆除生活垃圾处置的设施、场所的核准部门问题和取消危险废物省内转移的审批核准手续进行修正，最新修订于2020年4月完成，继续深化危险废物管理相关的保障机制，通过危险废物名录和鉴别制度动态调整、分级分类管理、信息化监管、明确监管职责、突出主体责任及完善应急保障机制4个方面，强化医疗废物监管。通过规定国家危险废物名录动态调整、危险废物分级分类管理为基础，以信息化监管体系、区域性集中处置设施场所为抓手，强化危险废物收集、贮存、运输、利用、处置全过程精准化、规范化环境管理及区域性危险废物妥善处置。

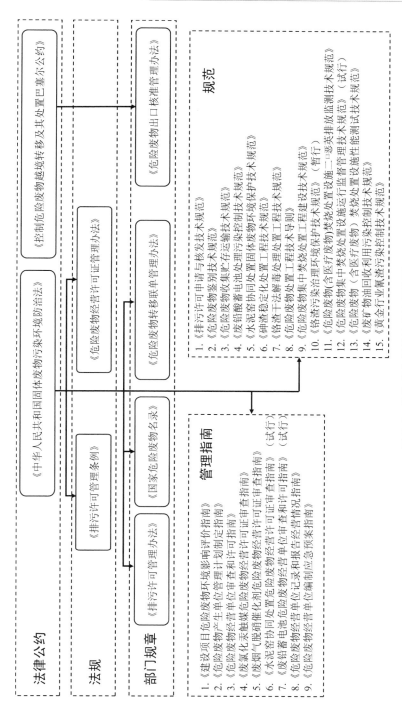

图 7-6　危险废物相关法律法规体系

"十四五"初期，我国基本建成以《固体废物污染环境防治法》为上位法基础的法律法规体系；形成危险废物名录和鉴别、管理计划、申报登记、转移联单、经营许可、应急预案、标识、出口核准全过程管理的制度体系[5]。

（1）危险废物名录与鉴别制度。我国危险废物鉴别管理制度包含《国家危险废物名录》、危险废物鉴别标准体系以及鉴别单位管理要求等，主要设立依据是《固体废物污染环境防治法》第七十五条，具体管理办法为《国家危险废物名录》。《国家危险废物名录》是危险废物管理的技术基础和关键依据，我国于1998年首次印发实施，并先后于2008年、2016年、2020年进行了修订。我国危险废物鉴别标准首次发布于1996年，包括腐蚀性鉴别、急性毒性鉴别和浸出毒性鉴别；2007年完善了危险特性鉴别标准体系，包括易燃性、反应性、腐蚀性、浸出毒性、急性毒性初筛和毒性物质含量6种危险废物鉴别标准（GB 5085.1～6）、《危险废物鉴别标准 通则》（GB 5085.7）以及《危险废物鉴别技术规范》（HJ/T 298）；2019年完成了《危险废物鉴别技术规范》（HJ 298—2019）和《危险废物鉴别标准 通则》（GB 5085.7—2019）的修订工作。为规范危险废物鉴别单位管理，生态环境部组织编制了《关于加强危险废物鉴别工作的通知》（环办固体函〔2021〕419号），进一步明确危险废物鉴别工作中相关方责任义务，建立完善危险废物鉴别结论评估机制，从而有效规范危险废物鉴别市场。

（2）管理计划和申报制度。主要设立依据是《固体废物污染环境防治法》第七十八条，是落实危险废物产生企业主体责任的重要制度；具体管理办法为《危险废物产生单位管理计划制定指南》（环境保护部公告 2016年第7号），管理计划由具有独立法人资格的危险废物产生单位制定。2021年9月，生态环境部发布了《"十四五"全国危险废物规范化环境管理评估工作方案》和《危险废物产生单位管理计划和管理台账制定技术规范（征求意见稿）》及编制说明，重点对产废单位的管理等具体制度作出规定。

（3）转移联单制度。主要设立依据是《固体废物污染环境防治法》第八十二条，具体管理办法是生态环境部、公安部和交通运输部2021年年底联合印发的《危险废物转移管理办法》（2021年部 第23号）。目前，该办法即将修订为《危险废物转移管理办法》，目前已通过生态环境部部务会审议。

（4）经营许可制度。主要设立依据是《固体废物污染环境防治法》第八十条，从事收集、贮存、利用、处置危险废物经营活动的单位，应当按照国家有关规定申请取得许可证。许可证的具体管理办法由国务院制定。2004 年，国务院颁布实施《危险废物经营许可证管理办法》，历经 2013 年、2016 年两次修正，对危险废物环境管理发挥了重要作用。截至 2020 年年底，各地颁发危险废物经营许可证5 000 多份，核准收集利用处置能力近 1.4 亿吨/年。目前，山东、江苏、浙江、广东、河南、上海和重庆等省（市）已开展危险废物收集许可证制度的先行先试试点改革实践，并积累了许可证"放管服"审批和监管经验。为贯彻落实法律最新要求和《关于全面加强生态环境保护 坚决打好污染防治攻坚战的意见》，生态环境部积极推进修订《危险废物经营许可证管理办法》，2020 年 12 月 25 日通过部务会审议。目前，司法部已完成向社会公开征求意见程序，依据《立法法》规定积极推动纳入近期立法计划，推动修订发布工作。

（5）应急预案制度。主要设立依据是《固体废物污染环境防治法》第八十五条，产生、收集、贮存、运输、利用、处置危险废物的单位，应当依法制定意外事故的防范措施和应急预案，并向所在地生态环境主管部门和其他负有固体废物污染环境防治监督管理职责的部门备案。

（6）标识制度。主要设立依据是《固体废物污染环境防治法》第七十七条，具体管理办法为《环境保护图形标志》（GB 15562.2—1995）中的附件 1，规范危险废物容器和包装物以及收集、贮存、运输、处置危险废物的设施、场所等环节的管理。

（7）出口核准制度。为了落实《巴塞尔公约》缔约方履约责任，规范危险废物出口管理，预防危险废物环境污染风险，根据《巴塞尔公约》和有关法律、行政法规要求，2008 年国家环境保护总局制定并发布《危险废物出口核准管理办法》（国家环境保护总局令 第 47 号）。我国法律规定的"危险废物"和《巴塞尔公约》规定的"危险废物"（《巴塞尔公约》附件四）及"其他废物"（《巴塞尔公约》附件八），以及进口缔约方或者过境缔约方立法确定的"危险废物"，其出口核准管理均适用本办法。产生、收集、贮存、处置、利用危险废物的单位，向我国境外《巴塞尔公约》缔约方出口危险废物前，须完成履约点间的危险废物出口核准预先知情同意程序。

（8）医疗废物方面。围绕《固体废物污染环境防治法》建立了医疗废物管理及应急处置制度；医疗废物管理制度主要设立依据是《固体废物污染环境防治法》第九十条，具体管理办法为《医疗废物管理条例》和《医疗废物分类目录》（图7-7）；医疗废物应急处置制度主要设立依据是《固体废物污染环境防治法》第九十一条，2020年新冠肺炎疫情暴发后，生态环境部印发《新型冠状病毒感染的肺炎疫情医疗废物应急处置管理与技术指南（试行）》，国家卫生健康委员会、国家发展改革委、生态环境部等部门联合印发《医疗机构废弃物综合治理工作方案》（国卫医发〔2020〕3号）和《医疗废物集中处置设施能力建设实施方案》（发改环资〔2020〕696号），加强医疗废物管理和处置能力建设，推动完善医疗废物等危险废物应急处置机制。

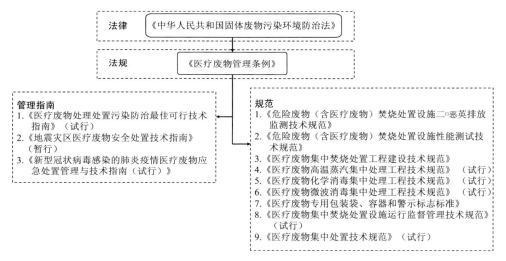

图 7-7　医疗废物相关法律法规体系

近年来，随着党中央部署的污染防治攻坚战和环境保护"三大战役"大幕的拉开，国家"无废城市"建设试点及其所在省在试点前也出台了固体废物和危险废物相关的法规和管理政策。据生态环境部固体废物与化学品管理技术中心（以下简称部固管中心）不完全统计，截至2019年上半年，国家"无废城市""11+5"试点"十三五"期间已共计制（修）订地方性法律法规和固体废物、危险废物相关政策共计57项，多项地方固体废物和危险废物政策构成了"无废城市"建设试点的创建基础，详见表7-1。

表 7-1　试点前"11+5"试点城市/地区危险废物管理相关法律法规政策发布情况

试点城市/地区	地方政策文件名称
深圳市 (5项)	《广东省固体废物污染环境防治条例》(2004 年发布,2018 年修正) 《深圳市经济特区环境保护条例》(1994 年发布,2018 年修正) 《深圳市医疗废物集中处理管理若干规定》(深圳市人民政府令　第 138 号,2018 年 12 月 21 日修正) 《深圳市固体废物污染防治行动计划(2016—2020 年)》 《深圳市打好污染防治攻坚战三年行动方案(2018—2020 年)》
包头市 (6项)	《内蒙古自治区土壤污染防治三年攻坚计划》(内政办发〔2018〕97 号) 《包头市人民政府办公厅关于印发包头市加快推进工业固体废物污染防治和综合利用政策措施的通知》(2018 年 9 月 28 日) 《包头市人民政府办公厅关于印发包头市固体废物污染防治管理办法(试行)的通知》(2018 年 5 月 30 日) 《关于进一步密切部门协作、强化联防联控、切实做好非洲猪瘟疫情防控工作的通知》 《包头市"十三五"城乡环境保护规划》 《中共包头市委员会　包头市人民政府关于全面加强生态环境保护　坚决打好污染防治攻坚战的实施意见》(包党发〔2018〕24 号)
铜陵市 (2项)	《安徽省人民政府关于建立固体废物污染防控长效机制的意见》(皖政〔2018〕51 号) 铜陵市环境违法行为有奖举报办法(铜环〔2018〕39 号)
威海市 (6项)	《山东省"十三五"危险废物处置设施建设规划》 《威海市"十三五"危险废物规范化管理评估办法》(威环发〔2018〕54 号) 《威海市公安局　威海市环境保护局关于印发全市开展非法处置船舶(机动车)废油、化工危险废物专项整治行动实施方案的通知》(威公发〔2018〕145 号) 《威海市坚决遏制固体废物非法转移和倾倒　进一步加强危险废物全过程监管实施方案》 《威海市打好危险废物治理攻坚战作战方案(2018—2020 年)》 《威海市生态环境保护"十三五"规划》
重庆市 (2项)	《重庆市环境保护条例》(2018 年修订) 《重庆市污染防治攻坚战实施方案(2018—2020 年)》

试点城市/地区	地方政策文件名称
绍兴市 （10项）	《关于进一步加强危险废物和污泥处置监管工作的意见》（浙政办发〔2013〕152号） 《关于进一步规范危险废物处置监管工作的通知》（浙环发〔2017〕23号） 《"十三五"浙江省危险废物规范化管理督察考核方案》（浙环发〔2017〕26号） 《浙江省危险废物集中处置设施建设规划（2015—2020年）》（浙环函〔2015〕452号） 《浙江省危险废物利用处置设施建设规划修编（2019—2022年）》（浙环函〔2019〕109号） 《绍兴市"十三五"固体废物污染防治规划》（绍市环发〔2016〕75号） 《绍兴市工业固体废物集中处置设施建设规划（2016—2020年）》（绍市环发〔2016〕23号） 《绍兴市2016年废铅酸蓄电池相关行业专项整治行动工作方案》（美丽绍兴市办〔2016〕9号） 《绍兴市卫生计生委关于进一步规范医疗卫生机构医疗废物收集运送贮存处置工作的通知》（绍卫计发函〔2017〕33号） 《绍兴市卫生计生委关于进一步规范医疗废物管理工作的实施意见》（绍卫计发〔2018〕39号）
三亚市 （4项）	《海南省全面加强生态环境保护　坚决打好污染防治攻坚战行动方案》（琼发〔2019〕6号） 《关于加强危险废物污染防治工作的意见》（琼府办〔2018〕31号） 《关于印发三亚市生态建设与环境保护"十三五"规划的通知》（三府〔2018〕78号） 《三亚市加强危险废物污染防治工作实施方案》（三府办〔2019〕2号）
许昌市 （2项）	《河南省固体废物污染环境防治条例》（2012年1月1日起施行） 《许昌市人民政府办公室关于印发许昌市"十三五"生态环境保护规划的通知》（许政办〔2018〕16号）
徐州市 （5项）	《江苏省固体废物污染环境防治条例》（2009年发布，2018年修订） 《江苏省人民政府办公厅关于加强危险废物污染防治工作的意见》（2018年） 《江苏省危险废物处置收费管理办法》（2018年） 《徐州市危险废物管理办法》（政府令　94号）（2004年） 《市政府关于加强全市危险废物污染防治工作的实施意见》（徐政发〔2019〕18号）
盘锦市 （4项）	《辽宁省环境保护条例》（2018年2月1日实施，2020年修正） 《辽宁省固体废物污染环境防治办法》（2001年） 《辽宁省"十三五"危险废物污染防治规划（2018）》 《盘锦市环境保护"十三五"规划》（2016年）

试点城市/地区	地方政策文件名称
西宁市（1项）	关于印发《西宁市农村人居环境整治三年行动实施方案（2018—2020年）的通知》（宁办发〔2018〕43号）
雄安新区（4项）	《河北雄安新区白洋淀综合整治攻坚行动实施方案》 《2018年度河北雄安新区危险废物规范化管理督查考核工作方案》 《河北雄安新区固体废物综合整治实施方案》 《河北雄安新区固体废物环境风险排查整治专项行动方案》
北京经济技术开发区（2项）	《北京市"十三五"时期环境保护和生态建设规划》（京政发〔2016〕60号） 《北京市大兴区和北京经济技术开发区"十三五"时期环境保护与生态建设发展规划》
中新天津生态城（2项）	《中新天津生态城管理规定》（2008年公布，2019年修改） 《中新天津生态城基础设施专项规划—环境卫生工程专项规划》
瑞金市（2项）	《中共江西省委　江西省人民政府关于建设生态文明先行示范区的实施意见》（赣发〔2014〕26号） 《瑞金市"十三五"生态文明建设和环境保护规划（2016—2020）》

由于基础政策明确了试点危险废物管理导向，解决了实际问题，多数试点城市/地区在2019—2020年的试点创建期延续管理政策脉络，继续发布了一批危险废物试点期环境管理制度，并纳入试点成效评估结果。如雄安新区，截至2020年6月继续印发了《雄安新区工业废料废液等危险废物排查整治实施方案》[6]，以排查所辖区域内历史遗留危险废物为抓手，识别"老"危险废物堆存在"新"区的历史遗留环境风险和隐患，保障区域高起点建设。

2. 危险废物管理标准规范体系

根据《中华人民共和国标准化法》（2017年修订），我国标准体系包括国家标准、行业标准、地方标准和团体标准、企业标准。国家标准分为强制性标准、推荐性标准，行业标准、地方标准是推荐性标准。推荐性国家标准、行业标准、地方标准、团体标准、企业标准的技术要求不得低于强制性国家标准的相关技术要求。各级标准结构如图7-8所示。

图 7-8　我国各级标准分级结构

　　我国已经初步形成了一个涵盖危险废物鉴别、收集、贮存、运输、利用、处置及污染控制的危险废物全过程的环境管理标准体系。中共中央、国务院于 2021年 10 月印发的《国家标准化发展纲要》目标要求：到 2025 年，全域标准化深度发展。实现农业、工业、服务业和社会事业等领域标准全覆盖，新兴产业标准地位凸显，健康、安全、环境标准支撑有力，推动高质量发展的标准体系基本建成。对危险废物标准规范体系的建设目标提出了明确要求，也为"无废城市"创建技术创新领域成效评估和模式推广指明了方向。

　　（1）鉴别标准。主要是通过明确实验防范和程序解决"什么是危险废物"的问题，为有毒有害物质含量提供准绳。截至试点前，全部是国家标准，没有地方性标准（表 7-2）。

表 7-2　危险废物鉴别相关标准规范

类型	编号	标准标号	标准名称	
国家标准	1	GB 5085.7—2019	危险废物鉴别标准	通则
	2	GB 5085.1—2007	危险废物鉴别标准	腐蚀性鉴别
	3	GB 5085.2—2007	危险废物鉴别标准	急性毒性初筛

类型	编号	标准标号	标准名称
国家标准	4	GB 5085.3—2007	危险废物鉴别标准 浸出毒性鉴别
	5	GB 5085.4—2007	危险废物鉴别标准 易燃性鉴别
	6	GB 5085.5—2007	危险废物鉴别标准 反应性鉴别
	7	GB 5085.6—2007	危险废物鉴别标准 毒性物质含量鉴别
行业标准	8	HJ/T 298—2019	危险废物鉴别技术规范

（2）收集、贮存、运输标准。主要是为危险废物转移运输过程中的收集、运输和贮存环节提供准绳，主要有危险废物和医疗废物两个系列，医疗废物的标准种类细而全。截至试点前，有 3 个省（直辖市）出台了相关地方标准，行业细分的标准仅石油化工的固体废催化剂有包装和收集规范（表 7-3）。

表 7-3 危险废物收集、贮存及运输相关标准规范

类型	编号	标准标号	标准名称
国家标准	1	GB 6566—2010	建筑材料放射性核素限量
	2	GB 19217—2003	医疗废物转运车技术要求（试行）
	3	GB/T 15915—2007	包装容器、固碱钢桶
行业标准	4	HJ 2025—2012	危险废物收集、贮存、运输技术规范
	5	HJ 421—2008	医疗废物专用包装物、容器标准和警示标识规定
地方标准	6	DB 31/T 1249—2020	医疗废物卫生管理规范（上海市）
	7	DB 32/T 3549—2019	医疗卫生机构医疗废物暂时贮存设施设备设置规范（江苏省）
	8	DB 31/829—2014	医疗废物转运技术及作业要求（上海市）
	9	DB 22/T 2189—2014	医疗废物管理规范（吉林省）
	10	DB 11/T 1032—2013	医疗废物一次性包装箱（北京市）
团体标准	11	T/CRR A0704—2018	石油化工固体废催化剂包装规范
	12	T/CRR A0705—2018	石油化工固体废催化剂收集规范

（3）综合利用标准。主要是为判断危险废物是否适合资源化利用以及适合哪种途径的资源化利用提供准绳。到试点前期，国标仅对 2 个行业制定了标准，地标也仅有天津市一个（表 7-4），且现有标准里对有毒有害物质含量的限制也缺乏全面规定，相对我国全工业门类和体系的产业结构，危险废物资源化利用的标准规范显然是短板，也是"无废城市"试点拟重点攻克的技术创新难题。

表 7-4　危险废物综合利用相关标准规范

类型	编号	标准标号	标准名称
国家标准	1	GB/T 36514—2018	碱回收锅炉
	2	GB/T 17145—1997	废润滑油回收与再生利用技术导则
地方标准	3	DB 12/T 779—2018	高温烧结处置生活垃圾飞灰制陶粒技术规范（天津市）

（4）处置标准。主要是为危险废物最终处置提供准绳。危险废物最终处置一般认为是填埋和焚烧，试点前废酸和废汞触媒等特定行业的处置标准需求较大，率先推动了国家处置规范的出台。"十二五"末期，终端处置能力的稀缺导致危险废物处置价格上涨，催生了水泥窑协同处置等补充处置手段，因此，以环境风险防控为目标的处置标准规范形成重点行业推动建立国家标准、行业标准、地方标准、团体标准补充支撑的标准规范格局（表 7-5）。

表 7-5　危险废物处置相关标准规范

类型	编号	标准标号	标准名称
国家标准	1	GB/T 37387—2019	工业废磷酸的处理处置规范
	2	GB/T 36380—2018	工业废硫酸的处理处置规范
	3	GB/T 36382—2018	废汞触媒处理处置方法
	4	GB/T 321125—2015	工业废盐酸的处理处置规范
行业标准	5	HJ 276—2021	医疗废物高温蒸汽集中处理工程技术规范（试行）
	6	HJ 228—2021	医疗废物化学消毒集中处理工程技术规范（试行）
	7	HJ 229—2021	医疗废物微波消毒集中处理工程技术规范（试行）

类型	编号	标准标号	标准名称
行业标准	8	HJ 1090—2020	砷渣稳定化处置工程技术规范
	9	HJ 2042—2014	危险废物处置工程技术导则
	10	HJ 2037—2013	含多氯联苯废物焚烧处置工程技术规范
	11	HJ 622—2013	水泥窑协同处置固体废物环境保护技术规范
	12	HJ 2017—2012	铬渣干法解毒处理处置工程技术规范
	13	HJ 561—2010	危险废物（含医疗废物）焚烧处置设施性能测试技术规范
	14	HJ 515—2009	危险废物集中焚烧处置设施运行监督管理技术规范（试行）
	15	HJ 516—2009	医疗废物集中焚烧处置设施运行监督管理技术规范
	16	HJ/T 176—2005	危险废物集中焚烧处置工程建设技术规范
	17	HJ/T 177—2005	医疗废物集中焚烧处置工程建设技术规范
	18	环发〔2004〕75 号	危险废物安全填埋处置工程建设技术要求
	19	环发〔2003〕206 号	医疗废物集中处置技术规范（试行）
地方标准	20	DB 11/T 1368—2016	实验室危险废物污染防治技术规范（北京市）
	21	DB 12/597—2015	医疗卫生机构医疗废物处理规范（天津市）
团体标准	22	T/ZSYX 003—2019	医院病理学检查　医疗废物处理规范
	23	T/GDC 4—2019	危险废物处置与废弃矿区生态修复规范
	24	T/CRRA 0703—2018	石油化工固体废物催化剂采样方法

（5）环境排放与污染控制标准。主要是为危险废物（包括医疗废物）在治理过程中污染物的排放提供准绳。国家层面制定了危险废物通过不同处置方式进行治理过程的污染控制标准，截至试点前，通过行业标准完善细化了危险废物治理行业的排污许可证申请与核发技术规范，部分典型危险废物（如废铅蓄电池、氰渣、铬渣）初步形成了配套的污染控制行业标准（表 7-6）。

表 7-6　环境排放与污染控制相关标准规范

类型	编号	标准标号	标准名称
国家标准	1	GB 18484—2020	危险废物焚烧污染控制标准
	2	GB 39707—2020	医疗废物处理处置污染控制标准
	3	GB 18598—2019	危险废物填埋污染控制标准
	4	GB 18597—2001	危险废物贮存污染控制标准
	5	GB/T 18773—2008	医疗废物焚烧环境卫生标准
行业标准	6	HJ 519—2020	废铅蓄电池处理污染控制技术规范
	7	HJ 1033—2019	排污许可证申请与核发技术规范　工业固体废物和危险废物治理
	8	HJ 1038—2019	排污许可证申请与核发技术规范　危险废物焚烧
	9	HJ 943—2018	黄金行业氰渣污染控制技术规范
	10	HJ 607—2011	废矿物油回收利用污染控制技术规范
	11	JB/T 11836—2015	危险固体废物焚烧尾气净化设备　运行维护规范
	12	HJ/T 301—2007	铬渣污染治理环境保护技术规范（暂行）
地方标准	13	DB 2301/T 65—2019	医疗废物经营许可证办理规范（哈尔滨市）

（6）环境监测与检测标准。主要是为危险废物环境监测与检测过程测定方法提供技术准绳。试点前，针对各类催化剂形成了国家、行业的相关标准。云南省对化工行业废催化剂不溶渣中稀贵金属的测定制定了相应标准（表 7-7）。

表 7-7　环境监测与检测相关标准

类型	编号	标准标号	标准名称
国家标准	1	GB/T 23524—2019	石油化工废铂催化剂化学分析方法　铂含量的测定　电感耦合等离子体原子发射光谱法
	2	GB/T 30014—2013	废钯炭催化剂化学分析方法　钯量的测定　电感耦合等离子体原子发射光谱法
	3	GB/T 259—1988	石油产品水溶性酸及碱测定法

类型	编号	标准标号	标准名称
行业标准	4	YS/T 1071—2015	双氧水用废催化剂化学分析方法　钯量的测定　分光光度法
	5	YS/T 832—2012	丁辛醇废催化剂化学分析方法　铑量的测定　电感耦合等离子体原子发射光谱法
	6	HJ 561—2010	危险废物（含医疗废物）焚烧处置设施性能测试技术规范
	7	HJ 515—2009	危险废物集中焚烧处置设施运行监督管理技术规范（试行）
	8	HJ 421—2008	医疗废物专用包装袋、容器和警示标志标准
	9	HJ/T 365—2007	危险废物（含医疗废物）焚烧处置设施二口恶英排放监测技术规范
地方标准	10	DB 32/T 3548—2019	医疗机构医疗废物在线追溯管理信息系统建设指南（江苏省）
	11	DB 53/T 666—2015	石油化工废催化剂不溶渣化学分析方法　铂、钯量的测定　电感耦合等离子体发射光谱法（云南省）
	12	DB 53/T 665—2015	精细化工废催化剂不溶渣化学分析方法　铂、钯、铑量的测定　电感耦合等离子体发射光谱法（云南省）

　　上述体系具体到国家"无废城市"创建任务中，依然存在三个无法对应：一是国家标准和地方标准对试点城市/地区拟解决的行业问题、废物种类不一定有代表性；例如，绍兴市试点印染行业的特殊危险废物需求在现有标准规范体系中缺少对应的适用。二是个别行业标准制定较早，已不适用于现有行业的技术进步；例如，《废润滑油回收与再生利用技术导则》是 1997 年制定的，"11+5"试点城市/地区中 90% 都有废矿物油收集转运和再生的规范管理需求，且废矿物油作为高价值废物市场早已自发形成和存在，该导则已不能适应实际的管理需求。三是团体标准强制性不足，缺乏有效推动手段和方法，对危险废物规范性管理存在重制定、轻实施的现象。

7.1.3 试点前危险废物环境管理的突出问题

1. 危险废物跨区域转运制度不完善

（1）危险废物协同区域缺乏依据，不能形成区域运力的优化配置。在跨省转移过程中，不同区域间缺乏有效沟通机制、转移过程监管存在漏洞，存在环境风险。由于缺乏上位法支持，缺乏机制统筹，相邻或上下游省份有跨区域转运危险废物的需求，需要一事一议，耗费行政成本，无法形成常态管理机制。

（2）危险废物跨区域转运行政审批周期长，企业压力大。试点前，危险废物跨区域转移过程中存在的审批手续复杂且时间跨度长的问题，办理时间普遍需要1个月以上，这不仅降低了各省级、市级行政管理部门的工作效率，更给产废单位、转运单位和接收单位带来极大挑战，影响处置价格和企业合法合规处置意愿，也会造成接收单位实际处置能力不平衡的问题。

（3）危险废物实际利用处置能力与产生量之间错配明显。危险废物利用处置行业总体从小散乱走向规模化，从低水平走向规范化，但总能力有产能过剩的趋势。根据中国生态环境统计年报，2019年我国共产生工业危险废物8 126.0万吨，利用处置7 539.3万吨。根据生态环境部数据，2019年持证单位核准经营规模达到1.1亿吨/年，危险废物核准经营规模大大超过危险废物实际产生量，但设施负荷率却低于30%，表明存在结构性矛盾。一方面是危险废物利用处置能力不平衡、不充分，主要表现为部分高价值危险废物利用能力相对过剩，主要集中在对含有价金属废物、废有机溶剂和矿物油等高附加值危险废物的利用，占总利用量的66.3%；但部分价值低、难处置、新纳入《国家危险废物名录》的危险废物利用处置能力仍然较为紧张、利用处置率低，如含砷废物、生活垃圾焚烧飞灰、废盐、盐酸、铝灰等。另一方面，危险废物利用处置能力区域分布不平衡，东部地区焚烧和填埋能力紧张，30%焚烧设施负荷率超过90%，10%的设施超负荷运行，而江苏、四川、重庆、云南等4省（市）处置能力又严重缺乏。

2. 资源化利用渠道途径不顺畅

（1）危险废物资源化利用标准体系不健全，危险废物鉴别管理制度有待完善，危险废物分级分类管理缺乏基础研究支撑。我国现行标准规定具有毒性和感染性的危险废物利用处置后产生的废物仍为危险废物，国家法规、标准另有规定的除外。而由于我国缺乏危险废物资源化利用的污染防治控制标准和危险废物利用产品中有毒有害物质含量控制标准，尚未针对典型危险废物制定资源化利用技术标准规范，导致部分危险废物资源化利用不畅。如副产工业氯化钠等废盐缺乏国家、行业通行标准，危险废物资源化产品出路不畅，总体综合利用率不高。例如，在试点前，绍兴市化工行业产生的工业混杂废盐和废硫酸面临处理成本高、风险大、经济效益差等问题，缺乏全流程生态设计的综合治理技术和系统优化，也缺乏符合循环经济的固体废物利用项目的市场、补贴和支持政策。

（2）危险废物市场模式不完善。虽然产废单位、转运单位和利用处置单位对生态环境治理工作的参与度较高，但由于在"无废城市"建设试点前没有政府引导，企业在发展过程中由于信息不对称和对国家方针政策理解的不同，往往不能合理布局相关产能，同时由于缺乏有效的政策扶持，相关企业往往缺乏竞争力，企业挣扎在生死边缘，无法形成产业集群，缺乏一个良性发展的土壤，市场模式处于探索阶段。

（3）危险废物高水平利用技术与装备缺乏。危险废物资源化利用的技术研发投入不足，缺乏相应的技术支撑体系，危险废物资源化利用的关键节点技术研发落后，缺乏大规模、高水平的利用技术和装备，导致资源化利用成本高，但资源化利用产品价值低，难与市场竞争。部分高价值危险废物，如含金、银、钯、铂、铜、镍等贵重金属的废弃印刷电路板和电镀污泥，因国内缺乏有效的资源化利用技术，与国外先进企业相比存在技术劣势，导致我国每年废弃印刷电路板和电镀污泥大量出口，且出口量呈递增趋势。

3．危险废物收集体系不健全

（1）工业危险废物集中收集体系不完全适用于小微量危险废物收集。截至2019 年年底，绍兴市 2 000 多家产生小微量危险废物的企业中，年产生危险废物10 吨以下的近 1 900 家，占比约为 87%。该类企业产生的危险废物，因产生量小、种类杂、管理力量薄弱等问题，其收运处置问题已逐渐演变成产废企业危险废物环境管理的"痛点"，生态环境部门监管的"难点"，当地营商环境和经济发展的"堵点"。

（2）危险废物经营许可制度部分规定不适应新形势需要，其集中收集体系未按价值高低细化区分制定。按照《固体废物污染环境防治法》的规定，废铅蓄电池生产者应当落实生产者延伸责任制，以自建或者委托等方式建立与产品销售量相匹配的回收体系，并向社会公开收集贮存转运信息，实现有效回收和利用。生态环境部印发的《铅蓄电池生产企业集中收集和跨区域转运制度试点工作方案》（环办固体〔2019〕5号）鼓励各地开展试点工作，但该模式并不适用于实验室废物/机械制造园区等产生种类杂、产生量小的危险废物产生源，即便同为高价值的废矿物油、贵金属催化剂等危险废物，贮存和转运等环境风险控制要求也与铅蓄电池的收集贮存环境风险特性有差异，需依据危险废物的特点制定相应收集体系，不能完全照搬照抄。

（3）危险废物收集法治体系不健全，小微源危险废物监管不够全面。危险废物产生源除了产废量大的工业企业，更多的是点多面广、产废量小的小微企业和个体工商户以及科研机构和学校实验室等。由于小微企业等产生的危险废物具有量小、种类多且杂、地域分布广、分类不规范、转运费用高等特点，现有体系下危险废物集中处置企业出于成本考虑，往往不能及时收集，造成小微企业危险废物收集转运不及时、贮存周期长、处置出路不通畅等问题，加上小微企业危险废物环境管理意识不强、管理能力不足、规范化环境管理不到位，收集、贮存及转移过程的监管信息不足，存在一定的安全和环境隐患。小微企业危险废物收集试点方案等属区域创新制度，是对现有法律法规的突破和细化，缺乏上位法依据，因此，要加快地方立法，填补法律空白，巩固试点成效。同时，制定相关细化的实施办法，使相关工作更具可操作性。

4. 医疗废物处置能力须补短板

（1）医疗废物处置能力有待提升，应急处置能力严重不足。医疗废物应急处置方面，职责分工不明确，投入不足，部分地区医疗废物应急响应机制运行不畅，跨部门应急处置机制不够完善。据部固管中心统计，新冠肺炎疫情发生前，全国76个城市医疗废物处置设施负荷率已经超过100%，近2/5的城市医疗废物处置设施负荷率在90%以上。有近1/3的医疗废物处置设施基本处于满负荷或超负荷运行状态，大部分城市医疗废物处置能力仅能满足日常处置需求。新冠肺炎疫情发生以来，各地医疗废物出现爆发性增长，以武汉市为例，最高峰医疗废物的产生量达到每日240多吨，远超武汉市医疗废物运输和处置能力（50吨/天），在紧急购置运输车辆、移动式处置设施并新建医疗废物应急处置中心后，医疗废物才全部得到安全处置。同时，全国有部分地级市不具备医疗废物集中处置能力，部分农村和边远的山区医疗废物仍没有纳入收集处置等范围。整体来看，医疗废物处置能力难以满足日益增长的医疗废物处置需求，需加大医疗废物集中处置设施的建设力度，为每个区域配备足够的处置设施或集中转运体系。

（2）医疗废物处置设施的公共基础设施定位落实不到位。我国以地级市为单位建设集中处置设施，有利于明确设施责任主体，但也给一些偏远地区带来了麻烦。例如，部分偏远县镇虽然与相邻城市的医疗废物处置设施距离很近，但仍需要将医疗废物运到很远的所在市医疗废物集中处置设施处理，远距离运输增加了医疗废物转移潜在环境风险。深圳市在试点期间新增一条处理能力为 35 吨/天的焚烧生产线，医疗废物处置能力由 45 吨/天提高到 80 吨/天；完成深投环保龙岗分公司危险废物焚烧处置设施改造，稳定提供 20 吨/天的医疗废物应急处理能力。此外，高标准建设医疗废物处置项目，面临固体废物处置设施落地难，"邻避效应"突出的问题，监管职责分工及配套制度不完善。试点前，三亚市医疗废物收运不及时，烟气排放超标等问题时有发生，于是试点期间以三亚市 "无废城市"建设试点领导小组部署相关部门，研究提出高标准建设生活垃圾焚烧设施协同处置医疗废物项目，解决"邻避效应"，实现区域医疗废物无害化处置。

（3）医疗废物跨区域协同处置机制缺乏。医疗废物处置能力总体能够满足日常医疗废物处置需求，但同时也存在区域处置能力分布不平衡、个别地区应急处置能力不足等情况。当部分地区存在突发疫情致医疗废物处置能力缺口较大或医疗废物处置设施须停运检修等情形时，需要建立跨区域协同处置医疗废物机制，让邻近地区富余的医疗废物处置能力承担保障处置任务，以解燃眉之急。因此，建立医疗废物跨区域协调处置机制，不仅可以满足医疗废物应急处置需求，也能解决医疗废物集中处置设施难以覆盖边远地区的问题。

7.2　试点思路

针对危险废物环境管理存在的突出问题，计划以"无废城市"建设试点为抓手和载体，坚持问题导向，探索制度、市场、技术、监管四大手段的创新，提升危险废物利用处置能力、监管能力和风险防控能力，强化危险废物全面无害化安全管控。制度创新方面，主要是以探索建立区域协同机制、建立跨区域处置生态补偿金制度和"点对点"利用途径、规范危险废物第三方治理模式等具体工作为试点思路，完善补充现有政策体系不足；技术创新方面，主要是以筑牢源头减量防线、提升技术水平、实现高附加值资源化利用为试点思路，解决危险废物资源化利用途径上的"堵点"；监管创新方面，主要是以高位推动多部门、跨区域联动机制、利用信息化技术助力监管为试点思路，以先进手段、充分结合多部门联合监管的优势，形成高效合力；市场创新方面，主要是以落实现有财政税收政策、健全信用评价制度、探索发展绿色金融和完善危险废物环境污染责任保险等具体措施为试点思路，将成熟的财税金融手段应用于危险废物环境监管领域，发挥市场调节作用和金融杠杆作用。

7.2.1 探索跨区域协同机制，建立健全法规制度

1. 探索建立区域协同机制，推进跨区域协作、资源互助共享和应急处置

以"无废城市"建设为契机，发挥地缘协同发展带头作用，建立和完善危险废物区域协同处置工作联席会议制度，探索建立危险废物跨省转移"白名单"制度，与邻近区域签订危险废物协同处置战略合作协议，推进各地发挥资源优势，做好危险废物利用处置能力互补工作。在与邻近区域就危险废物跨区域转移合作建立信息互通、快审快复、监管执法等机制的基础上，将区域协作范围扩大到周边更大区域，牵头建立沿河、沿江、沿海区域性危险废物联防联控机制。统筹区域范围内危险废物处置、利用设施的布局和使用，建立城际协作监管、跨区域共享利用处置能力制度，进一步发展、优化各地区自身相对优势，避免重复建设和能力闲置。充分发挥市场在处置资源配置中的决定性作用，支持产废单位和利用处置单位之间双向选择，在保障危险废物跨区域合法转移的前提下，鼓励利用处置单位公平竞争。探索建立打击危险废物非法转移、倾倒违法犯罪区域合作机制，在涉固体废物违法犯罪案件的溯源、侦办、取证等方面加强协作。

2. 通过建立和完善跨区域处置生态补偿金制度，落实区域危险废物协同处置

从补偿范围、评估方法、补偿标准和程序等方面，探索建立危险废物异地转移处置的地区间生态补偿金制度。在处置费用之外，由危险废物产生地向处置设

施所在地进行财政补贴，专项用于附近区域生态环境保护和污染防治领域，缓解处置设施 "选址难、落地难" 的 "邻避效应"。

试点初期绍兴市危险废物/固体废物跨区、县（市）处置生态补偿金制度建设探索性内容

1. 补偿范围与主体：明确危险废物/固体废物跨区、县（市）处置生态补偿金的适用范围，明确补偿主体，应因事制宜，明确特定的补偿责任主体，量化多主体事件责任；落实受益主体，研究解决补偿利益虚化、未补偿到真正受损者的问题。

2. 评估办法与补偿标准：补偿标准应充分考虑社会、经济、生态等多种因素，细化补偿指标体系，考虑补偿地政府和固体废物/危险废物类型的差异性，制定详细的评估办法与补偿标准。

3. 补偿模式：应坚持多样化模式，同时避免模式选择的随意性、补偿额的随意性。制定实施细则，规范补偿程序的选择和实施。补偿模式以政府财政转移支付为主，辅以一次性补偿、对口支援、专项资金资助和税赋减免等。

4. 补偿金的使用制度：制定补偿金管理办法，确保补偿用于生态修复，避免生态补偿用于生活、安置、迁移、生产等刚性需求。制定量化的生态补偿刚性要求，完善补偿金使用的监督制度。

---

3. 建立 "点对点" 利用途径，完善危险废物利用标准体系

推动危险废物综合利用产业发展，配合符合地方行业和产业特点的危险废物分级分类管理制度、"点对点" 利用试点制度、典型危险废物综合利用过程污染控制及产品标准等制度体系，探索特定类别危险废物定向 "点对点" 利用途径，即在全过程风险可控的前提下，一家（或一类）危险废物产生单位产生的某种危险废物作为下游关联危险废物利用单位环境治理或工业原料生产的替代原料进行使用，该利用过程可不按危险废物管理。该模式将有效提升危险废物资源化利用水平，切实防范环境风险。试点初期，绍兴市就以积极甄别符合 "点对点" 定向利用特点的危险废物种类和行业，以全面提升生态效益和经济效益为目标，在试点方案中明确 "特定种类、特定环节、特定企业、特定用途"，后续还配套出台了《危险废物分级管理制度》《绍兴市特定类别危险废物定向 "点对点" 利用试点工作制

度》《绍兴市工业固体废物综合利用产品监管办法》等十余项危险废物管理制度和制定"基于工业废盐的印染专用再生利用氯化钠"团体标准，打通危险废物资源化利用渠道，是贯彻"点对点"制度创新思路较好的案例之一。

4. 创新危险废物环境管理的制度体系

将危险废物规范化环境管理纳入企业信用评价制度体系。将自行申报产废与实际产废情况一致以及规范化环境管理工作达标的企业，列入信任企业清单，并减少检查频次；对存在一定偏差的企业要求三个月内进行整改，整改完成再列入信任企业管理；对偏差较大且未完成整改的企业，加强日常检查频次，严查重管，直至追究企业刑事责任。依法落实工业危险废物排污许可制度，将危险废物环境管理纳入排污许可"一证式"管理。根据生态环境部发布的《固定污染源排污许可分类管理名录（2019）》，在列入重点排污单位名录中的行业开展危险废物排污许可"一证式"管理，并颁布相关行业的实施细则，强调危险废物产生者的主体责任，不随危险废物的物权转移而转让。建立健全危险废物联防联控机制。建立生态环境、公安、住建、城管、交通运输、水务、自然资源等多部门联合执法、信息共享、重大案件会商督办制度，形成监管合力。在打击危险废物非法转移、非法处置、污染事件调查、取缔非法窝点、排查安全生产隐患等方面建立合作机制，提高联合应对突发性危险废物污染事故的快速处置能力。

5. 规范危险废物第三方治理模式，创设小微源危险废物集中收集贮存制度

中小企业危险废物普遍具有量小、面广、处置需求迫切且环境管理能力不足等问题，结合中小企业危险废物产生量及空间分布情况，采用"园区式"集中收集暂存模式，搭建中小企业危险废物集中收集服务平台，开展中小企业危险废物第三方集中收集转运贮存服务。探索集中收集贮存制度，有效缓解小微源危险废物收集难、贮存难、转移难等问题。建立健全小微源危险废物集中收集贮存体系，制定危险废物集中收集转运贮存试点方案，实现区域全覆盖。压实收集单位污染防治主体责任，指导集中收集单位规范危险废物包装、运输、贮存各环节环境管理，定期审查评估，对违规开展收集服务的单位实施行政处罚或暂扣其危险废物经营许可证。着力解决小微源危险废物环境管理难题，将法律政策宣传贯彻、危险废物类别识别、规范包装等纳入集中收集单位咨询服务内容，提升小微量危险废物产生企业环境保护意识和管理水平。绍兴市探索建立"代收代运+直营车"模

式，通过印发了《绍兴市小微企业危险废物收运管理办法（试行）》，明确小微企业主体责任，规范小微企业产废管理，落实收运单位服务要求，实现小微企业危险废物收运全覆盖。重庆市探索建立综合收集贮存制度，通过规范管理试点单位等措施，解决小微企业危险废物收运成本较高、收运不及时、处置不规范等问题，缓解小微量危险废物转运周期和处置价格等矛盾，保障危险废物全面安全管控。

6. 建立医疗废物协同管理机制

统筹生态环境和卫生健康部门建立联动机制，实施全过程管理，实现镇级及以上医疗卫生机构医疗废物集中无害化处置全覆盖。将医疗废物集中处置能力建设纳入危险废物集中处置设施建设布局规划、固体废物利用处置规划予以推进。建立卫生健康部门重点管院内、生态环境部门重点管院外，两部门各自往前延伸一步的协同管理机制，制定《医疗废物分类处置指南》，将医疗废物规范化处置作为医疗卫生机构设置审批、执业登记及校验的必要条件，明确由乡镇中心卫生院或大中型医疗卫生机构代为收集偏远地区和小型医疗卫生机构产生的医疗废物，规范医疗废物从收集到处置全环节管理。编制《医疗卫生机构医疗废物管理指南》，探索医疗废物分科室、分类别、分属性、分特性实施医疗废物分类收集、贮存，推动源头规范化环境管理。建设全市医疗废物信息化管理系统，全面实施医疗废物转移电子联单，实现医疗机构和医疗废物集中处置单位全部"一物一码"全过程可追溯管理。三亚市通过医疗废物协同处置设施实现琼南 9 市县医疗废物处理统筹共治，打破区域管理壁垒，畅通信息共享渠道，实现了设施的共商共建共享。

7.2.2　强化科学技术创新，畅通资源化利用途径

筑牢源头减量防线，"清洁生产"助力产业提质增效。以有色金属冶炼、石油开采、石油加工、化工、焦化、电镀等行业为重点，实施强制性清洁生产审核，鼓励产废企业开展生产工艺和污染物排放处理工艺升级改造，从源头减少危险废物的产生。以危险废物源头减量为重点，实施"主动式"防控，鼓励通过技术创新，攻克行业典型危险废物源头减量技术难题，突破制约行业安全生产和绿色环保的技术"瓶颈"，带动行业绿色发展，实现源头减量和资源环境效益最大化。绍兴市在试点初期与有技术改造意向的某大型印染集团合作，拟对分散染料行业清

洁生产技术进行改造，在试点成效评估期已初现效益：产品废水产生量下降 95%，单位产品废渣产生量下降 96%，减少硫酸钙废渣 14.4 万吨/年，回收副产硫酸铵产品 7 万吨/年，获得直接经济效益 3 亿元/年。

提升技术水平，实现高附加值资源化利用。加大技术研发投入，构建危险废物资源化利用的技术支撑体系，通过建设大规模、高水平的危险废物资源化利用装备，将处置成本高、经济效益差、环境风险大的危险废物（如混杂盐等），转化为经济价值高、市场需求大的资源化产品，通过技术创新，实现危险废物"变废为宝"，有效解决典型危险废物处置难、处置成本高的问题。试点初期，绍兴市选取浙江龙盛集团与上虞众联环保有限公司合作平台为重点工程项目，合作平台投资 10 亿余元建设每年 5 万吨工业废盐和 6 万吨废硫酸的资源化利用项目，拟将氯化钠、硫酸钠的混杂盐转化为经济价值高、市场容量大的硫酸钠和盐酸，试点成效评估期，该项目已初步解决了绍兴市地区工业废硫酸的处置问题，形成了一条绿色、可持续的"废盐生态链"。绍兴市凤登环保有限公司开发水煤浆气化及高温熔融协同处置技术，以工业有机固体废物、废液等作为原料替代煤和水，生产高纯氢气（氢能源）、氢气、工业碳酸氢铵、工业氨水、液氨、甲醇、蒸汽等多种产品，充分利用有机类废物中的碳、氢元素，实现了危险废物的高附加值资源化利用。铜陵市利用本地铜冶炼产业基础，试点期间通过发展再生铜产业，建设废旧五金、废旧电器电子产品、废印刷线路板等再生资源回收利用项目，形成废旧金属拆解—材料分离—废旧铜资源化利用的产业链，试点评估期已实现传统铜产业与铜基新材料、电子元器件等新兴产业耦合，形成"铜产品—拆解废铜—铜原料"的闭路循环。

7.2.3　推动联合管控机制，创新监管模式

高位推动多部门、跨区域联动机制，实行规范化监管。巩固和深化危险废物规范化环境管理工作成效，进一步推动各级地方政府和相关部门落实危险废物监管职责，将"无废城市"监管体系工作列为试点城市/地区每年度重点工作任务，统一部署，将监管体系指标和建设成效作为地方政府政绩考核重要内容和督察部门加强监督检查的重点。探索与交通运输、应急管理等各部门建立监管协作、会商与联合执法工作机制，将危险废物纳入环境执法"双随机"监管体系，严厉打

击非法转移、非法利用、非法处置危险废物，也结合安全生产专项整治要求，以危险废物产生、贮存、转移、利用、处置等全生命周期为重点，聚焦废弃危险化学品等危险废物监管领域，深入推进处置专项整治行动，对排查发现的安全隐患，及时移交相关职能部门依法处理，实现对危险废物监管的全面覆盖和联动把控。多部门共同探索建立项目源头审批、危险废物监管、环境治理设施监管、联合执法以及联合会商等各项工作制度，深化落实危险废物全过程规范化监管机制。开展联防联控区域合作机制，建立突发环境事件危险废物应急响应机制，针对环境突发事件中产生危险废物需要跨区域应急处置的，由区域内生态环境主管部门沟通，先行转移处置再补办相关手续，及时满足突发环境事件应急处置需求；建立危险废物跨区域联合执法制度，以废酸、废矿物油、废铅蓄电池等危险废物为重点，持续联合开展跨省市打击危险废物非法转移、倾倒环境违法犯罪活动。徐州市生态环境局和应急管理局联合印发《生态环境与应急管理部门安全环保联动工作机制》，在此基础上，生态环境、应急、公安等 10 部门又联合印发《关于建立环保设施和危险废物安全环保联合管控工作机制（暂行）的通知》，建立定期例会、工作协同、联合执法、信息共享、问题移送等工作机制，拓展了环境安全隐患排查整治的广度和深度，完善了联动工作机制。

有效结合信息化技术，创新监管模式。开展危险废物产生单位在线申报和管理计划在线备案，全面运行危险废物转移电子联单，实现危险货物运输电子运单和危险废物转移电子联单对接互验，实现危险废物转移运输轨迹实时在线监控和联动监管，建立危险废物来源、流向、二次污染物处理等情况的 24 小时联网监控系统，充分共享和对接全市现有的数据和系统，实现危险废物信息化管理"一张网"。组织开展危险废物风险点、危险源排查管控，建立风险点、危险源数据库和电子图。建立排查台账和问题整治清单，明确危险废物库房、综合利用车间等关键环节检查要点和频次，加强监管的针对性和有效性。针对重点园区和企业，将危险废物收集、运输、资源化利用及利用处置环节作为安全监管的重点，运用视频监控、电子标签等集成智能监控手段，采用大数据分析等智能化、信息化手段，建立危险废物全过程智能化可追溯技术平台，对所有危险废物实行产生、收集、贮存、转运、利用处置全过程可追溯管控，所有数据信息和视频监控信息在平台运行，并对数据信息进行预警分析。建立危险废物动态监管平台，通过全面落实危险废物管理计划网上备案、电子台账、电子联单等制度，有效实现实时监控、业务流转、预测预警。通过和智能化信息化技术的有效结合，最终建立一套全过程监管体系。

浙江省绍兴市依托"无废城市"信息化平台建设，打通了包括生态环境、卫健、交通、建设、综合执法、供销社、商务、农业农村、网信办、信访办、国家发展改革委、公安等 12 个部门在内的 18 个行政管理平台，实现固体废物台账、公共信用、舆情、交通卡口、信访等 8 个类别监管数据的汇集共享，实现了跨部门数据信息对精准监管、高效治理的支撑，大大提高了固体废物全过程信息化监管工作成效。深圳市打造危险废物智慧监管平台，危险废物经营单位全部实现车辆 "GPS+视频" 信息化监管，全市 19 家危险废物经营单位和 1.2 万家危险废物产废企业全部信息化建档，实现了危险废物产生、运输、处置全过程跟踪管理。深圳市以福田区为试点，由福田区检察院、市生态环境局福田管理局、市交通运输局福田管理局联合开发 "机动车维修行业危险废物监管平台"，从维修工时单入手，结合零配件更换情况，合理统计危险废物产生量，对危险废物超时贮存、超量贮存时预警，并提醒企业及时转移，实现危险废物电子转移联单管理，有力推动了机动车维修行业危险废物全周期环境监管。

7.2.4 完善产业扶持政策，激发市场活力

落实财政税收政策，激发市场主体活力。落实和加大资源综合利用税收优惠政策，积极培育第三方市场，鼓励专业化第三方机构从事危险废物资源化利用、环境污染治理与咨询服务。在财政补贴方面，进一步优化财政支出结构，强化对危险废物利用处置重点领域的支持。在税收优惠方面，明确享受税收优惠企业范围，落实并加强现有资源综合利用增值税等税收优惠政策；通过工业固体废物资源综合利用评价机制和国家工业固体废物资源综合利用产品目录等的有效实施，推动危险废物综合利用暂予免征环境保护税。

深圳市系统构建依法治废制度体系，激发各类市场主体活力

深圳市出台国内首部绿色金融领域立法——《深圳市经济特区绿色金融条例》。创新绿色信贷、信托金融、绿色保险产品业务，制定绿色金融标准，创设绿色投资评估制度，强制披露环境信息，扩大"无废城市"建设项目市场融资范围，降低企业生产成本，提高企业抗风险能力。《深圳市经济特区绿色金融条例》是推动深圳市经济特区绿色金融发展的法制保障，为深圳市建立起更加有利于新兴绿色产业发展和传统产业绿色化的金融生态环境和法治营商环境提供了保障，为全国绿色金融法治化发展提供了先行示范。深圳市依靠高度市场化特点，系统打造绿色金融体系，建立社会资本参与有价废物市场化回收利用，国有企业兜底处置的多元运营机制，激发固体废物各类市场活力，大幅提升各类固体废物利用处置能力。建立国有经济和市场配置相结合的多元化市场体系，培育出深圳市环保科技集团、东江环保、能源环保、格林美、华威环保、朗坤环保、龙善环保等一批龙头骨干企业。市政污泥利用处置设施采用特许经营、BOT、TOT、服务采购等多种模式建设运营，医疗废物、餐厨垃圾采取特许经营模式建设运营，建筑废弃物、一般工业固体废物、工业危险废物百分之百市场化运营。2020 年财政补贴 52 亿元收运处置生活垃圾、市政污泥、医疗废物，带动企业投资 2.27 亿元。强化绿色信贷激励措施，绿色信贷余额 3 560.59 亿元，办理"绿票通"小微绿色企业、绿色项目业务 401 笔，金额达 13.87 亿元，绿色信贷规模再创新高。加大税收优惠政策，2020 年退还 78 户固体废物相关领域纳税人资源综合利用增值税 1.1 亿元。加强环境污染责任保险市场培育，2020 年 671 家企业投保 1 700 万元购买环境污染责任保险，保额总额达到 9 亿元，固体废物利用处置企业全部购买环境污染责任保险。鼓励社会资本投资，批准成立潮商东盟基金，注册资本 10 亿元，募集基金规模可达 1 000 亿元，助力深圳市将"无废城市"技术项目推广到东盟等"一带一路"国家。

健全信用评价制度，形成综合政策支持体系。将危险废物生产、利用处置企业纳入企业环境信用评价制度，评价结果融入绿色金融、市场监管、价格调节等政策措施。通过跨部门跨领域联合惩戒，实施电价、污水处理费、税收减免和财政资金支持，鼓励银行等金融机构对环境保护绩效良好的危险废物产生、收集、

贮存和利用处置企业予以贷款优惠，适当提高其信用评级，并作为项目后续信贷的基础。完善生态环境、银行、证券、保险等部门的联动协作机制，依法加强金融与生态环境、自然资源、住房和城乡建设、安全生产等部门和其他社会组织之间的信息共享，将环境违规、安全生产、节能减排及绿色矿山建设等信息依法依规纳入全国信用信息共享平台和企业征信系统，建立覆盖面广、共享度高、时效性强的绿色信用体系。

探索发展绿色金融，加大资金政策扶持力度。鼓励地方政府有关部门制定和完善绿色金融配套政策措施，在信贷规模、贷款利率等方面对绿色金融给予更大的政策支持，对绿色金融项目给予更多财政补贴和税收优惠。积极研发推广危险废物减量化、资源化、无害化领域绿色信贷产品。支持金融机构发行以绿色信贷资产作为基础资产的证券化产品，引导大中型、中长期危险废物利用处置产业项目投资运营企业发行资产证券化产品。探索建立危险废物利用处置产业投资基金。

徐州市循环经济产业园获批国家开发银行系统内资源循环利用产业园类项目"首例"贷款项目

2018 年徐州市开始谋划建设循环经济产业园。该产业园规划建设固体废物处理、资源再生利用、环保装备制造、科研宣教、新能源 5 个功能板块。其中起步区 2 365 亩，总投资约 60 亿元，规划建设生活垃圾焚烧发电、餐厨垃圾处理、污水处理、危险废物处置、饱和废活性炭再生利用、建筑垃圾处置等 11 个环保项目。建设"徐州市无废城市"展示馆、"中国循环经济产业"博览馆、国家级工程技术研发中心 3 个科研宣教类项目，以及基础设施建设和影响区村庄搬迁安置等配套工程。针对产业园中各项目"小而散、选址难、公益性强"导致的融资难的问题，徐州市站在全局高度，突破机制体制、融资困局及产业规划布局等方面的局限，发挥新盛集团国资平台融资优势，加强与国家开发银行对接，利用"无废城市"试点、长江大保护、江苏省全域生态提升等国家和地区重大战略，实施"政企职责明确、企业管理为主"的市场化运作模式，引入与国家战略高度契合的项目，创新性地提出统筹建设内容、统筹征信来源、统筹征信方式的"三统筹"融资模式。经国家开发银行总行授信批准，循环经济产业园项目最终获授信贷款约 45.5 亿元，期限 20 年，成为国家开发银行系统内资源循环利用产业园类项目"首例"获批的贷款项目，解决了产业园起步区建设资金需求，有力推进了徐州市"无废城市"建设。目前 8 万吨/年危险废弃物处置一期项目、2 万吨/年废活性炭再生利用项目、1 万吨/年医用废塑再生利用项目等正在建设，已于 2021 年上半年运营。同时，循环经济产业园二期已启动规划。

在试点城市/地区危险废物经营单位全面推行危险废物环境污染责任保险。试点期间发现，保险业内为危险废物产废和经营单位提供的环境污染责任保险产品设计和服务多依赖第三方提供技术支持，但现有市场上的危险废物技术支持提供第三方水平参差不齐，所提供的技术支持质量普遍偏低，难以为定价合理、赔付科学的危险废物环境污染责任保险产品设计提供有效技术支撑，达不到国务院印发的《关于加快建立健全绿色低碳循环发展经济体系的指导意见》中"发展绿色保险，发挥保险费率调节机制作用"的要求。因此，在"无废城市"建设试点这项深化改革创新工作中推动危险废物经营单位根据国家规定投保环境污染责任保险具有现实意义，也具备进一步完善配套政策和强化落地的实施细则的条件。试点期间拟从三方面推动危险废物环境污染责任保险的先行先试：一是加强生态环境部门和相关保险、研究机构的数据信息沟通，增强对保险公司在危险废物领域开展环境污染责任保险经营业务的支持力度，建立支持危险废物环境污染责任保险合理定价和有效赔付的技术支持模式；二是在试点区域内完善危险废物经营许可证制度体系，强化危险废物经营单位的环境污染防治主体责任和地方政府的属地环境监管责任，建立激励约束机制；三是全面调研危险废物环境污染责任保险的实施情况，开展试点研究并探索对策和方案的制定。

试点成效评估期，已有多数城市结合"无废城市"建设取得积极进展。北京经济技术开发区培育环境保险市场，完成区内危险废物收集处置单位环境污染责任险的投保。雄安新区、西宁市已将危险废物经营单位纳入环境污染责任保险覆盖范围。徐州市强化危险废物环境安全管控，利用危险废物环境污染强制责任保险制度、排污许可"一证式"管理、工业危险废物信用评价等手段，建立重点企业自查核查机制，建成危险废物环境管理智慧应用平台，对全市 92 家重点产废企业和经营单位实现工业危险废物精细化管理。深圳市扩大环境污染强制责任保险覆盖范围，不断推进环境污染强制责任保险试点工作，应用并落实环境污染强制责任保险实施办法，开展重点行业重点区域环境污染强制责任保险投保企业投保和风险防控培训，指导投保企业建立健全环境风险防控体系，截至 2019 年年末，深圳市环境污染责任险在保企业 628 家。包头市生态环境局下发《关于开展 2020 年度环境污染责任保险工作的通知》，将全市 16 家危险废物经营单位环境纳入污染责任保险范围，确保覆盖率达到 100%。绍兴市全力打造以"保险+服务+监管+防范"为一体的绿色金融环境风险防范体系，投保环境污染责任保险的企业每年将获得第三方环境治理专业机构的一次"体检"和两次培训服务；依据"环保体检"报告，企业第一时间作出整改，生态环境部门予以监督。三亚市开展产业集聚区小量危险废物集中收集贮存试点，并通过环境污染强制责任保险制度和信用评价制度加强危险废物监管能力。

绍兴市打造政企联动、市场活跃、竞争有序、保障完备的"无废"市场体系

绍兴市发挥市场经济发达的优势，以重点项目建设为抓手，助推形成"无废"市场体系，培育包括危险废物处置的产业政策优化在内的 13 个市场体系。招商引资培育市场体系，在不断发掘本地环保企业潜力的基础上，通过产业引入和产业培育的方式，借助"无废城市"建设试点这个契机，努力引进省内外先进企业来绍兴市创业，发动包括"浙商""越商"在内的广大省内外企业投资绍兴市"无废"产业。目前，全市节能环保产业产值达 680 亿元，力争到 2025 年将节能环保产业打造成为千亿级产业集群、全国较有影响力的特色环保产业集群之一，将绍兴市打造成为长三角南翼环保装备先进制造基地。政策支撑培育市场体系，在梳理原有制度的基础上，不断健全"62+X"的制度体系，试点以来已累计实现资源综合利用增值税即征即退 2.25 亿元，减计企业所得 1.39 亿元，环境保护、节能节水项目减免企业所得税 1.62 亿元。资金保障培育市场体系，在各级财政充分保障"无废城市"建设正常推进和重点民生项目资金得到保障的前提下，政府通过参股、引导、服务、金融扶持等手段调动民间资本参与固体废物全链条，通过政府财政资金发挥"四两拨千斤"的效能，拓展多元化投资渠道，充分保障各类项目建设资金。目前，培育出凤登环保、绿斯达环保、众联环保等一大批本地环保企业，小微企业危险废物集中收运体系和危险废物经营单位环境责任保险已实现全覆盖。

7.3 探索实践

激发市场主体活力，培育产业发展新模式，实现 "无废城市" 建设的路径探索，强调在补齐短板的前提下，协同推进，提升区域固体废物综合环境管理水平。在突出不同固体废物特殊性的同时，更加强调系统集成。本节侧重讲危险废物领域 "无废城市" 建设试点的探索实践及技术应用。

7.3.1 建立跨区域转运制度，解决区域利用处置能力失衡

虽然我国危险废物处置能力总量过剩，但是由于处置能力区域配置不平衡、处置价格受市场驱动影响大等，仍存在大量的危险废物需要跨区域转移处置。在现行危险废物环境管理制度下，按照《固体废物污染环境防治法》第八十二条第二款的规定，"跨省、自治区、直辖市转移危险废物的，应当向危险废物移出地省、自治区、直辖市人民政府生态环境主管部门申请。移出地省、自治区、直辖市人民政府生态环境主管部门应当及时协商，经接受地省、自治区、直辖市人民政府生态环境主管部门同意后，在规定期限内批准转移该危险废物，并将批准信息通报相关省、自治区、直辖市人民政府生态环境主管部门和交通运输主管部门。未经批准的，不得转移"，即跨省转移危险废物必须经由申请、函商、同意、批准等程序，手续烦琐，办理时间普遍在 1 个月以上。为解决危险废物跨区域转移过程中存在的审批手续复杂且时间跨度长、不同区域间缺乏有效沟通机制、转移过程监管存在漏洞等问题，建立跨区域转运 "白名单" 制度成为 "无废城市" 试点工作制度创新首选，通过探索危险废物跨区域合作，破解单一省市危险废物利用处置能力不足、跨省转移难的问题，实现简化审批流程、提高效率效能，共享利用处置资源、避免重复建设，提高转移过程环境风险管控水平。

重庆市首创危险废物跨省转移 "白名单" 制度。2020 年 4 月 1 日，在推动成渝地区 "双城经济圈" 建设生态环境环境保护工作联席会议第一次会议上，重庆市生态环境局与四川省生态环境厅签订了《危险废物跨省市转移 "白名单" 合作机制》。通过每年两地生态环境部门定期协商，确定 "白名单" 范围内的经营单位及可接收危险废物的类别和数量，规定凡在 "白名单" 范围内的危险废物，由两

地省级生态环境部门直接审批，平均审批时限由 1 个月压缩到 5 天左右。同时，两地实现了利用处置能力区域共享，促进产业提档升级，确保环境风险有效管控。在此基础上，2020 年"白名单"制度已经引领重庆与四川、贵州、云南 4 省市签订了《关于建立长江经济带上游四省市危险废物联防联控机制协议》与《四省市危险废物跨省市转移"白名单"合作机制》。在重庆市区域合作"白名单"制度模式取得了明显成效的基础上，"白名单"制度模式可适用于涉及跨省管辖的大型城市群，例如，京津冀、长三角、珠三角、粤港澳大湾区等，以及危险废物处置能力有互补特点的相邻省份之间，通过在危险废物跨区域协同管理方面进行试点，在保障环境安全的前提下，简化跨省转移审批程序，缩短审批周期，以达到提高危险废物处置能力和危险废物处置设施利用效率，解决区域利用处置能力失衡，保障区域环境安全的目的。

深圳市全面开展粤港澳大湾区城市危险废物协同处置合作，完善危险废物区域协同处置工作联席会议制度。深圳市发挥地缘协同发展带头作用，与佛山、肇庆、河源、清源、韶关、潮州等地签订危险废物协同处置战略合作协议，推进各地发挥资源优势，做好危险废物处置能力互补工作。深圳市会同各地交通运输主管部门建立危险废物运输管理会商制度，加强危险废物管理名录与危险货物运输品名的对接管理，对危险废物运输企业、车辆、从业人员等进行重点督查，协同推进危险废物运输全过程环境管理，严厉打击危险废物非法转移和非法倾倒。在试点成效评估期，危险废物处置价格与试点初期相比，同比下降 50%以上，大幅降低产废企业的处置成本。

7.3.2 打通"点对点"利用途径，完善危险废物利用标准体系

危险废物"点对点"利用模式是解决特定种类危险废物资源化利用的有效途径，符合"危险废物十条"对危险废物精细化管理的要求，也是促进危险废物利用处置产业高质量发展的重要组成部分。"点对点"利用需满足以下几个要求：作为原料的危险废物产生规律、来源稳定、风险可控，运输路线固定且经过交通运输部门同意，有特殊天气/灾害应急预案，利用设施符合行业污染防治要求和措施，利用过程安全可控，不产生其他危险废物，产品符合国家规定的标准或用途。在满足以上要求的条件下，一家（或一类）危险废物产生单位产生的特定种类危险

废物，作为另一家危险废物利用单位环境治理或工业原料生产的替代原料进行使用，该利用过程不按危险废物管理，即"点对点"利用模式。该模式通过管理部门推出危险废物"点对点"定向利用管理制度，整合特定产废单位对危险废物处理和利用单位的使用需求，提高了经济效益和环境效益，降低了危险废物长距离运输风险和处置风险，推动和完善了危险废物市场机制。在环境风险可控的前提下，"无废城市"建设试点的成功实践还可以作为探索危险废物"点对点"定向利用许可证豁免管理的研究基础。

重庆市为了推动危险废物资源化利用行业发展，在"无废城市"建设试点创建期研究基础上，在成效评估完成后，及时发布《重庆市危险废物"点对点"定向利用豁免管理实施细则（征求意见稿）》，广泛征求全社会意见。重庆市通过危险废物精细化管理系统，整合产废单位的危险废物产生车间、入库、预约转移，运输单位的经营单位确认、转移车辆调度、危险废物转移运输和处置单位的危险废物签收入库、处置登记等步骤于二维码流程中，通过数据实时显示，实现危险废物精确追溯，全面掌握危险废物流向和运输轨迹的追踪统计。在"无废城市"建设试点危险废物"点对点"利用探索实践的引领下，其他城市也受到启发。例如，上海市发布《上海市 2021—2023 年生态环境保护和建设三年行动》和《上海市生态环境局关于加强危险废物新旧名录衔接、落实分级分类管理要求的通知》，侧重于集成电路行业废弃硫酸的"点对点"定向再利用模式；2021 年 8 月，舟山市发布《舟山市危险废物"点对点"利用试点工作实施方案（试行）（征求意见稿）》，通过危险废物"点对点"利用试点工作实现危险废物管理疏堵结合，减轻了危险废物委外处置利用的压力。

重庆市危险废物"点对点"定向利用豁免管理实施细则（征求意见稿）》
主要内容

为了进一步提高重庆市危险废物资源化的利用水平，拓宽危险废物的利用途径，鼓励对危险废物进行"点对点"定向利用，依据相关法律法规，结合重庆市实际，制定该方案。

1. 豁免内容：危险废物产废单位产生的一种危险废物，作为另一家利用单位环境治理或工业原料生产的替代原料进行使用，该利用过程不按危险废物管理。

2. 豁免条件：产生单位和利用单位均合法合规生产经营，危险废物规范化考核达标；"点对点"定向利用的危险废物应产生源明确可控；利用单位生产产品应与原工业原料生产产品相同，不产生新的副产品及固体废物，产品符合《固体废物鉴别标准通则》（GB 34330—2017）5.2 要求，并且产品用途应符合相应行业生态环境、人体健康标准要求；定向利用危险废物过程中污染物排放符合方案规定。

3. 豁免程序：首次办理需产生单位和利用单位共同组织编制利用方案，填写《重庆市危险废物"点对点"定向利用申请表》，报双方所在地生态环境局初步审核通过并签署意见后，报市生态环境局，市生态环境局委托审查并批复是否同意豁免管理决定，向社会公示；延续程序需要产生单位和利用单位在豁免管理到期前 30 个工作日内，共同填写《重庆市危险废物"点对点"定向利用申请表》，报双方所在地生态环境局初步审核后，市生态环境局决定是否延续豁免管理并向社会公示；产废单位、利用单位、危险废物"点对点"定向利用方案变化的，应向市生态环境局申请重新办理，办理程序参照首次办理程序执行；取消豁免管理需要产生单位和利用单位填写《重庆市危险废物"点对点"定向利用申请表》，报双方所在地生态环境局初步审核后，报市生态环境局取消豁免管理，市生态环境局依据所在地生态环境局日常监管报告作出决定，并向社会公示。

4. 保障及管理措施：市生态环境局、区县（自治县）生态环境局、产生单位和利用单位依照本方案要求管理，发生生态环境违法违规情节时，市生态环境局根据违法违规情况可以采取约谈相关责任人、暂停利用行为、撤销豁免等管理措施。

绍兴市率先实施"点对点"定向利用模式，成效显著。危险废物已实现产生量与利用处置能力基本匹配。各县（市、区）均建立小微企业危险废物收运体系，覆盖率达 100%。依据《绍兴市"无废城市"建设试点工作实施方案》任务清单，2020 年关于危险废物相关 5 项指标已完成 4 项。工业危险废物综合利用率超标完成至 38.7%，危险废物经营单位环境污染责任保险覆盖率达 100%，产生与经营单位危险废物规范化环境管理抽查合格率达 100%，达标完成危险废物全面安全管控技术示范项目 2 项。绍兴市危险废物管理模式对于地区经济较发达、行业集中度较高、民间资本参与积极的地区，具有借鉴意义。全国其他同类城市在推广应用过程中应注意以下三点：一是政府应提供危险废物相关立法保障。危险废物"点对点"利用等制度属于地方立法中创新制度，是对现有法律法规的突破和细化，个别细化的实施步骤缺乏上位法依据，因此，要巩固试点成效，完善地方危险废物环境管理标准规范，同时，制定相关细化的实施办法，提高可操作性。二是构建市场激励机制。在试行危险废物"点对点"利用制度时，可按照《国家工业固体废物资源综合利用产品目录》，对依法综合利用固体废物，符合国家和地方环境保护优惠政策的企业，依据国家税收政策实行减免。三是科技治废。充分利用信息化、智能化手段，按照"整体智治、高效协同"的原则，破解监管覆盖范围不够、行政效率不高、裁量尺度不一等难题。

7.3.3　规范小微集中收集体系，探索解决"最后一千米"收集难题

随着危险废物环境管理制度的日趋严格，危险废物产生量小的中小型企业面临危险废物种类多、产生量小、收运成本高、管理力量弱、鉴别难度大、鉴别成本高、周期长等问题，生态环境部门监管压力也逐渐增大。为贯彻落实《固体废物污染环境防治法》有关危险废物收集的相关要求和"危险废物十条"中关于推动收集转运贮存专业化的要求，加强危险废物的环境监管，小微量危险废物集中收集（以下简称小微收集）单位在各地以运营平台、持证单位等形式开展了相关收集工作实践，为危险废物分级分类和精细化管理制度体系的构建提供了"最后一千米"的"毛细血管"试点经验。截至 2021 年 10 月，全国超过 70% 的省（区、市）开展了小微收集平台试点，已建成的小微收集平台超过 150 家（不含废铅酸蓄电池）。国家"无废城市"建设试点中，重庆市、绍兴市、铜陵市、深圳市、北京经济技术开发区等多个试点都开展了危险废物小微收集试点实践。

以重庆市为例，为了实现危险废物小微收集，采取了 5 点做法：一是改革创新，探索综合收集贮存制度。将小微企业及非工业源危险废物收集网络建设纳入《重庆市危险废物集中处置设施建设布局规划（2018—2022 年）》《重庆市"无废城市"建设试点实施方案》，设立危险废物集中收集贮存场所，为小微企业和非工业源危险废物产生单位的危险废物提供收集及贮存服务，最后再统一将收集的危险废物分类移交至持有相应危险废物经营许可证的单位进行利用处置。二是重庆

市统一明确收集范围为年产废量 10 吨及以下的小微工业企业和各类社会源,限定 19 个大类 92 个小类危险废物,且总规模不大于 5 000 吨。同时明确提出收集单位入园区、贮存面积不低于 1 000 平方米、铺设高密度聚乙烯 HDPE 防渗膜和废气处理设施等硬件要求,并鼓励工业园区建设综合收集贮存设施。截至 2020 年年底,综合收集贮存已在 34 个区县落地,基本实现危险废物综合收集贮存市域全覆盖。三是通过规范管理,将试点单位纳入精细化管理范畴,督促指导试点单位建立完善的环境管理制度,明确收集对象和收集范围,规范危险废物包装和运输,与终端利用处置单位建立对接协调机制,实现转移处置全过程追踪,提升危险废物精细化管理水平,压实试点单位主体责任。定期组织对试点单位的审查评估,并纳入"双随机"执法检查、规范化环境管理督查考核和企业社会信用评价,发现问题立行立改。对不按要求开展收集服务的单位,明确处理原则,规范危险废物收集、贮存服务。四是服务企业,着力解决小微源处置难题。针对小微源危险废物管理能力薄弱问题,试点单位既要提供及时的收运、转移、处置服务,又要提供法律政策宣贯、危险废物类别识别、规范包装等管理服务,提高小微企业环境保护意识和管理水平。五是政企协同,切实保障应急贮存能力。将试点单位作为危险废物环境违法犯罪案件查处的危险废物应急暂存去向,"无废城市"试点期间协助办理案件 20 多件,应急暂存危险废物近 200 吨,有力保障了执法查处的危险废物稳定去向。重庆市小微源危险废物综合收集贮存试点制度施行后,取得了明显成效。一方面,纳入管理的小微源企业数量大幅提升,覆盖行业增加至公共管理、交通、教育、农林畜牧、金融等 20 个;另一方面,有效缓解了非工业源危险废物收集难、贮存难、转移难等问题,缩短了危险废物产生单位危险废物周转周期,缓和了处置价格矛盾,降低了处置成本。此外,通过施行试点制度,既帮助小微源增强危险废物规范管理能力,提升环境保护意识、法律意识,又实现了小微源危险废物相对集中收运、转移和利用处置,提升危险废物精细化管理水平,防范了环境风险。

小微收集模式能够有效解决小微量危险废物产废单位收集转运困难、委托处置利用成本高、小微产废单位危险废物平台申报率低、区域危险废物环境监管能力不足等问题,有效规范小微量危险废物工业源和生活源产生行业收集转运处置行为;能够切实降低产废企业危险废物转运利用处置成本,进一步规范危险废物集中收集、转运处置利用，形成可复制、可推广的经验。重庆市小微收集模式多适用于产生危险废物的小微企业数量较多，单个企业危险废物产生量较小的城市或区域，缓解了收集难、贮存难、转移难等问题；绍兴市危险废物小微收集管理模式较适用于辖区内危险废物利用处置单位数量有限、利用处置废物类别集中的地区，能够实现小微企业危险废物收运全覆盖；北京经济技术开发区危险废物管理的 "管家式" 服务模式适用于工业园区、国家级经济技术开发区，通过制定相应办法，引进了第三方服务，帮助产废单位合法合规转移危险废物至危险废物利用处置单位；以第三产业旅游业为主的三亚市和以第一产业农业为主的光泽县危险废物产生量小，可以认为是全市、全县危险废物工业源产生源都是小微产生源，更偏重于考虑生活源危险废物的收集体系建设。危险废物小微收集模式需要因地制宜，探索适合特定区域定位和产业特点的实践模式，在创新模式实践过程中应注重政府立法保障和市场激励机制的构建，在保障危险废物全过程管理风险可控的基础上探索创新模式。

7.3.4 开展区域利用处置设施共享，加强医疗废物集中处置能力

医疗废物处置是各试点城市/地区推进 "无废城市" 建设过程中面对的一个共性问题，尤其是创建期间遇到新冠肺炎疫情应急处置医疗废物，更是对医疗废物处置能力的一次大考。尽管各试点城市/地区都按国家要求及时、有效、到位处置了所辖区域内的医疗废物，但医疗废物处置仍面临管理配套制度不完善、监管职责分工不清晰、处置设施的公共基础设施定位落实不到位等多方面问题。为了推进医疗废物管理水平，提高医疗废物分类的精细化水平，2020 年 4 月，国家发展改革委制定出台《医疗废物集中处置设施能力建设实施方案》（发改环资〔2020〕696 号），对医疗废物集中处理设施建设作出全面部署，加快优化医疗废物集中处置设施布局；2020 年 11 月，生态环境部联合多部委印发《国家危险废物名录（2021 年版）》，进一步明确医疗废物纳入国家危险废物名录进行管理，医疗废物分类按照《医疗废物分类目录》执行。各试点在 "无废城市" 创建过程中，主要是通过补齐医疗废物处置能力短板、建立分工明确、部门联动、区域协调的医疗废物集中收集转运和处置监管机制，以形成 "平战结合" 的医疗废物立体化管理长效机制。

试点期间，重庆市、北京经济技术开发区、雄安新区、三亚市、绍兴市和深

圳市"无废城市"试点区域的医疗废弃物收集处置体系覆盖率均达 100%，北京经济技术开发区和三亚市、雄安新区的医疗卫生机构可回收物资源回收率均达100%，深圳市、绍兴市医疗卫生机构可回收物资源回收率达 99%。其中，三亚市全面提升医疗废物全过程精细化管理，在产生源头加强医疗机构废弃物的分类及源头管理，按照标准做好医疗废物、生活垃圾和输液瓶（袋）的分类收集和贮存；试点成效评估期间已在收运环节努力实现琼南 9 市县各级医疗机构医疗废物收集全覆盖；在监管环节建立分工明确、部门联动的监管机制和区域联络机制；在医疗废物处置环节，推动落后处置设施有序退出，高标准建设生活垃圾焚烧设施协同处置医疗废物项目，严格执行污染物排放要求，实现区域医疗废物无害化处置。2020 年上半年，北京经济技术开发区医疗卫生机构和医院相对全市其他区域较少，但生物医药产业是全市独有，因此，北京经济技术开发区跳脱出"医疗废物从医疗卫生机构和医院管起"的窠臼，从化学类医疗废物的产生源头入手，印发并实施《北京亦庄生物医药园危险废物管理试点工作方案》，将医疗废物源头减量向前延伸一步，纳入危险废物环境管理整体政策制定和监管框架考虑，同时也体现了危险废物小微收集和规范贮存转运等一系列危险废物精细化管理思路。雄安新区也在 2020 年上半年印发实施《河北雄安新区医疗机构废弃物专项整治工作方案》。2020 年 11 月，重庆市发展和改革委员会、市卫生健康委员会和市生态环境局联合印发了《重庆市医疗废物集中处置设施能力建设实施方案》，明确了重庆市医疗废物集中处置设施能力建设总体要求、工作目标、工作任务和保障措施等。深圳市试点期间积极落实"平战结合"的医疗废物环境管理制度，"平时"印发《深圳市医疗废物技术核查和规范化管理》，完善管理制度。"战时"建立医疗废物、废弃口罩、集中隔离观察点废物、受感染冷链食品全覆盖收运处置体系。出台 18项医疗废物、废弃口罩和排放废水工作指引和 12 个监管文件，强化医疗废物规范化管理。完善医疗废物应急处置管理体系，印发《深圳市新冠肺炎疫情防控医疗废物应急处置预案》，编制应急处置资源清单。推进医疗废物处置中心扩能改造，医疗废物处置中心总能力达到 80 吨/天。按照"一对一"监管要求，全面加强对医疗机构、集中隔离医学观察点、污水处理厂的监督检查，全市共出动执法人员2.4 万人次，通过现场、远程及微信等方式检查医院等场所 4.5 万家。所有医疗废物、受感染冷链食品 100%安全处置，医疗污水和水质净化厂出水均保持达标排放[8]。

医疗废物区域利用处置设施共享需要考虑：第一，根据城市发展需要在国土空间规划上确保设施用地，推动固体废物利用处置纳入城市基础设施；第二，完善固体废物统计口径的统一，提升标准化水平，制定包括医疗废物统计在内的，覆盖工业固体废物、农业固体废物、生活垃圾、建筑垃圾、餐厨垃圾等各类固体废物标准、规范、统一的统计范围、口径和方法。三亚市生活垃圾焚烧设施协同处置医疗废物技术和区域统筹治理模式适用于医疗废物产生量小，无法满足医疗废物单独建设需求的中小城市（城区常住人口 100 万以下或医疗废物产生量不足 10 吨/天），一定程度上有缓解"邻避效应"的特点，推广过程中可发展适用技术或者区域共建共享，破解单个城市产废总量小、单独建设医疗废物处置设施成本高、负荷低、运行不稳定等制约性难题。

7.4　模式案例

本节针对跨区域转运利用，包括"点对点"利用在内的危险废物精细化管理，打通"最后一千米"的危险废物小微收集和医疗废物区域协同处置能力共享等具体实践，详细分析重庆市区域合作"白名单"制度模式，绍兴市危险废物分级分类精细管控，北京经济技术开发区试点开展危险废物小微收集模式和三亚市医疗废物集中处置能力区域共享模式的具体案例，为发展阶段和资源禀赋类似的城市发展做参考。

7.4.1　重庆市区域合作"白名单"制度模式

重庆市区域合作"白名单"制度最早源于其 2018 年率先与四川省签订的《危险废物跨省市转移合作协议》，该合作协议主要涉及 5 个方面：一是建立危险废物管理信息互通机制。每年 3 月底前，相互通报上一年度危险废物跨省市转移审批、经营许可证颁发及持证单位经营活动、处置利用设施运行等情况及本年度危险废物处置利用设施建设规划（或计划）及推进情况。二是建立危险废物处置需求对接机制。每年 6 月、12 月，根据省（市）危险废物产生、处置、利用情况及危险废物持证单位经营活动情况，提出危险废物处置利用的需求信息并相互通报，以利于危险废物产生和处置利用单位快速达成需求对接。三是建立危险废物转移快审快复机制。对于省、市之间危险废物转移处置利用的商询函（文件），由专人负责快审、快办、快复，原则上 10 个工作日内回函。四是建立突发事件危险废物应急转移机制。在环境突发事件中产生的危险废物，因处置能力及地理位置等，需要跨省市应急转移处置的，经双方省级环保部门沟通后，可先行转移处置，并主动配合做好辖区内危险废物持证单位应急处置的相关协调工作。五是建立危险废物监管协调会议机制。由双方省级环保部门协商召开危险废物管理协调会，原则上每年召开 1 次，如有亟须协商解决的问题，经双方同意后可适时召开，参会人员根据实际工作需要由双方协商确定[9]。截至 2020 年 11 月，川渝两地建立的废铅蓄电池、含汞灯管、废催化剂 3 类危险废物已纳入跨省转移"白名单"，重庆、四川分别开展了 5 件和 86 件的审批，申请转移对方区域，转移危险废物 695 吨和 4.68 万吨。

试点期间，随着制度模式的完善，为减少危险废物审批环节，扩展和延伸为重庆、四川、贵州、云南 4 省市签订《关于建立长江经济带上游四省市危险废物联防联控机制协议》与《四省市危险废物跨省市转移"白名单"合作机制》，2021 年将废矿物油、废铅蓄电池、机动车尾气三元废催化剂、含铅玻璃、废有机溶剂、钒钛系催化剂、废线路板、废荧光灯管 8 类危险废物纳入相关省市接收"白名单"，对纳入"白名单"范围的不再征求对方意见，由市生态环境局直接审批，缩减企业办理特定类别危险废物跨省转移审批时间，降低危险废物利用处置成本，逐步将综合利用水平较高的危险废物经营单位纳入重庆市对外接收危险废物跨省市转移的"白名单"接收单位，支持企业依法依规经营，做大、做强、做优；同时，督促指导企业认真落实危险废物相关管理制度，不断提升环境管理水平。具体做法如图 7-9 所示。

以四川跨省转移到重庆市最多的废铅蓄电池为例，2019 年在原有制度下，共审批 177 个批次，两地征求意见的来往函件达 354 份。川渝首创危险废物跨省转移"白名单"制度后，2020 年四川省共审批跨省转移 94 批次，"零往来"函件。2020 年两地已直接审批"白名单"内危险废物跨省市转移 4.87 万吨。此外，从资源利用效率看，川渝两地部分产业相似，如废荧光灯管、贵金属催化剂、电子行业有机溶剂等量小、设施投入高、处置难度大的危险废物，可以共用下游的利用处置资源，避免重复建设。截至目前，川渝两地纳入"白名单"的企业共 15 家。可见，"白名单"制度大大缩短了跨省转移审批时间，并牵头建立长江经济带上游 4 省市危险废物联防联控机制，加强省市联动，提高了区域合作效率，降低了危险废物处置成本，破解了单一省市处置能力不足、结构失衡的问题，取得了较大成效。

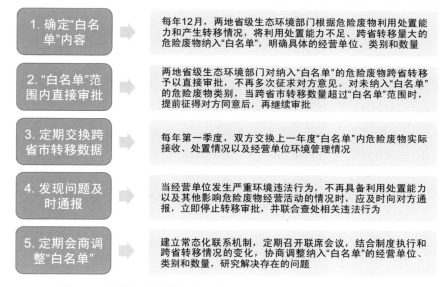

图 7-9　重庆市危险废物跨省市转移 "白名单" 合作机制流程示意图

7.4.2　绍兴市危险废物分级分类精细管控模式

1. 源头减量—全量收运—规范利用的链条式危险废物精细化管理

自 2019 年 4 月 30 日绍兴市入选 "11+5" 全国首批试点城市/地区以来，绍兴市紧紧围绕 "创新、协调、绿色、开放、共享" 的发展理念，制定了 "无废城市" 建设试点工作实施方案，并按照五大类固体废物减量化、资源化、无害化的要求，在制度、市场、技术、监管四大体系方面积极寻求突破，取得重要成效。危险废物精细化管理模式是绍兴市为了全面提升危险废物利用处置能力、监管能力和风险防控能力，在市生态环境局的牵头下，试点工业废盐、废酸等特定类别危险废物资源化产品 "点对点"、园区内定向利用制度，研究了引进飞灰和工业废盐资源化利用等技术，建设服务全市的生活垃圾、污泥、工业固体废物等焚烧处置危险废物残渣安全处置设施，解决工业废盐依赖填埋、综合利用技术缺乏的问题，提高危险废物的资源化水平，制定了危险废物定向利用资源化产品和过程污染控制企业标准、地方标准，拓宽危险废物资源化出路，探索形成了源头减量—全量收运—规范利用处置的危险废物精细化管理模式（图7-10）。其中还提出了特定危险废物"点对点"定向利用途径，以拓宽利用处置途径，提升环境风险防控能力，强化危险废物全面安全管控。为更好地实施"点对点"利用，绍兴市从制度和市场入手，形成了一套较为完善的管理体系，从制度方面配套出台了《危险废物分级管理制度》《绍兴市特定类别危险废物定向"点对点"利用试点工作制度》《绍兴市工业固体废物综合利用产品监管办法》等十余项危险废物管理制度，还利用绍兴市"无废城市"建设试点本地专家团队，联合多家单位，制定了"基于工业废盐的印染专用再生利用氯化钠"团体标准和环境管理指南，并培育出3家企业推进工业废盐资源化利用项目。市场方面，越城区、上虞区确定了14家危险废物产生和利用单位的"点对点"定向利用，大幅降低了潜在的环境风险，实现了生态和经济效益的双提升，带动企业增加再利用技术的研发投入，实现良性循环。而废盐的定向利用，减少了对刚性填埋场的需求，节约填埋库容，降低建设成本。目前，环保企业正在建立危险废物刚性填埋场和废盐渣资源化利用处置工程项目。

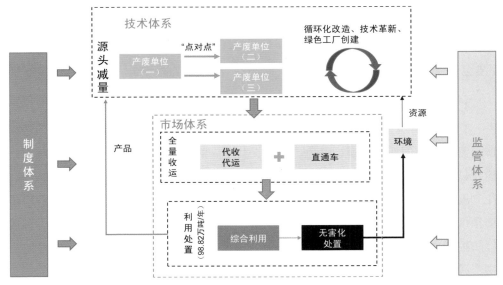

图7-10　绍兴市源头减量—全量收运—规范利用处置的危险废物精细化管理模式

资料来源：绍兴市"无废城市"建设试点总结评估报告。

绍兴市通过制度建设解决危险废物管理过程中遇到的具体问题，提出很多精细化管理、特色化做法，包括废酸、废盐"点对点"工作制度、硫酸梯级利用、园区整体智慧管理模式、危险化学品全程监管和小微企业危险废物收集管理等。绍兴市生态环境局根据地方实际，创新性地提出了《绍兴市重点危险废物分级管理规定（试行）》，根据危险废物的产生来源、特性和数量等评估因素，实施分级分类管理，打造源头减量—全量收运—规范利用的链条式危险废物精细化管理模式。在确保环境安全的前提下，提高利用处置效率，节约社会资源和处置成本。通过 2020 年浙江"全省无废"建设工作，浙江省危险废物小微收集能力达到 136 万吨，新增的 7 家小微收集平台中有 2 家就在绍兴市。绍兴市全市 5 700 多家危险废物产生处置单位目前已纳入信息化平台，基本实现动态全覆盖，可实现危险废物高效率、低成本、全过程、闭环式监管。

2. 绿色工厂建设和工艺技术革新路径

绿色工厂建设和工艺技术革新是试点路径的重大举措。绍兴市以工业原料全量利用为目标，实现危险废物减量化和资源化，创新性地出台《绍兴市绿色制造体系评价办法》，提出"无废工厂"理念，制定《绍兴市"无废工厂"评价标准》，细化了危险废物资源化、无害化等要求，截至 2020 年 12 月，绍兴市创建市级绿色工厂 70 家、"无废工厂"40 家，实现了制度体系创新。技术体系方面，通过对分散染料行业清洁生产技术改造、混杂废盐综合治理资源化改造、医药化工行业提升原子利用率改造和水煤浆气化及高温熔融协同处置技术，实现技术体系创新。其中，分散染料行业清洁生产技术改造项目已被列入工业和信息化部清洁生产示范项目，医药化工行业的"脂溶性维生素及类胡萝卜素的绿色合成新工艺及产业化"技术荣获了国家科技发明二等奖。

绿色工厂建设和工艺技术革新不仅实现了危险废物的减量化，还为企业带来经济效益。龙盛集团投资 6.3 亿元，改造原酸性废水工艺接近"零排放"，单位产品废水产生量下降 95%，废渣产生量下降 96%，减少硫酸钙废渣 14.4 万吨/年，回收副产硫酸铵产品 7 万吨/年，获得直接经济效益 3 亿元/年。龙盛集团开发高盐废水综合治理技术，按照该集团目前 6 000 吨/天的废水排放量，平均含盐浓度 2% 计算，每年可减少混杂废盐产生量 2 万吨，获得直接经济效益 1.6 亿元。此外，与上虞众联环保有限公司合作，投资 10 亿余元建设每年 5 万吨工业废盐和 6 万吨废硫酸的资源化利用项目。绍兴市凤登环保有限公司开发水煤浆气化及高温熔融协同处置技术，以工业有机固体废物、废液等作为原料替代煤和水，年节约标煤约 25 000 吨，节水约 31 000 吨。2019 年资源化生产合格的高纯氢气（氢能源）1 181.16 万立方米、氢气 9.6 万瓶、工业碳酸氢铵 5.44 万吨、工业氨水 6.16 万吨、液氨 1.86 万吨、甲醇 0.32 万吨、蒸汽 4.9 万吨等产品，充分利用了有机类废物中的碳、氢元素，实现了危险废物的高附加值资源化利用。

3. 绍兴市"代收代运+直营车"

"代收代运+直营车"模式是危险废物精细化管理模式的重要组成部分。绍兴市为了解决小微产废企业危险废物收集转运不及时、处置出路不通畅问题，以"无废城市"试点建设为抓手和载体，创新小微量危险废物集中收集体系，建立小微企业及社会源危险废物统一收集服务试点。由市人民政府牵头组建的绍兴市"无废城市"建设试点工作领导小组办公室和生态环境局联合印发《绍兴市小微企业危险废物收运管理办法（试行）》，通过经营单位在各地设点收集、园区统一建设贮存设施、各地政府统筹规划统一服务等方式，构建"代收代运"和"直营车"两种模式，推动危险废物小微企业收运全覆盖。"代收代运"模式指的是以区、县（市）为主体，遵循"政府引导、市场主导、企业受益、多方共赢"的原则，由属地政府制定相关操作规程，明确收运主体、收集范围及对象、收集许可、贮存设施、转运过程、延伸服务等要求，全力推动收运经营活动的规范化。该模式适用于地区经济较发达、行业集中度较高、民间资本参与积极的地区。目前，绍兴市的诸暨市、嵊州市、新昌县小微企业危险废物收集采用了"代收代运"模式，已实现乡镇收运全覆盖，合计为企业节省危险废物处置成本 100 余万元。"直营车"模式指的是由危险废物经营单位直接集中签约，服务指导，定时、定点、定线上门收运的小微企业危险废物收运处置"直营"模式。该模式实现了小微企业危险废物收运处置一体化、服务运营网格化、监督管理信息化，提高了收运处置效率，降低了企业处置成本，避免了二次转运风险，增强了环境污染风险防控能力，较适合在工业园区集中且具备较强危险废物利用处置能力的地区推广应用。

目前，绍兴市上虞区已形成了一套较为完善的"直营车"模式，该模式按照"申报+评审""签约+指导""平台+微信""转移联单+GPS 监控""抽查+考核"的"五步法"开展。其中，绍兴市的"无废城市"信息化平台，打通 35 个部门涉及固体废物的数据，平台将国家和省级"无废城市"建设清单、指标分类细化后综合展示；对"无废城市"建设的工作进度和成效进行综合分析、展示、预警。上虞区小微企业收运体系已实现乡镇全覆盖，合计年清运小微企业危险废物 300 余次，处置危险废物 1 800 余吨。监管体系是"代收代运"和"直营车"模式的保障制度，绍兴市生态环境局持续强化涉危企业监管执法，委托第三方单位开展涉危企业现场监管核查，印发 4.2 万份《关于加强小微企业危险废物规范化管理的告知书》，通过乡镇、园区发给所有工业企业"人手一份"。每年组织乡镇、园区和重点企业人员开展固体废物知识培训和警示教育，深入推进涉固体废物案件环境损害磋商赔偿和公益诉讼工作，探索推广环境污染强制责任保险，进一步压实产生者责任制，切实防范环境风险。

4."点对点"定向利用

"点对点"定向利用途径是试点路径的成功探索。绍兴市在风险可控前提下，工业园区内特定企业产生的废酸和废盐等危险废物，可直接作为另外一家企业的生产原料。预计每年可为产废单位减少 2.8 亿元的危险废物处置费用，为利用单位节省 1.9 亿元成本（图 7-11）。该途径明确了四个"特定"：首先是特定种类，仅工业废酸、废盐等特定种类危险废物可进行"点对点"利用；其次是特定环节，仅在利用环节进行豁免，其他环节仍严格按照危险废物管理；再次是特定企业，仅可在试点名单范围内的危险废物产生单位和资源化利用单位之间定向利用，每条"点对点"通道均需通过技术和管理实施方案的专家论证，明确入场接收标准、污染防治要求、再生产品质量标准和使用范围，切实防范环境隐患，并在属地生态环境部门进行审批或备案，严格执行建设项目环境保护"三同时"制度；最后是特定用途，特定危险废物定向利用再生产品的使用过程应当符合国家规定的用途、标准，严禁进入食品、药品等食物链环节，鼓励制定再生产品的地方标准或行业标准。"点对点"途径通过多措并举，有利于探索拓宽本市特定类别危险废物的利用处置途径。该途径对纳入特定危险废物"点对点"定向利用试点的单位，实行危险废物经营许可豁免政策，但需要按照危险废物经营许可证持证单位的管理要求，建立和完善各项内部管理制度。通过制定特定危险废物定向利用循环经济激励政策，对工业废酸、废盐等特定危险废物定向利用设施予以定向补贴，鼓励定向利用单位开展技术创新和应用。此外，"点对点"途径需要严格管理，强化安全保障。需要产生单位做好工业废酸、废盐等特定危险废物的源头品质管理，执行工业废酸、废盐出厂月度抽检制度，委托拥有国家 CMA 和 CNAS 资质的第三方检测机构出具检测报告，确保达到接收单位的再利用标准。收集使用单位入厂接收的工业废酸、废盐等特定危险废物贮存设施应符合《危险废物贮存污染控制标准》（GB 18597），不得采用地下或半地下式储池，设置工业废酸、废盐等特定危险废物定向利用过程产生的次生危险废物专用贮存区，对次生危险废物的产生、贮存、处置量及去向进行详细记录，记录数据至少保存 10 年。加强日常生产运营管理，按照备案的再利用方案进行综合利用。建立工业废酸、废盐等特定危险废物出入库及利用台账，建立可追溯的生产记录。

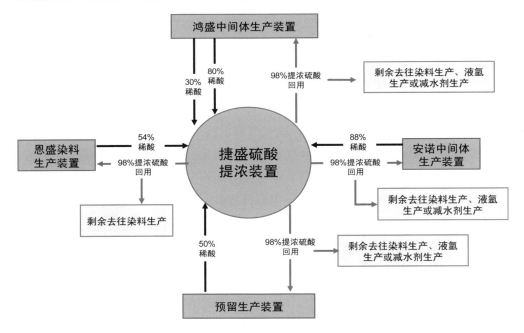

图 7-11　绍兴市稀硫酸定向"点对点"资源化综合利用项目

资料来源：绍兴市"无废城市"建设试点工作总结。

截至 2020 年年底，绍兴市具有省级发证的危险废物经营单位共 32 家，核准经营规模近 31 万吨/年，其中综合利用能力近 68 万吨/年，较试点前分别提升约 8 万吨/年和 16.3 万吨/年，全市危险废物无害化利用处置率达到 99%以上，危险废物综合利用率由试点前的 25%增加到 30%，危险废物已实现产生利用处置基本匹配。各县（市、市）均建立小微企业危险废物收运体系，覆盖率达 100%。

7.4.3　北京经济技术开发区试点开展危险废物小微收集实践模式

危险废物管理"管家式"服务模式是北京经济技术开发区的成功实践模式。北京经济技术开发区是北京市唯一的国家级经济技术开发区，聚集了高端制造业和大量研发型企业，由于区内先进工艺的高精尖企业较多，生产中会产生多种新型废物，企业在不能明确判断废物种类和类别的情况下，往往从严将其按危险废物进行管理，占用了危险废物利用处置能力资源。另外，区内研发类企业众多，其危险废物产生时间不一，种类多且量小，存在转运不及时、暂存时间长、处置价格高等问题。2019 年 4 月，北京经济技术开发区正式入选第一批国家"无废城市"建设试点，在《北京经济技术开发区"无废城市"建设试点实施方案》中明确将"创新危险废物管理机制，提升综合利用水平"作为北京经济技术开发区"无废城市"建设试点任务之一。为了实现区域危险废物小微收集的目标，北京经济技术开发区在《北京经济技术开发区危险废物管理实施细则》的框架下，制定了《北京经济技术开发区危险废物集中收运试点园区管理方案》和《北京亦庄生物医药园危险废物管理试点工作方案》。为提升危险废物资源化利用水平，实现危险废物精细化环境管理，提出了危险废物"管家式"服务模式。

2020 年，北京市生态环境局发布《北京市生态环境局办公室关于开展危险废物收集转运试点工作的通知》，对废活性炭、机动车维修企业的危险废物、市级以上工业园区内的危险废物、医疗废物等几类小微产生量的废物提出收集转运要求，吸纳了北京经济技术开发区"无废城市"试点的成果，也反哺解决了经济技术开发区相应危险废物小微收集的问题。

1. 危险废物管理"管家式"服务

危险废物管理"管家式"服务模式，即以服务企业、减轻企业运营负担为出发点，创新危险废物管理制度，引导企业自行或者委托有资质的第三方企业进行驻场服务，针对企业危险废物产生特点，个性化地设定危险废物管理要求和利用方法，从而最大限度地提升危险废物资源化综合利用水平。危险废物管理"管家式"服务模式（图 7-12）的制定基于健全危险废物管理依据的制度创新，从豁免管理、企业分级管理两个维度健全危险废物管理依据。同时，将严格监管与改善营商环境相结合，确保危险废物的管理安全。危险废物豁免管理以企业备案承诺为基础，对4类处置程序进行豁免管理，具体流程是：①产废企业将危险废物运送至院内危险废物暂存间；②检查危险废物是否相符、是否密封包装、是否粘贴标签；③分类贮存危险废物；④确认联单相符后，转运危险废物。企业分级管理则按照上一年危险废物产生量将产生企业分为小量产生者、中量产生者、大量产生者三个类别，为不同类型企业设置不同管理标准。基于此，北京经济技术开发区提出了面向园区的"管家式"服务模式和面向企业的"管家式"服务模式。

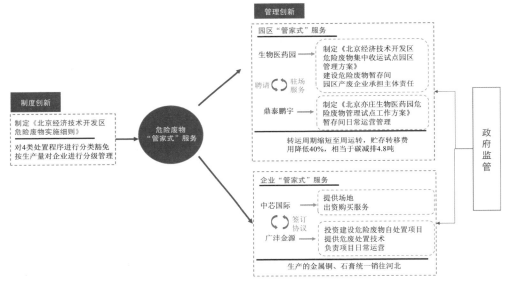

图 7-12　危险废物管理的"管家式"服务模式

资料来源：北京经济技术开发区经验模式总结评估报告。

2.　面向园区的"管家式"服务

以生物医药类研发机构和小微生产企业聚集的北京亦庄生物医药园作为园区"管家式"服务模式的试点，积极引入危险废物处置第三方驻场服务模式。生物医药园园区内小微企业危险废物收运困难等问题亟待解决，北京经济技术开发区通过政府引导和政策鼓励，推动其申请成为北京经济技术开发区"无废城市"危险废物管理创新试点。《北京经济技术开发区危险废物集中收运试点园区管理方案》

规定，在试点园区范围内可由园区管理部门或其委托的第三方收集、贮存试点园区内的危险废物。《北京亦庄生物医药园危险废物管理试点工作方案》规定可聘请第三方机构提供驻场服务，结合园区企业产废特点，有针对性地制定了危险废物收集、贮存、转运工作办法，并明晰了各方责任。通过指导生物医药园配套建设100 平方米危险废物暂存间（图 7-13），严格按照危险废物的管理要求设置包括固态废物、液态废物、医疗废物等废物和相关物品的独立储存空间，并配置货架、冰箱，以及人脸识别、远程视频监控、危险气体报警设备。园区暂存库房贮存能力为 60 吨/年，可暂存 18 大类危险废物。现已促成危险废物收集单位开展驻场服务，切实解决了小微企业危险废物无处贮存、转运周期长、费用高的难题。第三方驻场服务单位根据园区企业产废特点，有针对性地制定了"危险废物集中收运"工作模式，确保交接流程清晰，危险废物记录准确，分区分类存放，定时定期巡查。

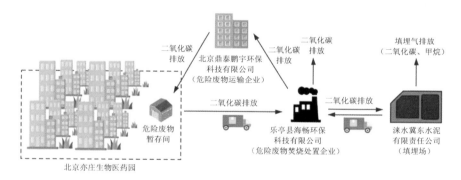

图 7-13　生物医药园危险废物收集豁免管理模式二氧化碳排放示意图
资料来源：北京经济技术开发区经验模式总结评估报告。

3. 面向企业的"管家式"服务

随着园区的管理"管家式"服务模式的有效运营，北京经济技术开发区逐渐面向辖区重点企业推广面向企业的"管家式"服务模式，促使辖区危险废物管理水平全面提升。中芯国际集成电路制造有限公司随着产能提升，年产生危险废物约 3 000 吨，其中产生量最大的为废酸（HW34），其他危险废物包括废有机溶剂（HW06）、表面处理废物（HW17）、含铜废物（HW22）、含砷废物（HW24）、其他废物（HW49）和废树脂（HW13）。废水废液处理的运输处置成本和跨省转移风险较大。中芯国际借鉴危险废物管理"管家式"服务模式的先进经验，与广沣金源（北京）科技有限公司签订协议，在中芯国际厂区内投资建设规划产能约为2 000吨/年的铜回收和硫酸处置项目，开展危险废物驻厂自利用处置（图7-14）。项目基于酸碱中和反应、硫酸钙沉淀结晶原理及溶液精华处理工艺，提出石膏化深度处理思路。通过向废液中添加钙盐浆液生成硫酸钙结晶沉淀和氟化钙结晶沉淀，进行过滤分离，脱水干燥，最终产出满足建筑石膏标准的硫酸钙产品。为保证硫酸钙的产品质量及水资源的最大回收利用，对过滤残液进行离子净化除杂，

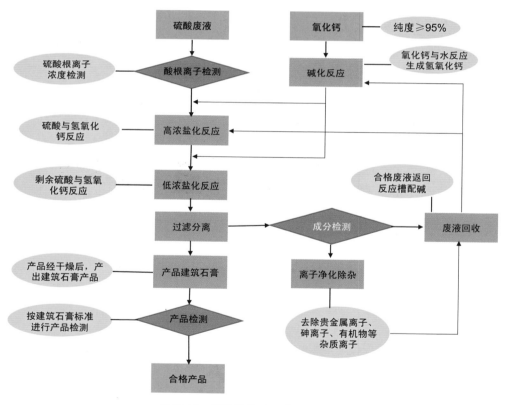

图7-14　危险废物驻厂自利用处置模式

资料来源：北京经济技术开发区经验模式总结评估报告。

去除对产品质量有影响的重金属元素、砷元素和过量的有机物。项目电解出来的铜管,检测铜纯度可达 99.98%,可广泛应用于电力及输配电设备、机械和运输车辆制造、建筑装饰等行业和领域。上述副产品——金属铜(电解铜)和石膏(硫酸钙)统一销往河北的合规厂商。该模式实现了通过市场体系建设助力节能环保产业培育,助推绿色产业发展,实现了多元共享。

北京经济技术开发区通过创新模式降低了管理成本,改善了区域环境,降低了危险废物贮存的环境风险,有效解决了小微企业危险废物收运成本较高、收运不及时、处置不规范的问题,缓解了小批量危险废物转运周期和处置价格等矛盾,在一定程度上确保了危险废物处置的资源化和无害化。

7.4.4 三亚市开展医疗废物集中处置能力区域共享模式

医疗废物处置设施面临成本高、负荷低、运行不稳定、设施建设无用地等难题,选择适宜的处置技术,高标准建设医疗废物处置设施,统筹区域范围内各级医疗机构医疗废物的规范化收运是试点建设前三亚市医疗废物管理的一大难点。

作为滨海旅游城市,三亚市医疗废物产生量也随旅游人口有所波动,日常产生量平均不足 3 吨/天,疫情期间产生量有所增长。到 2019 年,三亚市全市共有医疗卫生机构 466 个,产生医疗废物 805.8 吨。2020 年,三亚市全市产生医疗废物 913.7 吨。试点建设前三亚市于 2004 年建设了医疗废物处置中心——宝齐来医疗废弃物处置有限公司,经营范围从 2005 年成立的医疗废物处置、环境治理工程,2018 年增加医用一次性输液瓶(袋)回收处理,到 2019 年增加危险货物道路运输,负责三亚市琼南 9 个市县(三亚、东方、万宁、五指山、乐东、昌江、白沙、保亭、陵水)各医疗卫生机构产生的感染性废物收运和处置,再到 2020 年共处置琼南 9 市县医疗废物 2 094.6 吨。由于企业建厂较早、设备老化,特别是医疗废物产生量不足以支撑处置设施连续焚烧,启停炉频繁,烟气二噁英排放时有超标;此外,企业服务意识和管理机制薄弱,医疗废物收运不及时的现象也时有发生,2019 年医疗废物处置设施所在地生态环境部门还依据《医疗废物管理条例》第四十五条的规定,对该经营单位处以 5 000 元罚款。但屡次罚款,仍不能解决医疗废物处置出路问题。

为解决上述问题,"无废城市"建设试点期间,三亚市全面提升医疗废物全过程精细化管理，提出医疗废物源头分类、区域统筹、集中处置的全过程管理模式。在产生源头，加强医疗卫生机构废弃物的分类及源头管理，按照标准做好医疗废物、生活垃圾和输液瓶（袋）的分类收集和贮存；在收运环节，努力实现琼南9市县各级医疗机构医疗废物收集全覆盖；在监管环节，建立分工明确、部门联动的监管机制和区域联络机制；在医疗废物处置环节，推动落后处置设施有序退出，高标准建设生活垃圾焚烧设施协同处置医疗废物项目，严格执行污染物排放要求，实现区域医疗废物无害化处置。具体流程是，医院每个病区的医疗废物先由护理人员负责收集和分类，然后按程序交接给医院的医疗废物暂存站，最后，再由有资质的医疗废物处置单位按规定的时间，上门统一收集、运输及处置。在每一个环节中，都做好相应的交接记录，最终实现医疗废物的无害化处置。

医疗废物源头分类、区域统筹、集中处置的全过程管理模式的主要做法有以下4点。

一是加强医疗机构规范化环境管理能力建设。二是深化落实医疗废物分类管理。严格执行《医疗废物管理条例》、《关于在医疗机构推进生活垃圾分类管理的通知》（国卫办医发〔2017〕30号）、《医疗机构废弃物综合治理工作方案》等相关规定，对医疗卫生机构感染性医疗废物、药物性废物医疗废物、生活垃圾和输液瓶（袋）从产生源头分类投放于暂存点，分区规范化贮存，分别交由有资质的处理企业进行回收处理，实现医疗卫生机构废弃物处置的定点定向管理：输液瓶（袋）作为可回收物交由海口惠康华再生资源公司处理，感染性医疗废物按床位费交费给医疗废物处置企业处理，药物性废物付费给海南宝来工贸有限公司（海南省危险废物处置中心）处理。每年至少开展2次医疗废物规范化环境管理专项培训，提升医疗机构管理人员的专业化水平。三是加强各级医疗机构问题排查。委托专业第三方机构，对全市医疗废物管理情况进行摸底排查，建立"一企一档"，形成问题清单，督促医疗机构整改。四是加强联合督察整治。三亚市生态环境局、三亚市卫生健康委员会、三亚市综合行政执法局不定期深入各级医疗机构开展联合督察整治，对发现的问题进行现场指导纠正；同时要求督促各级医疗机构开展自查自纠行动，发现问题立行立改。三亚市计划在2021年年底实现医疗废物的产生、贮存、运输和处置全过程监管，让医疗机构、医疗废物集中储存点和医疗废物集中处置单位，能够信息互通共享，及时掌握动态信息。

　　构建医疗废物全覆盖收运体系。三亚市卫生健康委员会、市生态环境局统筹全市医疗废物产生单位与医疗废物经营单位签署医疗废物处置协议，实现医疗废物收运体系全覆盖。三亚市生态环境局、市卫生健康委员会对医疗废物经营单位的及时收运情况进行监督，各区生态环境部门与卫生健康部门加强对辖区内医疗机构的监督管理，保障医疗废物及时收运。

　　高标准建设医疗废物处置项目。目前在海南全省，由中国光大国际有限公司在琼北、琼南地区分别建立的两家医疗废物集中处置中心，已建成并投入使用。海南医疗废物处置能力由原来的 4 440 吨/年提升至 10 775 吨/年。三亚市规划约 2 100 亩土地用于建设以生活垃圾焚烧项目为核心的循环经济产业园[9]。基于试点前琼南 9 市县医疗废物平均产生量尚不足 5 吨/天的现状和新冠肺炎疫情期间医疗废物的应急处置需求，明确采用对处置规模依赖性小的"高温蒸汽灭菌+高温焚烧处理"技术路线，依托三亚市生活焚烧发电厂配套建设 2 条日处理能力 5 吨的医疗废物协同处置生产线，利用生活垃圾焚烧厂产生的蒸汽对医疗废物进行高温灭菌，产生的臭气及蒸汽灭菌后的医疗废物经收集后进入生活垃圾焚烧设施协同处置。医疗废物处置项目建设主体和生活垃圾焚烧设施为同一经营主体，破解设施稳定运行对充足处置量的要求以及废物处置过程的有效衔接。生活垃圾焚烧厂协同处置医疗废物项目建设是海南省推进国家生态文明试验区建设 2020 年重点任务和三亚市"无废城市"建设 2020 年重点工作，三亚市政府多次召开会议就项目推进方案及相关问题进行讨论，明确循环经济产业园（图 7-15）中粪便处理项目富余用地用于建设医疗废物协同处置生产线，由三亚市自然资源和规划局协同办理规划变更；明确生活垃圾焚烧设施的主管部门三亚市住房和城乡建设局为该项目建设的牵头部门，会同市生态环境局、市卫生健康委员会共同推进。三亚市周边的琼南市县医疗废物产生量小，且均无生活垃圾焚烧等工业窑炉，一直以来均由三亚市医疗废物处置中心进行琼南 9 市县的医疗废物收集和处置。根据中央环境保护督察情况，2020 年 10 月前东方市医疗废物由三亚市宝齐来医疗废物处置有限公司负责收集、运输、处置，2020 年 10 月之后由三亚市光大环保公司负责收集、运输、处置；输液瓶（袋）由海口惠康华再生资源有限公司负责收集、运输、处置。为促进琼南区域医疗废物的无害化处置，三亚市生活垃圾焚烧厂协同处置医疗废物项目建设延续原有的区域统筹模式，对琼南 9 市县的医疗废物进行集中收集和处置。

图 7-15　三亚市循环经济产业园规划

资料来源：三亚市经验模式总结评估报告。

　　建立分工明确、部门联动、区域协调的监管机制。以提升医疗废物全过程监管能力为目标，三亚市生态环境局、市卫生健康委员会、市住房和城乡建设局、市交通运输局、市综合行政执法局联合召开医疗废物管理协调推进会，明确各部门在医疗废物管理方面的职责：市生态环境局负责医疗废物污染防治工作，市卫生健康委员会负责医疗机构医疗废物的规范化环境管理工作，市交通运输局负责医疗废物运输环节监管，市住房和城乡建设局负责生活垃圾焚烧设施协同处置医疗废物经营单位项目管理，市综合行政执法局负责配合各职能部门及时处理医疗废物违法案件；同时建立部门联动监管机制，实现部门信息共享，定期组织多部门联合督察整改行动，发现问题及时纠正整改。此外，为统筹三亚市外琼南其他8市县的医疗废物处置，三亚市推动省级相关部门进一步强化落实各市县医疗废物监管职责，促进形成区域协调机制，保障医疗废物的规范化收集、运输和处置。

　　协同处置医疗废物模式延伸至创新固体废物资源化循环利用机制。三亚市医疗废物集中处置能力区域共享模式将生活垃圾焚烧发电、建筑垃圾综合利用、餐厨垃圾处理、危险废物预处理和转运中心、医疗废物处置、再生资源集散中心等公众"邻避"的固体废物处置设施全部规划入园,一方面为城市发展提供基础保障设施;另一方面有效破解"邻避效应",打通固体废物污染防治中的关键环节。按园区处理和利用固体废物的类型、园区定位、目标和功能的要求,将循环经济产业园分为六大功能区:管理科教区、生活休闲区、固体废物资源化处理区、循环经济产业区、固体废物最终处置区、发展预留区。通过科学布置设施建设,谋求产业共生,以生活垃圾焚烧发电厂为核心,根据物质流、能量流科学布置设施建设,实现园区内资源共享、副产品互换的产业共生组合(图7-16)。具体流程是,生活垃圾焚烧厂的余热提供给餐厨垃圾处理厂,蒸汽用于医疗废物的高温消毒灭菌,焚烧炉渣作为原料制备环保砖等建材,对于餐厨垃圾,预处理后的废油脂可以用来制备生物质柴油,经过厌氧制备的沼气,再输入生活垃圾焚烧发电厂助燃发电。针对区域固体废物(医疗废物)协同共治问题,合理规划处置设施能力,统筹区域废物设施共享,建立区域协调机制,着力解决区域固体废物难题,实现区域协同共治。

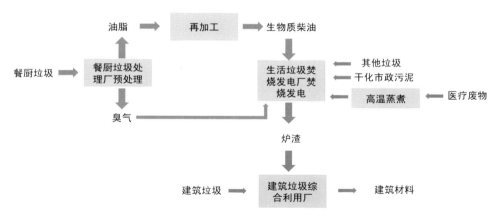

图 7-16　三亚市固体废物协同共治示意图

资料来源:三亚市经验模式总结评估报告。

　　试点建设期间,三亚市全市医疗卫生机构已形成医疗废物源头分类和规范化贮存的管理模式,可回收物资源回收率达到100%,医疗废物规范化收运体系覆盖率达到100%,医疗废物无害化处置率达到100%。完成由宝齐来医疗废弃物处置有限公司运营的落后设施有序退出(经营许可证到期后,企业不再申请);高标准完成生活垃圾焚烧设施协同处置医疗废物项目建设，医疗废物无害化处置能力由 5 吨/天提升至 10 吨/天，实现医疗废物与生活垃圾的协同共治；新项目建设和旧设施退出良好衔接，保证了医疗废物的无害化处置，且新项目建成后，各类污染物均实现达标排放。同时，三亚市医疗废物处置设施统筹琼南 9 市县医疗废物的无害化处置，实现区域废物设施共享，统筹共治，且可确保新冠肺炎疫情期间医疗废物"应收尽收""日产日清"，医疗废物区域环境风险防控能力显著提升。

参考文献

[1] 中华人民共和国固体废物污染环境防治法（中华人民共和国主席令 2020 年第 43 号）.

[2] 生态环境部. 2011—2017 年中国生态环境统计年报[R]. https://www.mee.gov.cn/ hjzl/sthjzk/ sthjtjnb/[2021-08-27].

[3] 孙宁，吴舜泽，孙钰如.《全国危险废物和医疗废物处置设施建设规划》实施的评估与分析//中国环境科学学会学术年会优秀论文集（下卷）[C]. 2007.

[4] 王琪，黄启飞，闫大海，等. 我国危险废物管理的现状与建议[J]. 环境工程技术学报，2013，3（1）：1-5.

[5] 王琪，黄启飞，段华波，等. 中国危险废物管理制度与政策[J]. 中国水泥，2006（3）：22-25.

[6] 生态环境部. 雄安新区"无废城市"建设试点"四大体系"完成情况[EB/OL]. https://www. mee.gov.cn/home/ztbd/2020/wfcsjssdgz/sdjy/sdtx/202008t20200825_795135.shtml [2021-08-25].

[7] 深圳政府在线. 2020 年度深圳市生态环境状况公报[R]. http://www.sz.gov.cn/ zwgk/zfxxgk/ zfwj/bmgfxwj/content/post_8823587.html/[2021-10-16].

[8] 四川省生态环境厅. 川渝两地签订《危险废物跨省市转移合作协议》[EB/OL]. https://sthjt. sc.gov.cn/sthjt/c103899/2018/11/20/9e7b2f91220a40f39a3dd02e16114193.shtml[2018-11-20].

[9] 陈娟. 基于 SWOT 分析的三亚市"无废城市"宣传策略研究[J]. 新闻研究导刊，2020，11（20）：223-224.

【本章作者：张喆，佘玲玲，郑洋，秦天羽】
本章模式案例来自重庆市、绍兴市、北京经济技术开发区、三亚市"无废城市"试点建设经验模式报告。

第8章

『无废』文化建设的探索与实践

8.1　"无废"文化产生与意义

8.1.1　"无废"文化及"无废细胞"概念的提出

"无废"文化及"无废细胞"的概念随着"无废城市"建设而兴起和发展。"无废城市"这一先进新理念需要广泛地普及和推广,而"无废城市"建设试点工作也需要得到社会各界的理解与支持,"无废"文化培育让"无废城市"建设的理念和行动需求深入到社会的各个环节当中,是"无废城市"未来发展的长期支撑点和重要"软"保障。"无废城市"建设是一个长期工程,需要引导社会各界的共同参与,这就需要"无废"文化的加持,让"无废"理念内化于心、外化于行。打造"无废"文化,需多措并举,以"无废细胞"培育为主线,以媒体宣传、活动培训、意识形态教育为辅助,构建双层宣传网络,一方面通过各级主管部门传播到各行业;另一方面通过各试点城市/地区渗透到各地域,以确保取得良好的宣传效果,开创"无废城市"建设人人参与、人人监督、人人共享的良好局面。

在《"无废城市"建设指标体系(试行)》中提出,"无废城市细胞"是指社会生活的各个组成单元,包括机关、企事业单位、饭店、商场、集贸市场、社区、村镇、家庭等,是贯彻落实"无废城市"建设理念、体现试点工作成效的重要载体。在"无废城市"建设中人们逐渐形成共识:"无废城市"建设就是从小处着手,首先建设一个个"无废细胞",进而建设"无废城市",最终形成"无废社会"。如果把城市看作人体,社区、学校、各机关企事业单位就是细胞,"无废细胞"是指社会生活的各个组成单元,创建类型主要包括工厂、园区、乡村、学校、医院、工地、景区等,同时创新开展"无废小区""无废机关""无废城市公园""无废饭店""无废超市"等创建活动。因此,"无废城市细胞"主要包括"无废学校""无废社区""无废公园""无废商场""无废饭店""无废景区""无废机关""无废医院"等。

在"无废城市"试点推进过程中,生态环境部制定《"无废城市"建设试点宣传工作方案》,开辟"无废城市"专题专栏,开设《"无废城市"巡礼》栏目,积极宣传试点成效,取得良好效果。《巴塞尔公约》亚太区域中心利用固体废物管理与技术国际会议平台，邀请各国专家就"无废城市"建设进行交流，扩大国际影响力。各地积极创建"无废细胞"，营造共建共享氛围，推动公众形成绿色生活方式，以小带大，使得"无废城市"的理念传播开来，也使得"无废"文化在城市里、在公众心中孕育发展，生根发芽。

8.1.2 弘扬"无废"文化的意义

当前，大多数社会公众对固体废物的认识不到位，在使用消费品时基本没有回收再利用的意识，造成资源的极大浪费和严重的环境污染问题，同时，地方政府对固体废物污染防治的宣传力度不够，宣传手段单一，缺乏持续性、有效性和普及性。因此加大固体废物环境管理宣传教育，培育"无废"文化和"无废细胞"对推动固体废物源头减量，提升城市宜居水平具有重要意义。

打造和弘扬"无废"文化为倡导"无废生活，人人参与"的绿色理念，构建政府引领、机关主体、公众参与的共建共享机制，提升公众生态文明意识，营造全社会参与、全民践行的良好氛围提供文化保障。

具体表现在：

（1）有助于促进深刻认识"无废城市"建设试点的重大意义。弘扬"无废"文化有利于帮助公众充分认识"无废城市"建设在解决城市固体废物污染，提高人民群众对生态环境改善的获得感及加快城市发展方式转变，推动经济高质量发展中的重要意义。

（2）有助于促进准确把握"无废城市"建设的内涵和路径。"无废"文化渗透在生活中的方方面面，通过多方面的文化宣传和氛围营造，有助于帮助公众形成有序的参与路径，包括政策设计、工业绿色生产、农业绿色生产、生活方式绿色低碳等。

（3）有助于扎实推进"无废城市"建设工作。"无废"文化的建设有助于提升固体废物环境管理宣传教育和信息公开水平，引导社会公众从旁观者、"局外人"变成"无废城市"的参与者、建设者。

8.2 探索实践

8.2.1 加强各渠道宣传与教育，使"无废城市"理念深入人心

1. 多渠道宣传

试点开展以来，国家层面及城市层面以提高"无废城市"知晓度和民众参与度作为重点，努力营造全社会广泛认同、广泛参与的氛围，凝聚民心、汇集民智，多渠道开展"无废城市"的宣传和引导。一是搭建完善的宣传平台。制定"无废城市"建设宣传工作方案，通过报纸、电视、广播、机场车站等传统渠道和"两微"平台、网络客户端等新媒体，以新闻发布、专家访谈、现场采访、线上讲座、张贴配发宣传品等方式，全方位、多层次宣传"无废城市"建设试点。二是聚焦多群体，采取多形式，实施差异化宣传。面向机关、学校、社区、家庭、企事业单位开展"无废"文化宣传，在各类主题活动中凝聚民心，汇集民智，推动生产、生活方式的绿色化，最大限度地化解"邻避效应"，引导形成"邻利效应"。发挥模范带头作用，营造"无废"文化氛围。例如，建立"无废城市"建设志愿者宣传队伍，并定期举办志愿者活动；组织环境管理部门和社会组织进社区开展专项环保宣传活动；编制并实施绿色"无废社区"宣传手册、社区绿色生活指南，提升居民环境意识；组织"绿色家庭"评选活动，鼓励引导居民践行绿色生活方式。通过各种形式的宣传引导，推动践行减量化、资源化、无害化理念和"无废"文化建设，有序发展出行、住宿等服务领域共享经济，规范发展闲置资源交易，倡导酒店、餐饮等服务性行业推广可循环利用物品，不主动提供一次性用品等，创建绿色商场，培育一批应用节能技术、销售绿色产品、提供绿色服务的绿色流通主体。三是大力宣传"无废城市"建设试点的最新动态和成果成效，展示"无废城市"建设试点中的可喜变化和感人点滴，生动展现广大干部群众对"无废城市"建设的美好期待和信心干劲。积极宣传"无废城市"试点建设中的创新做法和经验体会，深入挖掘广大党员干部在其中的铁军精神、感人事迹，充分展现广大党员、干部、群众开拓创新、攻坚克难、共建共享的良好精神面貌，营造抢抓机遇、乘势而上、同心合力的浓厚氛围。绍兴市、铜陵市还设计了"无废城市"的卡通

形象。瑞金市发挥红色资源优势，将"无废城市"建设理念融入红色培训教育全过程，全方位打造"无废城市"建设理念的宣传高地。重庆市深入开展"无废城市"宣传"十进"、有奖手机答题、手抄报征集、环保设施公众开放等，把"无废城市"建设试点的宣传科普内容以多种形式送进机关、家庭、学校、社区、工地、商场、企业、酒店、医院、交通、乡村、景区，提升"无废城市"的知晓度。

2. 中小学教育

发挥课堂教学主渠道作用，编制"无废城市"生活手册、中小学生"无废城市"教材等。

雄安新区率先编制覆盖幼儿园、小学、初中、高中的"无废城市"教材，纳入新区 15 年教育体系，植入"无废基因"。

重庆市发挥课堂教学主渠道作用，编制"无废城市"生活手册、"无废"重庆——中小学生"无废城市"知识读本等。将"无废"文化作为生态文明教育重要内容，与学科教学紧密结合，实现课堂传授、课后练习、专题教育、实践体验、课题研究、论文撰写、文化打造等全过程、全方位、全链条无缝对接。引导师生树立绿色发展理念，养成低碳环保的生活习惯，并通过家、校、社协作，建立以学校为主、家庭为辅、社区为媒的良好模式。创设"一修复、二循环、三创作，变废为宝"等特色课程，开展"校园无废日""无废主题家长讲堂"等校园活动，探索"普及—提升—自律"的教育引导路径。

3. 打造教育基地

依托"无废城市"建设，拓宽生态环境教育辐射，建设社会实践场所或环境教育场所，打造教育基地，促进交流，切实发挥其示范作用，进一步提高中小学生节约意识、环保意识、生态意识。重庆市在市自然博物馆地球厅打造"无废"科普展，面向全市青少年开展生态文明教育。深圳市建立"无废城市"宣传教育基地，开放给全体市民免费参观。许昌市在科技馆、规划馆设立"无废城市"主题展区，宣传展示"无废城市"建设，传播"无废"知识，组织学校参观学习。同时举办"城市创智中心开放日""资源循环企业参观"等活动，吸引中小学生亲身体验"变废为宝"全过程，深入理解"无废"文化。

8.2.2 开展"无废城市"系列培训，提高管理部门及企事业单位的业务能力

搭建"无废城市"建设交流平台，举办"无废城市"建设培训班、会议交流等，组织党政领导干部和企业管理人员参与"无废城市"系列培训，加大政府机关、工业企业等从业者的宣贯教育与集体学习，加深"无废城市"理念的理解与应用。适时邀请固体废物领域专家进行授课，以制度建设、信息化平台建设、工业固体废物、农业固体废物、垃圾分类、"白色污染"、危险废物环境管理等一系列领域为专题召开研讨会。吸收国内外固体废物处理处置先进技术，消化我国"无废城市"建设的经验借鉴，充分认识"无废城市"建设的意义，以及与生态文明建设的关系等。各试点城市/地区也通过各领域多渠道的培训，找准自身城市特色、定位，因地制宜地开展"无废城市"建设，全方位统筹、不断深化改革创新，进一步提升固体废物管理制度改革路径、决策能力和固体废物污染防治的从业能力。

8.2.3 培育各类"无废细胞"，推进"无废"文化落地生根

试点城市/地区有序培育各类"无废细胞"，重庆市、深圳市、包头市、铜陵市、威海市、绍兴市、雄安新区、北京经济技术开发区、中新天津生态城等，以系统推进、广泛参与、突出重点、分类施策为基本原则，突出"节水、节能、节材、节地、环境保护"的特点，出台社区、机关、商场、景区、学校、酒店、工地、公园等各类典型场景的"无废细胞"创建实施方案及评价标准，培养居民的绿色低碳观念，指导居民和单位日常践行绿色生活方式，规范商家绿色经营，使"无废城市"创建深入人心。机关、事业单位推行节能降耗制度。大型商场全面创建"绿色商场"，促进一次性不可降解塑料制品减量化。星级旅游饭店以建设"绿色酒店"为远景目标，减少酒店一次性消耗品的供应。A 级旅游景区以垃圾分类管理、环境维持为重点，提升管理水平。社会中型以上餐馆和机关、企事业单位食堂推行"绿色餐饮"工程，倡导"光盘行动"。商场、超市、集贸市场等商品零售场所，以不销售、不使用塑料购物袋为重点，逐步改变人们日常生活购物习惯。各类社会"无废细胞"，类别不同，重点不同，要求不同，标准细则也不相同，针对性地开展建设，既避免建设中的"一刀切"，又秉持相同的"无废"理念。试点

期间，各试点城市/地区共培育 7 200 余个各类细胞，努力形成"无废城市"建设人人参与、人人尽责的良好局面，推进"无废"文化落地生根。

1. "无废学校"

将学校作为"无废细胞"培育的重点，强化宣传，增强宣传力度。各学校在师生中形成较大的宣传攻势，利用新闻媒体、教育微信微博、学校网站、校园广播、宣传栏等为绿化活动做好充分的宣传准备，同时给学生和教职员工发放绿化倡议书，开展"小手拉大手"活动，达到"开展一项活动，教育一个学生，带动一个家庭，影响一片社区"的良好效果，使学生通过自己的宣传和行动影响、带动身边人也加入绿化活动中来。提高广大师生及家长对创建"无废城市"的知晓度和满意度，努力营造创建的良好氛围。同时，打造环保教师队伍，开设环保主题教育课程。将环保纳入教师队伍培训内容，创建环保教师队伍，开发增设"无废"等环保主题课程和校园活动，将生活垃圾分类、废物再利用等"无废"理念融入教学计划，融入相关学科教学中；积极组织展览、知识竞赛，培养学生对"无废城市"建设的认同和参与，激发学生对环境知识的学习兴趣；参观环保教育基地，参加校园、社区街道、环境保护实践活动，进一步提高未成年环保意识责任和担当。此外，优化校园环境，推进硬件建设。学校的校园环境，是最生动和形象的绿色教材。在注重"绿色教育"教学活动的同时，应当优化校园环境，以校园环境育人。在校园开展节水、节电等节约资源的活动，提高废弃物回收利用率，保持环境整洁，厕所干净，厨房卫生，校园净化，体现学校活动全过程中的清洁生产理念。

2. "无废机关"

在各地"无废城市"建设进程中，政府部门从自身出发，展开了"无废机关"创建工作。从绿色办公、绿色采购、绿色餐饮、绿色环境等方面提出具体要求。绿色办公是指节约使用办公耗材，提倡使用钢笔书写，逐步减少一次性签字笔使用量；节约办公用纸，控制内刊印刷量，减少复印量，采用双面打印，减少纸质材料发放量，加强电子信息化建设，推行无纸化办公；非特别需要，办公区域不提供一次性瓶装水，提倡使用自用杯具和公共饮水设备；控制会议数量和规模，提倡少开会、开短会，杜绝重形式、比规格、讲排场等铺张浪费现象；加强办公用品管理，建立办公用品领取使用台账制度。绿色采购包含在购置办公设备、办公用品时，优先采购高效、节能、节水或有环保标志的产品，不采购国家明令禁止使用的高耗能设备或产品；使用节能、节水、环保餐饮设施设备，引导绿色食品采购，加强食堂精细化管理；建立采购台账制度。在机关提倡绿色餐饮，深入开展反对食品浪费行动，倡导"光盘行动"；探索按需配餐和按时就餐模式，引导干部职工养成爱惜粮食、节约粮食的良好习惯；不提倡外卖就餐；禁止使用一次性不可降解塑料餐具等。同时营造绿色优美的办公环境，办公室、楼层过道等部位常年摆放绿色植物，定点维护，定期更换；优化垃圾桶布局，清除卫生死角。

3. "无废社区"

社区是群众生活的基本单元，也是"无废细胞"建设的重要阵地。"无废社区"的建立一方面要提升社区固体废物管理水平，另一方面要引导居民形成绿色生活的良好习惯。宣传"无废"理念，制定"无废社区"居民绿色公约，鼓励社区采取灵活多样的形式，对社区工作人员开展"无废"知识培训、对居民开展"无废理"念宣传，引导社区居民自觉践行绿色生活理念。推行垃圾分类，分类投放固体废物，严格规范厨余垃圾、有害垃圾、危险废物的处置管理，认真落实垃圾分类相关要求。补齐关键短板，探索引入再生资源智能化回收装置、引入快递包装和外卖餐盒的回收设施，鼓励有条件的社区开展厨余垃圾分类和就地资源化利用，提高再生资源、厨余垃圾、包装废弃物的回收比例。妥善处置社区装修垃圾、大件垃圾及绿化植物废弃物。倡导绿色生活，定期组织开展丰富多彩的宣传活动，引导居民参与无废社区创建，鼓励居民重提布袋子、菜篮子，积极倡导减少垃圾袋使用或倡导使用可降解垃圾袋，减少一次性餐具、洁具使用量。

4. "无废饭店"

"无废饭店"也是"无废细胞"建设的一个重要内容，各地鼓励试点饭店主动对标《绿色饭店》（GB/T 21084）及相关标准要求，通过采取优化管理技术提升等措施，有效降低饭店固体废物产生强度，切实提高资源利用效率。普及"无废"理念，鼓励餐厅采取灵活多样的形式，对员工开展"无废"知识培训、对消费者开展"无废"理念宣传，积极引导绿色生活新风尚。推动源头减量，通过不主动提供一次性客房用品，禁止和限制使用不可降解塑料袋、不可降解一次性塑料餐具，禁止使用不可降解一次性塑料吸管，有效简化客房用品包装，鼓励废旧物品再利用，大力倡导"光盘行动"，有效降低餐厨垃圾产生。分类排放固体废物，严格规范餐厨垃圾、有害垃圾、危险废物的处置管理，认真落实垃圾分类相关要求，探索客房推行干湿垃圾分类投放，提高废纸、废塑料、废纺织品等再生资源的回收比例，妥善处置饭店装修垃圾及绿化植物废弃物。

5."无废景区"

试点地区将"无废景区"建设融入景区的日常管理，一方面有效控制景区旅游环境承载，保障景区资源、旅游质量与环境；另一方面利用多种宣传媒介营造宣传氛围，充分运用景区网络宣传平台、电子显示屏、宣传栏等多种形式进行宣传，定期发布环保知识，广泛宣传"无废景区"理念，倡导游客遵守公共秩序和规定，绿色消费，文明旅游。各地还有序推进智能旅游，在景区推行无纸化宣传、电子购票等。同时统筹景区固体废物分类管理和资源化利用，提升景区生态环境保护力度。促进固体废物源头减量、资源化利用和无害化管理，推动使用可循环利用物品，使用易降解环保物品，限制使用一次性用品，使得旅游转型升级。瑞金将红色景区和"无废景区"相结合，各景区根据实际情况，完善分类垃圾桶设置，对景区内的垃圾进行分类、废弃物回收再利用；通过将"无废"元素渗入到景区显示屏、发放宣传单、讲解员的解说词以及培养"红色小导游"等多种方式提升游客对"无废城市"建设的知晓率；引导各景区内商家、店铺不免费提供一次性用品，推广使用可循环利用物品和旅游产品绿色包装，同时在旧址维修建设中和消防安防设施建设推广使用绿色材料、再生产品，着力将"无废景区"打造成传播"无废"理念的宣传高地。

8.3 模式案例

8.3.1 许昌市多元融合的"无废"文化传承模式

许昌市全面秉持"绿水青山就是金山银山"的高质量发展理念，致力于生态修复，先后获批了全国文明城市、国家卫生城市、国家森林城市、国家生态园林城市、农村厕所革命先进市等，这为许昌"无废城市"建设过程中"无废"文化打造和传承提供了保障。

1.挖掘"无废"因子，植入现代活动

将莲文化、传统文化中的"无废"元素植入当代主题活动。借助许昌"曹魏古都"的厚重文化氛围，充分发挥本地文化活动作用，将"无废"元素理念植入展示许昌三张主题名片的"三国文化旅游周""禹州钧瓷文化节""中原花木交易会博览会"等现代节庆活动，以及借助"灞陵桥新春庙会""文化和自然遗产日""文明许昌，欢乐中原""花都之春""世界环境日"等各类主题活动宣传介绍许昌"无废城市"建设情况，传播"无废"理念，扩大许昌"无废"文化的影响力，提升公众对"无废城市"建设试点的认知度和认同感。

2. 重塑"无废"基因，打造"无废"文化

在建设"无废城市"过程中，浸润"无废"理念，继而打造"无废"文化。以建设"无废细胞"为引领鼓励社会力量参与其中，积极推进"无废机关""无废商场""无废学校""无废酒店""无废小区""无废企业""无废乡村"等"无废细胞"建设，逐步改变人们日常生活购物习惯。打造"无废城市"建设教育基地，在许昌科技馆、规划馆设立"无废城市"主题展区，传播"无废"知识，组织政府相关单位、学校、企业等参观学习，引导教育广大群众了解建设、支持建设、参与建设，贯彻"无废"理念。同时，举办"城市创智中心开放日""资源循环企业参观"等活动，吸引中小学生、普通群众亲身体验"变废为宝"全过程，深入理解"无废"文化。以"无废"为亮点，以"永续"为理念，打造了许昌无废公园，巧妙地将废弃啤酒瓶、建筑垃圾、木材、石板等融入景观，进一步拓展了居民废物再利用、资源再利用的思想，创新资源再利用的方式，增强创新意识，可以让市民在游玩中体会生态环境发展理念，接受科普教育。

图 8-1 许昌"无废城市"教育基地

资料来源：许昌市"无废城市"试点建设经验模式报告。

3. 浸润"无废"理念，推进多元共治

建设"无废城市"是实现城市可持续发展的重要途径，也是一项全民共建共享的系统性工程。许昌的"无废"文化正是把"无废城市"建设试点开展得有声有色的信心和底气所在，许昌"无废"文化的独特内涵体现在"多元融合，社会共治"。

政府、企业、社区等主体间的有机合作，对营造"无废城市"建设的文化氛围起到引领作用。一是政企合作，治理城市难点。例如，在建筑垃圾问题上，按照"政府主导、市场运作、特许经营、循环利用"的建筑垃圾处理模式，通过金科资源再生公司实现了建筑垃圾的统一清运和综合利用，生产再生骨料、再生透水砖、再生墙体材料等100余种建筑垃圾资源化利用产品，每年可处理利用建筑垃圾450万吨，有效解决了建筑垃圾管理和利用难题。二是企企合作，发展聚集效应。例如，将节能环保产业列入全市九大重点新兴产业进行培育，加快建设长葛大周再生金属产业集群、禹州大张过滤产业集群、建安节能环保装备产业园、魏都环保装备产业园等。许昌节能环保产业集群被纳入第一批国家战略性新兴产业集群发展工程，成为全国3个节能环保产业集群之一。三是政社合作，践行绿色生活。例如，在打造完善"无废生活"体系方面，许昌采取"政府购买服务、市场化运作"和"政府主导，办事处、社区、物业负责监管实施"两种运行模式，在全市各级党政机关、事业单位、城区全部公共机构和学校、187个试点小区、15.24万户居民户，全面推进生活垃圾分类，城市面貌不断焕发新生机。四是中外合作，发挥名片作用。例如，在推进餐厨垃圾收运与处置方面，全球十大资源再生及环境服务企业之一的德国欧绿保集团投资的餐厨垃圾处理项目现已开工建设。五是工农合作，实现双赢。例如，强力推动农业废弃物减量化，出台废弃地膜、农药包装袋等农业废弃物回收奖励政策，支持废旧地膜再生公司引进先进机械化装备，回收田间废弃物，打造农膜废弃物回收利用产业链，实现了双赢。

4. 传承"无废"文化，倡导绿色生活

许昌在传承"无废"文化过程中，通过多样化的宣传方式，注重增强市民的生态文明意识，引导培育人们养成绿色低碳循环发展的生产和生活方式，形成全社会共同参与的良好氛围。一是创作高质量视听宣传作品，使"无废"文化外化于形。依托许昌广播电视台策划拍摄了公益广告片《无废·如许》，该片涵盖"无废城市"建设的各项领域,制作完成后在许昌广播电视《许昌新闻》节目后播出,并通过网络平台、科技馆广场大屏等媒介进行全网播放;创作高质量的宣传歌曲《变废为宝》,为"无废城市"建设发声;同时,将"无废"文化融入群众接受度较高的戏剧、文艺演出等传统文化传播媒介,在日常演出中进行"无废"文化宣传。二是动员社会各界力量,全方位宣传。发挥官方媒体优势,在政府官方网站、《许昌日报》、许昌网及微信公众号、微博定期进行"无废城市"建设进展宣传;善用商业力量,联合景区、商超、酒店等,通过电子显示屏滚动播放"无废"宣传标语;组织志愿者深入社区和街道,为社区居民科普"无废城市"相关知识及相关法律法规,使社区居民积极参与到"无废城市"建设活动中去;动员全市各类学校通过电子屏、班级黑板报、微信公众号、微信群、家长群公众号、橱窗、广播站等渠道进行"无废"理念宣传,在青少年人群中普及"无废"知识;编制青少年版和公众版"无废城市"主题教材,强化"无废"理念校园教育和社会推广,让"无废城市"建设要求、理念、思路进课堂。三是以主题活动为引导,教育养成新风尚。组织各类"无废"主题活动,引导简约生活方式。先后组织"美好环境与幸福生活共同缔造活动"、"青少年无废城市创意大赛"、"垃圾分类主题教育活动"、"光盘行动"、"无纸化办公活动"、"低碳生活 走出健康"健步走、"践行绿色出行 建设美丽许昌"骑行活动、"变废为宝实践活动"、"绿色包装回收活动"等多样化的"无废"主题活动。

8.3.2 重庆市 "五个结合" 构建 "无废城市" 建设全民行动体系模式

为提升"无废城市"建设宣传教育的覆盖范围,丰富宣传手段,增强宣传实效,引导政府、企业、社会组织和公众共同参与"无废城市"建设,重庆市以"五个结合"推动构建"无废城市"建设的全民行动体系。

1. 统筹谋划与协同联动结合

重庆制定市、区"1+11"个宣传工作方案,明确宣传时间、宣传重点,细化新闻宣传、社会宣传具体安排,落实各级各部门职责分工,以试点宣传统领各领域工作宣传,做到系统谋划、整体推进,增强宣传工作的整体性、系统性。将试点宣传与循环经济、绿色生产、垃圾分类、光盘行动、塑料污染治理、农膜回收、绿色快递等有机结合,整合经济信息、城市管理、住房和城乡建设、农业农村、邮政管理等部门及各试点区宣传资源，将试点宣传融入各部门、各领域日常宣传中，既各司其职，又形成合力。

2. 普及性与典型性结合

针对不同对象策划不同的宣传内容和形式，充分发挥工、青、妇等群团组织作用，聚焦多群体，采取多形式，实施差异化宣传，深入开展"无废城市"宣传"十进"、有奖手机答题、手抄报征集、环保设施公众开放等，把"无废城市"建设试点的宣传科普内容以多种形式送进机关、家庭、学校、社区、工地、商场、企业、酒店、医院、交通、乡村、景区，提升"无废城市"的知晓度。立足生产生活常见情景，与绿色创建活动有机结合，突出垃圾分类、绿色办公、废物循环利用等"无废"元素，制定"无废城市细胞"评价标准，创建16类680余个"无废城市细胞"，覆盖衣、食、住、行各领域，集中力量打造典型性、代表性强的"无废公园""无废医院""无废菜市场""无废学校"等精品细胞，以小带大，示范带动，提升影响力。"无废医院"实现医疗废物从科室、病房、医院暂存间到收集、转运全过程的闭环监管；"无废菜市场"日处理果蔬等餐厨垃圾约5吨，制备营养土0.75吨，实现餐厨垃圾不出"场"；"无废学校"将"无废"理念贯彻教学全过程，公共区域不设垃圾桶、自制环保垃圾袋、不使用一次性纸杯，用自然装扮校园；"无废4S店"补齐汽车行业循环产业链在销售环节的"无废"链条；"无废公园""无废景区"利用枯枝落叶制备有机肥，使用废弃品制作手工艺品，实现废物资源再利用；"无废饭店"每晚定时打折促销剩余食材、菜品，并将咖啡吧残渣制作绿植肥料赠送客户，大幅减少了食材剩余，绿植肥料成为酒店独特风景。

3. 阶段性与持续性结合

在春节、"双十一"、世界环境日等重要时间节点以及"美丽中国我是行动者""百镇千村万户"农村环保大宣讲等重点主题活动，围绕热点话题，集中开展"无废城市"巡展、快递物流包装物回收、医疗废物处置、废弃电器电子产品回收拆解、废旧衣服回收加工利用、生活垃圾分类等宣传报道，组织主题志愿服务活动1 500余次。同步发动《重庆日报》、重庆电视台、上游新闻、华龙网等相关媒体以及微博、微信等互联网平台集中报道，并通过抖音等自媒体向手机端和网络推送，最大限度地扩大覆盖面和影响力。把试点宣传作为一项长期性、常态化工作，将"无废"理念贯彻宣传工作的全过程，把握宣传节奏，维持宣传热度，定期发布科普视频、活动长图等宣传试点进度、试点成效，针对同一主题多层面深挖案例实践，宣传活动尽可能采用再生可循环利用材料搭建舞台和展区，不提供一次性纸杯、矿泉水，不配发实体宣传品等，不断深化"无废城市"在公众心中的印象，提升宣传的长效性。

4. 教育引导与氛围营造结合

发挥课堂教学主渠道作用，编制"无废城市"生活手册、中小学生"无废城市"知识读本等。将"无废"文化作为生态文明教育的重要内容，与学科教学紧密结合，实现课堂传授、课后练习、专题教育、实践体验、课题研究、论文撰写、文化打造等全过程、全方位、全链条无缝对接。引导师生树立绿色发展理念，养成低碳环保的生活习惯，并通过家、校、社协作，建立以学校为主、家庭为辅、社区为媒的良好模式。创设"一修复、二循环、三创作，变废为宝"等特色课程，开展"校园无废日""无废主题家长讲堂"等校园活动，探索"普及—提升—自律"的教育引导路径。坚持减量化、资源化、无害化的"无废"理念，结合区域特点，先后组织开展短视频及征文大赛、环保星主播、创意艺术展等主题活动，并与"无废城市细胞"创建活动紧密结合，营造良好氛围。短视频及征文大赛活动持续开展 3 个多月，先后在 30 余个中小学校、青少年之家、景区（基地）开展现场活动，5 万余名师生和青少年参与，征集短视频及征文 10 000 余个，媒体宣传 40 余次，网络传播量超过 200 万次。环保星主播活动在长嘉汇开展，充分发挥知名主播和艺术家的影响力、号召力，活动现场、"吃得文明"展示区、资源再创站、低碳生活体验馆等展区吸引了近千人参与，图文直播吸引约 60 万人次"云"端互动。创意艺术展依托重庆高新区大学城科教资源丰富、艺术气息浓厚氛围优势，既面向高校专业人员，也面向社会普通大众。

5. 传统模式与创新手段结合

通过报纸、电视、广播、网络、客户端、机场车站等平台，以新闻发布、专家访谈、现场采访、线上讲座、张贴配发宣传品等方式，全方位、多层次宣传"无废城市"建设试点。特别是邀请专家从什么是"无废城市"、为什么建"无废城市"、怎么建"无废城市"等 10 个方面，深度解读。发起全国首个"无废城市"线上公益讲座，四期讲座累计吸引 8 000 余人次收看，让公众对"无废城市"认识更到位，理解更深刻。突破固有思维，线上线下联动，将"无废城市"宣传与短视频制作、传统曲艺、非物质文化遗产、现代歌舞、艺术创作等结合，聘请知名主播和艺术家作为"环保星主播"，在自然博物馆环境厅创设"无废城市"展区，通过广播、抖音、快手、微视等建立传播媒介综合平台及自制微信小程序开展线上直播，向全社会传递"无废城市"建设的重要性和成果成效，营造全社会共同参与"无废城市"建设的浓厚氛围。

8.3.3 三亚市旅游行业绿色转型升级及"无废"理念传播模式

三亚市是典型的旅游城市，2019年旅游总收入为581亿元，约占全市生产总值的85.7%。在"无废城市"建设试点过程中，依托旅游产业优势，三亚市组织开展了全方位"无废细胞工程"建设，建立面向旅游人口的"无废"理念宣贯体系，旨在推动旅游产业绿色升级，树立绿色旅游品牌形象，打造"无废城市"宣传窗口，推动城市绿色发展。

1. 强化标准建设，建立基于旅游行业的"无废细胞工程"标准体系

结合三亚实际，制定并印发《三亚市"无废机场"实施细则》《三亚市"无废酒店"实施细则》《三亚市"无废旅游景区"实施细则》《三亚市"无废岛屿"实施细则》《三亚市大型酒店固体废物产生、处理和减量计划的申报制度》《关于创建绿色商场工作的通知》等"无废细胞工程"实施细则、评定办法和创建通知等共计11项，明确细胞工程创建标准，建立评价指标体系，为细胞工程创建提供标准引领。覆盖机场—酒店—旅游景区—商场—海岛的细胞工程创建，基本建立基于旅游行业的"无废细胞工程"标准体系。

2. 以旅游行业"无废细胞工程"建设为抓手，推动旅游产业绿色转型升级

开展旅游行业全产业链"无废细胞工程"建设，全方位打造"无废机场""无废酒店""无废旅游景区""无废岛屿""无废渔村""无废赛事""无废会展""绿色商场"等细胞工程，建立生活垃圾分类体系，全面落实"禁塑"，推动可循环利用物品使用，促进固体废物减量化、资源化、无害化处理。"无废城市"建设试点期间，各景区抓紧固体废物基础设施能力提升，改善园区环境，提升旅游品质。通过细胞工程建设，落实企业主体责任和公众个人意识，打造绿色旅游品牌形象，推动旅游产业绿色发展，建立基于生态环境改善的旅游产业经济效益提升战略。蜈支洲岛景区在建设初期即探索建立了生态环境保护与景区协调发展的绿色模

式：建设景区生活垃圾分拣站，产生的所有废物实施分类收集、运输和处理，据统计，景区每年产生生活垃圾约 4 000 吨，分拣出可回收物约 1 200 吨，生活垃圾回收利用率达 30%。园林垃圾经粉碎、沤制腐熟后进行再利用；餐厨垃圾通过两次分拣去除纸巾、贝壳、金属等物品再下岛处理；建立危险废物暂存间，对分离出的有害垃圾分类存放，定期处理。同时，景区建设海洋牧场，修复海洋生态，实施五员文化，景区的潜水员、讲解员等除日常工作外，也是海洋环境和海岛环境的保护者。新冠肺炎疫情环境下，2020 年 10 月以来，蜈支洲岛旅游人次已超过 2019 年同期水平，取得环境效益与经济效益的双丰收。

3. 以旅游行业为媒介，打造全方位"无废"文化传播渠道

一是制定"三亚市'无废城市'建设游客指南"，并在机场、码头、酒店、景区、商场等重点区域发放，提升游客对三亚市"无废城市"建设的知晓度。二是利用各种媒体资源，在机场、码头、酒店、景区等游客聚集区域广泛宣传"无废城市"建设举措，打造"无废"主题场景，建立寓教于乐的"无废"文化传播模式，打造机场—酒店—景区—商场的"无废城市"第一印象区，提升游客对"无废城市"建设的知晓度和参与度。基于旅游行业的"无废细胞工程"数量上升至76 个，辐射游客上千万人次。据环保产业协会初步估计，公众"无废城市"参与度达到 80%以上。三是将"无废"文化宣传教育纳入旅游行业标准化宣贯体系，提升旅游行业从业人员环保宣传水平，在做好服务的同时，向游客宣传绿色生活、绿色消费理念，促进游客环保意识提升。四是打造海洋环保教育基地，分别在大东海、蜈支洲岛、西岛、梅联村建设海洋环保教育基地，开展海洋环境保护的常态化宣传教育，提升公众参与的便捷性和积极性。五是以大型赛事和会展为媒介，鼓励嵌入"无废"理念，编制《无废会议及赛事指导手册》，建立"无废赛事""无废会展"要求，打造从入会到离会的全过程"无废"体验模式，促进跨区域传播，提升三亚"无废城市"建设的国内外影响力。

4. 初步建立全链条精品绿色旅游品牌，生态红利逐渐显现

随着"无废渔村""无废岛屿""无废旅游景区""无废酒店"等精品绿色品牌的建立，公众对生态环境改善带来的获得感逐渐提升。新冠肺炎疫情环境下，2020年下半年，三亚市旅游人数和收入逆势上升，实现了从环境效益到经济效益的高质量转化。以"无废岛屿"建设的西岛为例，常年粗暴的海洋捕捞活动，造成海

洋生态被严重破坏，鱼类资源逐年减少，加之居民环保知识的淡薄，各种固体废物被随意丢弃，严重威胁海洋环境。为解决突出的环境问题，再造绿色"祖宗海"，建设绿色"子孙岛"，西岛 2019 年开启"无塑生态岛"建设推行年，2020 年启动"无废岛屿"建设（图 8-2），并制定了十年"无废"目标。为全岛居民办理"爱岛

利用废木片制作的标志墙　　　　　　利用废椰壳制作的工艺品

利用废船、废玻璃等制作的"网红"船——西岛旅游"打卡"必选

图 8-2　西岛"无废岛屿"建设场景

资料来源：三亚市"无废城市"试点建设经验模式报告。

卡",助力生活垃圾分类:将废纸箱、塑料瓶、玻璃瓶等废物分类运至西岛环保中心,称重后算积分存在"爱岛卡"里,积分可兑换香皂、毛巾、电饭煲等生活用品。成立环保中心,充分探索垃圾利用路径,牵头国内外艺术家,通过"艺术进村"的"再加工",将居民交来的一些塑料垃圾变身为各种文创品,如废纸加工成纸质礼品或包装纸,废布料加工成特色环保衣服,废旧船舶彩绘后变成渔岛特色风景。通过对废物的艺术再加工,西岛打造了一道道"网红"风景线,吸引了大批明星、国内外游客前来"打卡"。社区定期组织当地居民、游客开展净滩活动,建立奖励机制。目前,西岛已形成"海上游玩+渔村生态观光+度假"为一体的绿色精品旅游线路,不断输出"无废"环保理念。

以"无废渔村"的梅联村为例(图 8-3),梅联村村委会引入第三方环保协会,组织梅联村所有渔民多次召开会议,推广渔业社区共管模式,对不能到会者或者对该模式有不理解者,环保协会工作人员与村干部会挨家挨户上门,得到每一户渔民的支持。由政府(三亚市海洋与渔业局)代表、企业(三亚大小洞天发展有限公司)代表、环保协会、梅联村村委会与梅联村 95 户渔民签订环保协议。帮助梅联村通过新旧媒体结合方式推广旅游项目,长期有志愿者在梅联村服务。通过"科普进校园",梅联村小学学生成为"海洋卫士",从小培育保护海洋的意识。组织召开系列研讨会、讲座及环保电影放映等活动,提高村民环保意识。开展海漂垃圾打捞,建设海洋渔场,规范村内垃圾处置,增设垃圾回收装置等活动,减少村内及海滩垃圾污染,改善整体生活环境,促进海域水质、生物多样性恢复和鱼虾产量提升,增加渔民收入。通过"无废渔村"建设,村内增设垃圾回收装置 160个。村内民众的海洋环保意识增强,社区拥有感指数上升,社区渔业生物多样性保护力显著提高,渔民年渔获量增加到 1 500 千克,特别是稀有鱼类数量增加到400 千克/年。截至 2019 年 4 月,梅联村的捕鱼船只由 2013 年的 86 艘减少至 55艘,专职渔民由 2013 年的 86 人减少至 20 余人。生态环境的改善,带来了旅游和民宿业的发展,从 2014 年只有一家民宿发展到 2019 年全村拥有 100 多家民宿,渔民的收入由 2013 年的人均年收入 4 000 元增加至人均年收入 12 000 元。

以前的梅联村 开展"无废渔村"建设后的梅联村

图 8-3 开展"无废渔村"建设前后梅联村对比

资料来源：三亚市"无废城市"试点建设经验模式报告。

8.3.4 威海市多维度开拓新局和精致"无废城市"模式

威海市地处山东半岛最东端，是典型的海洋经济大市，2019 年海洋经济总产值达 979.53 亿元，占 GDP 比重的 33.1%，也是著名的旅游城市，全市拥有旅游景区（点）80 多处。在经济社会绿色转型的背景下，威海市多维度开拓新局，打造精致"无废城市"，宣扬"无废"文化。

1. 完善生活垃圾基础设施，营造分类文化，提供精准化公共服务

威海市按照生活垃圾分类实施方案确定的目标任务，确定了垃圾收集容器的体积、数量和位置，持续完善分类投放设施。对于不同类别的垃圾按照分类原则配备投放设施：对有害垃圾按照便利、快捷、安全原则，设立专门场所或容器，对不同品种的有害垃圾进行分类投放、收集、暂存，并在醒目位置设置有害垃圾标志；对餐厨垃圾设置专门容器单独投放，并由专人清理，避免混入废餐具、塑料、饮料瓶罐、废纸等不利于后续处理的杂质；对可回收物根据产生数量，设置容器或临时存储空间，实现单独分类、定点投放，探索智能化垃圾分类，安装智能回收箱。同时，面向不同的场景，有针对性地设置垃圾分类投放设施，例如，在社区，针对居民投放可回收物的需求，配备了智能回收箱，居民通过分类投放可以获得收益；在景区，抓住宣传优势，配备了智慧化垃圾分类箱，游客可以通

过电子屏幕进行互动学习。

2. 依托旅游、两大阵地，共同发力，强化"无废"文化建设

（1）依托两大阵地，积极宣传"无废"。积极开展"无废"宣传工作，下发《威海市文化和旅游行业"无废城市"创建宣传方案》，"无废景区"和"无废饭店"积极响应号召，全市 A 级景区和游客集中区域通过电子显示屏、悬挂横幅等方式宣传"无废"理念，统一印发"节俭养德"标识卡、宣传海报；全市 48 家星级饭店对文明用餐提醒行为进行补充完善，对游客及用餐客人起到提醒作用，从源头减少餐饮废弃物的产生。

（2）推进电子登记，创新管理方式。推行实名制购票，身份证代替纸质票，全网分时预约购票，实现门票电子化；宾馆实行电子登记，做到无纸化入住，景区销售的二次消费产品全部使用电子票，实行无纸化售票；在景区内积极推行环保垃圾袋发放及回收制度，倡导游客将垃圾带离景区，鼓励游客将垃圾投放到指定地点；呼吁广大游客按照人数点餐，"少点先吃，不够再加"，自助餐提倡"勤拿少取、光盘行动"，倡导例行节约；加快节能与新能源推广使用，计划逐步淘汰、更换现有汽油式游览车；加强车辆编制和配备管理，通过多种方式实现行车途中及车内废物源头减量化、过程控制化、废物资源化。

（3）宣传引导，树立理念，践行绿色旅游。举办"文明旅游进社区"活动，以"打造无废景区，发展绿色旅游"为宣传口号，鼓励居民树立"无废"理念；积极配合各类媒体做好"无废景区"宣传报道，利用"文旅威海"微信公众号、新浪微博新媒体发布"无废景区"宣传倡导，引导来威游客树立"无废城市"概念。加强旅行社绿色管理，严格推行旅行社行前说明会制度，要求将《旅游文明行为公约》承诺书纳入旅游合同签订，团队游客必须和组团旅行社签订文明旅游公约，承诺旅游中将维护环境卫生，遵守公共秩序，保护生态环境，保护文物古迹，爱惜公共设施；推行旅游中引导模式，导游引导游客守秩序、护环境，使用文明用语，景区导游员（讲解员）切实履行文明旅游引导员的职责，将文明旅游教育融入导游全过程，对文明旅游、绿色旅游进行行前说明、行中引导，在广大游客中树立文明旅游、绿色出行理念。

8.3.5   瑞金市发挥红色旅游优势及打造"无废城市"建设理念宣传高地模式

瑞金是著名的红色故都、共和国摇篮、中央红军长征出发地,是全国爱国主义和革命传统教育基地,是中国红色旅游城市,因厚重的红色底蕴而被大家所熟知。瑞金以红色旅游为主的服务业对经济增长贡献突出。2019 年,瑞金红色教育培训和研学突破 50 万人次,全市旅游总人数达 1 756 万人次,比上年增长 35.54%,旅游总收入达 101.7 亿元,服务业增加值占 GDP 比重超五成。依托浓厚的红色旅游资源全方位打造"无废城市"建设理念宣传高地模式。

1. 大力引进"无废"红色旅游,将"无废"元素融入项目建设

通过招商引资,引入社会资本 2.8 亿元,建设了全省首个大型红色实景实战演艺项目——浴血瑞京景区,该项目通过依托沙洲坝镇两座废弃石灰石矿坑现状,采取山体修复、边坡加固、生态复绿、废石再利用等系列措施进行"无废"化改造,搭建的实景演艺 3D 舞台重现了苏区时期党中央艰苦卓绝的战斗工作与生活场景,既实现了废弃矿山全部资源化利用,又将苏区精神植根到"无废城市"建设中,开创了"无废红色旅游+矿山修复"新路径。

除了浴血瑞京项目,瑞金市发挥共和国摇篮及苏区精神主要发源地的特殊优势,围绕打造"无废城市"宣传高地,将"无废城市"理念融入云石山体验园项目建设。该项目总投资 8 816.6 万元,建设国家文化公园、长征纪念碑,开展重走长征路等活动,弘扬长征精神,打响文化品牌。项目在建设中始终坚持"无废"理念、"无废"元素,如以自然景观、村落作为天然景区,不加围墙,不做大型建设。项目建成以后,该地成为游客了解中央红军长征出发历史、缅怀革命烈士、弘扬红军长征精神、集观光游览与接受革命传统教育于一体的大型综合性景区。云石山"重走长征路"体验园开展的"重走长征路"活动,让人在追溯"无废"理念的根和源过程中感悟苏区精神和长征精神。

2. 提升改造红色景区,追溯"无废"理念的根和源

瑞金市以将红色景区打造为"无废"理念宣传高地为目标,对红井景区、叶坪景区、二苏大景区等红色景区进行全方位软硬件升级;对中央革命根据地历史博物馆的陈列馆展区进行改展升级,再现苏区时期克勤克俭、厉行节约的精神,

追溯"无废"理念的根和源。各景区根据实际情况，完善分类垃圾桶设置，对景区内的垃圾进行分类、废弃物回收再利用；通过将"无废"元素渗入到景区显示屏、发放宣传单、讲解员的解说词以及培养"红色小导游"等多种方式提升游客对"无废城市"建设的知晓率；引导各景区内商家、店铺不免费提供一次性用品，推广使用可循环利用物品和旅游产品绿色包装，同时在旧址维修建设中和消防安防设施建设推广使用绿色材料、再生产品，着力将"无废景区"打造成传播"无废"理念的宣传高地。

3. 加强"无废"理念宣传，实施"无废细胞"工程

瑞金市充分考虑自身条件，以点带面，开展"无废细胞"工程创新，以游客接待量最大的瑞金宾馆、瑞金荣誉国际酒店、瑞金海亚国际酒店作为"无废宾馆"试点。在酒店大堂内外 LED 屏幕播放"无废城市"宣传标语，酒店大堂及房间醒目位置放置"无废城市"宣传手册和垃圾分类收集桶，酒店房间内提供可循环使用的洗漱用品、拖鞋等物品，提倡旅客减少一次性用品的使用，助推全社会绿色生活方式。

【本章作者：王芳，马嘉乐】
本章模式案例来自许昌市、重庆市、三亚市、威海市、瑞金市"无废城市"试点建设经验模式报告。

第9章

我国『无废城市』建设推进路径探究

　　"无废城市"建设试点工作，是对我国先进固体废物管理理念的探索和实践。自 2018 年年底"无废城市"建设试点工作启动以来，"11+5"个试点城市/地区通过先行先试、大胆创新，在城市层面深化固体废物综合管理改革，在工业领域、农业领域、生活领域、城市建设领域及""无废"文化"等方面积极探索实践，初步形成一批经验模式和典型案例。"无废"理念和成功实践在新修订的《固体废物污染环境防治法》中得到体现，其第十三条提出："县级以上人民政府应当将固体废物污染环境防治工作纳入国民经济和社会发展规划、生态环境保护规划，并采取有效措施减少固体废物的产生量、促进固体废物的综合利用、降低固体废物的危害性，最大限度地降低固体废物填埋量。"同时，"无废城市"建设的显著成效也得到了国内外的广泛关注，第四届联合国环境大会将"无废城市"建设试点工作写入《废物环境无害化管理》决议。"无废城市"建设成为国际合作的热点，如中新天津生态城与新加坡加强试点建设的深入合作，成为中新两国合作的重要内容。

　　目前，欧洲、美国、日本等发达国家已将循环经济作为实现经济绿色复苏及碳中和目标的重要途径。欧盟于 2020 年 3 月发布《新循环经济行动计划》，作为《欧洲绿色新政》的重要支柱，成为"就业、增长和投资的新动力"。日本于 2020 年 12 月发布《绿色增长战略》，提出"能源利用、资源循环"等 14 个重点产业低碳转型的具体目标、时间表和路线图。国际上一些国家和地区纷纷探索"无废城市"、循环型城市建设。"十四五"时期，我国生态文明建设进入了以降碳为重点战略方向、推动减污降碳协同增效、促进经济社会发展全面绿色转型、实现生态环境质量改善由量变到质变的关键时期。"无废城市"建设工作也必然迎来新的机遇与挑战。

9.1　机遇与挑战

9.1.1　"无废城市"建设工作面临的机遇

　　2020 年 9 月以来，习近平总书记先后在联合国大会、气候雄心峰会等会议上，向世界作出了"二氧化碳排放力争在 2030 年前达峰，努力争取 2060 年前实现碳中和"的重大宣示，并宣布了提高中国国家自主贡献的一系列新目标、新举措。

党的十九届五中全会和中央经济工作会议，进一步对碳达峰、碳中和工作作出安排部署，对实现减污降碳协同效应提出了明确要求。新的碳达峰、碳中和目标愿景的提出，为生产生活体系全面向绿色低碳转型提供了新的契机。《中共中央关于制定国民经济和社会发展第十四个五年规划和二〇三五年远景目标的建议》提出："广泛形成绿色生产生活方式，碳排放达峰后稳中有降，生态环境根本好转，美丽中国建设目标基本实现。"为我们指出实现"双碳"目标的方法路径及目标任务，即通过形成绿色生产生活方式和碳达峰来推动生态环境质量根本好转和美丽中国建设目标基本实现。习近平总书记在中共中央政治局第二十九次集体学习时强调，"十四五"时期，我国生态文明建设进入了以降碳为重点战略方向、推动减污降碳协同增效、促进经济社会发展全面绿色转型、实现生态环境质量改善由量变到质变的关键时期。

2021 年 8 月 30 日，中央全面深化改革委员会第二十一次会议审议通过了《关于深入打好污染防治攻坚战的意见》。会议指出，"十四五"时期，我国生态文明建设进入以降碳为重点战略方向、推动减污降碳协同增效、促进经济社会发展全面绿色转型、实现生态环境质量改善由量变到质变的关键时期，污染防治触及的矛盾问题层次更深、领域更广，要求也更高。会议强调，要保持力度、延伸深度、拓宽广度，紧盯污染防治重点领域和关键环节，集中力量攻克老百姓身边的突出生态环境问题，强化多污染物协同控制和区域协同治理，统筹水资源、水环境、水生态治理，推进土壤污染防治，加强固体废物和新污染物治理，全面禁止进口"洋垃圾"，推动污染防治在重点区域、重要领域、关键指标上实现新突破。要从生态系统整体性出发，更加注重综合治理、系统治理、源头治理，加快构建减污降碳一体谋划、一体部署、一体推进、一体考核的制度机制。深入开展"无废城市"建设，是推动实现减污降碳协同增效的重要举措，是美丽中国建设目标的内在要求。《关于深入打好污染防治攻坚战的意见》提出，稳步推进"无废城市"建设。推广"无废城市"建设试点经验，建立健全制度、技术、市场、监管体系，推进城乡固体废物精细化管理和减污降碳协同治理。"十四五"期间推进 100 个左右地级及以上城市开展"无废城市"建设。

"无废城市"建设是以新发展理念为引领，推动形成绿色发展方式和生活方式，持续推进固体废物源头减量和资源化利用，最大限度地减少填埋量，将固体废物环境影响降至最低的城市发展模式。推进"无废城市"建设,对推动固体废物源头减量、资源化利用和无害化处理,促进城市绿色发展转型,有效缓解资源环境压力,发挥减污降碳协同效应具有重要意义。

9.1.2　我国推进"无废城市"建设面临的挑战

"无废城市"建设试点工作,是对我国先进固体废物管理理念的探索和实践。经过试点探索,目前已发挥了良好的示范带动作用,但在新形势下,要将实现减污降碳协同增效作为推进"无废城市"建设的总体目标要求,还面临不少挑战。

(1)城市固体废物管理与循环经济体系的融合统筹尚显不足。首先,从发展目标来看,"无废城市"与循环经济高度契合,二者能够起到相互促进的作用。但从实际情况来看,"无废城市"建设体系与循环经济体系统筹协调不足,例如,"无废城市"试点建设主要是由负责固体废物监管工作的生态环境部门推动,其他部门协同推进动力不足。在国家层面需要建立完善的体系来推进二者的共同发展,也需要依靠多个部门的协同参与。其次,受制于当前管理体制,"无废城市"试点建设更多关注各类固体废物产生后的处理处置,偏重后端治理,对前端减量化管理统筹能力不足,如开展生态设计、材料选取等。

(2)应对减污降碳等新形势的对策措施较为缺乏。固体废物资源循环对减污降碳贡献显著,以建材行业为例,利用炼铁过程中产生的高炉渣作为水泥掺合料,与传统水泥生产过程相比,每生产 1 吨水泥可节约 50% 的能源,减少 44% 的二氧化碳排放。但目前我国固体废物资源循环效率始终处于较低水平。2019 年,我国大宗工业固体废物综合利用率仅为 56%,其中近 70% 用于制备附加值不高的建材产品,约 11% 用于提取有价资源,生物质发电装机容量占电力总容量的比例不足1.4%。2019 年,我国初步核算的资源产出率仅为欧盟的 44%、日本的 32%,技术差距大概有 5~10 年。从宏观层面看,固体废物污染环境防治工作与"双碳"目标融合不足,没有建立起固体废物对碳减排贡献的核算方法体系,对我国"双碳"目标的达成贡献没有系统核算。

(3)固体废物管理法律法规和标准体系建设短板突出,关键制度缺失。固体废物"减量化、资源化"的法律基础是《清洁生产促进法》和《循环经济促进法》,由于这两部法是促进法,而非强制法,多为引导、促进的规定,减量化、资源化的强制力与约束性较弱。部分法规标准仍未出台,《固体废物污染环境防治法》规定的全过程污染环境防治责任制度、信息化监管制度、环境污染责任保险等缺乏相应的配套措施,地方性法规建设有待加强。部分法规标准名录亟待修订。《医疗废物管理条例》《废弃电器电子产品回收处理管理条例》《危险废物经营许可证管理办法》等行政法规,《生活垃圾填埋场污染控制标准》《危险废物贮存污染控制标准》等强制性标准都未及时调整更新。配套法规标准名录覆盖领域存在空白,固体废物综合利用标准体系缺失,建筑垃圾和厨余垃圾资源化利用产品标准体系不健全,绿色包装标准体系、可降解塑料制品认证方式等标准体系不完善。司法保障有待加强。据地方反映,环保司法与行政执法衔接不够,有的法律条款由于缺少相应的司法解释,难以执行。

(4)固体废物管理财政、用地、科技等保障措施有待加强。在财政方面,我国固体废物污染防治资金不足的问题较为突出,历史遗留大量尾矿、渣场、低值高风险固体废物,利用处置难度大、投资多、周期长、收益小,社会投资意愿不足。另外,我国财税政策也有待完善,有些地方因难以准确辨别综合利用产品性质,所以相关企业不能享受到税收政策优惠,相关税收优惠政策实施效果有待进一步提升,另外,再生资源回收企业税负过重,回收行业无法取得进项税抵扣发票等问题多年没有得到解决。在用地方面,部分地方政府编制国土空间规划和相关专项规划统筹不够,生活垃圾回收利用、建筑垃圾消纳、危险废物集中处置等设施和场所用地困难。科技支撑保障不足。在科技方面,我国固体废物综合利用技术水平和产业集中度较低,缺乏有市场竞争力的龙头企业。相关领域尚存在许多技术"瓶颈",精准治污、科学治污的科技支撑不足。传统制造业升级改造亟须的先进适用技术研发相对滞后,磷石膏等大宗工业固体废物综合利用缺少经济、可行、附加值高、可以利用规模化的技术。镁渣、电石渣等固体废物缺乏先进适用的无害化处理和资源化利用技术。此外,5G技术、人工智能、物联网等信息技术应用不足,固体废物管理精准化和智能化水平不高。

(5)政府、企业及公众对绿色发展理念认识不深入,行动有差距。一些地方政府对固体废物污染防治"减量化、资源化、无害化"原则的理解和把握不足,不够重视,存在"等靠"思想,主动思考不够,实践办法不多,节约资源和保护环境的空间格局、产业结构、生产方式、生活方式没有形成。有的地方和部门在工作中没有牢固树立节约集约循环利用的资源观,对全面促进资源节约集约利用,推进资源利用方式转变重视不足,绿色低碳循环发展的经济体系还未形成,"大量消耗、大量消费、大量废弃"的粗放型资源利用模式和固体废物产出模式尚未根本扭转。此外,公众环保意识还有待加强,奢侈浪费和不合理消费依然存在,节约适度、绿色低碳的生活方式和消费模式还没有形成。

9.2 深入推进"无废城市"建设

从"无废城市"试点走向"无废社会"是一项艰巨的事业,需要长期坚持不懈的努力。

(1)提升战略地位,建立"无废城市"建设长效机制。把建设"无废城市"提升到生态文明战略高度,发挥"无废城市"建设试点的示范带动作用,利用 15 年时间,分步骤推动全国所有地级城市开展"无废城市"建设。国家和省级相关部门进一步加强指导和支持,做好赋权、授权、放权工作,为地方开展探索创造条件。市级政府及相关部门将"无废城市"建设作为"一把手"工程,编制符合实际的高水准实施方案;成立工作专班,制定试点责任清单、任务清单和项目清单,将实施方案落实情况列入目标责任制考核,建立工作简报、专报、通报制度,有效推动工作。加大各级财政资金统筹整合力度,实施一批固体废物回收、处置补短板工程和资源化利用项目,提升区域固体废物风险防控能力和资源化利用水平。对试点成效显著、示范带动作用强的"无废城市""无废细胞"等进行授牌表彰,利用生态环境保护专项资金予以奖励。

(2)统筹减污降碳要求,完善"无废城市"建设评价指标体系。服务党中央关于碳达峰、碳中和的重大战略决策,将碳排放指标作为"无废城市"建设指标体系中的引领性、可量化指标,推动固体废物减量化、资源化和无害化过程中的协同降碳。研究推动把"无废城市"建设核心指标纳入"美丽中国"建设评估指标体系,作为生态文明建设重要战略指标,纳入经济社会发展评价和各级政府绩效考核体系。建立差异化的"无废城市"建设考核和绩效评价指标体系。综合考虑城市经济社会发展水平、产业结构、人口规模等因素,建立差异化的"无废城市"建设考核和绩效评估体系,作为评估城市固体废物管理水平和成效的综合性指标，跟踪"无废城市"建设发展趋势。

（3）深化制度创新，解决固体废物管理堵点、难点问题。因地制宜地开展"无废城市"建设，结合城市类型、经济发展阶段和固体废物管理工作基础等情况，在城市层面深化固体废物分级分类管理、生产者责任延伸、跨区域处置生态补偿等制度融合创新，提升综合管理效能，着力解决固体废物管理的堵点、难点问题。持续跟踪评估"无废城市"建设成效，强化"无废城市"建设经验总结，进一步深化、细化"无废城市"建设任务内容，不断提升固体废物综合治理法制化、现代化水平。建立部门责任清单，进一步明确各类固体废物产生、收集、贮存、运输、利用、处置等环节的部门职责边界。

（4）强化科技支撑能力，推动建立固体废物管理数字化、现代化治理模式。依托大数据和人工智能等信息技术，搭建集固体废物追踪溯源、全过程监控、任务监测考核、统筹优化管理等功能于一体的智慧化平台，打通各级政府的生态环境、住房和城乡建设、农业农村、卫生健康等多部门、多主体固体废物数据信息，形成"纵向到底，横向到边"的监管格局和服务模式，依法定期向社会发布固体废物的种类、产生量、处置能力、利用处置状况等信息。搭建固体废物产生、利用、处置单位之间的信息沟通平台，通过提供信息查询功能，提升固体废物资源化利用资源市场配置能力和效率。依托信息化技术，提升固体废物综合治理能力现代化水平，破解固体废物管理经验依赖模式，提升行政监管技术支撑保障能力，建立固体废物调查、鉴别、信息对接等对企业及公众的服务机制，降低固体废物社会管理综合成本。

（5）强化资金保障，加强投融资机制和商业模式探索。将"无废城市"建设财政资金需求列入城市部门预算保障，加快区域固体废物集中处置等基础设施和公共设施建设。鼓励有条件的省份设立专项资金支持"无废城市"建设。进一步探索与固体废物利用处置责任相匹配的资金保障机制，发挥国家开发银行等政策性银行和国家绿色发展基金的引导作用，利用市场机制支持"无废城市"建设，培育固体废物处理产业。进一步优化市场营商环境，鼓励民营、外资资本参与"无废城市"建设工作。

（6）以"无废城市细胞"建设为载体，推动固体废物法律法规深入人心。在机关、企事业单位、饭店、学校、商场、集贸市场、社区、快递网点（分拨中心）

等不同维度推进"无废城市细胞"建设，大力倡导"无废"理念，推动形成简约适度、绿色低碳、文明健康的生活方式和消费模式，不断提升固体废物源头减量和资源化利用。依法向公众开放"无废城市细胞"建设相关设施、场所，积极探索创新宣传方式，增强宣传实效，提高公众对固体废物污染环境防治的知晓度和参与度。

【本章作者：滕婧杰，侯琼，赵娜娜】

附 录

发达国家循环经济及可持续发展建设经验

1　欧盟循环经济建设经验

1.1　发展过程

　　欧盟长期以来一直关注可持续发展和绿色增长。1992 年欧洲共同体成员签署的《马斯特里赫特条约》第一百三十条确立了环境政策的基础。2007 年《欧洲联盟运作条约》规定了欧盟法律实施领域的立法权限和法律原则，第一百九十一条规定应保护和改善环境质量，确保审慎和合理利用自然资源。20 世纪 90 年代以来，欧盟以指令的形式制定了一整套环境立法，规定了成员国必须遵守的规则。例如，1994 年通过的关于包装和包装废物的指令（94/62/EC）确立了包装废物回收的目标。2008 年的欧盟《废弃物框架指令》（2008/98/EC）要求成员国在适当的情况下对废弃物进行分类收集，提出废物管理层次原则：基于预防、重复使用、循环利用、用于发电等其他目的的回收处置，并明确了"污染者付费"原则，引入生产者责任延伸制概念。

　　随着时间的推移，欧盟固体废物政策在管理层级上稳步上升，重点也转向可持续消费和生产以及资源效率。2011 年，欧洲委员会制定了《欧洲资源效率路线图》（*Roadmap to a Resource Efficient Europe*）[1]，作为欧洲 2020 战略资源效率重点计划的一部分，旨在通过资源高效和低碳经济支持向可持续增长的转变。2014 年，欧洲委员会发布了《迈向循环经济：欧洲无废计划》（*Towards a Circular Economy: A Zero Waste Programme for EUROPE*）[2]，该计划首次系统性提出循环经济要求，指出尽可能长时间地保持产品附加值，并消除浪费。

　　2015 年 12 月，欧洲委员会通过了循环经济行动计划（*Closing the loop - An EU Action Plan for the Circular Economy*）[3]，其中包括有助于促进欧洲向循环经济转型、提高全球竞争力、促进经济可持续增长和创造新就业机会的措施。该计划提出了生产、消费、废物管理、变废物为资源四大行动，以及针对塑料、厨余垃圾、重要原材料（包括稀土元素和镁、钨等贵金属）、建筑垃圾和生物质废物五大优先关注领域提出了相关具体措施。

2019 年 12 月，欧洲委员会第 2019/640 号决议通过了《欧洲绿色新政》(*The European Green Deal*)[4]，该新政提出了欧洲委员会应对气候和环境挑战的新承诺，旨在将欧盟转变为一个公平、繁荣的社会，以及富有竞争力的资源节约型现代化经济体，到 2050 年实现经济增长与资源消耗脱钩。2020 年 3 月，欧洲委员会通过了《新循环经济行动计划》(*A New Circular Economy Action Plan*)[5]，旨在加快欧洲绿色新政要求的转型变革，确保推行合理、符合可持续未来的规章制度，与经济参与者、消费者、公众和民间团体组织携手创造一个更清洁、更具竞争力的欧洲。该计划提出了三大核心任务：一是制定可持续产品政策框架，使可持续产品、服务和商业模式成为规范，转变消费模式，避免产生任何废弃物。二是优先系统构建关键产品价值链。三是强化废物源头防控和高值利用，完善废弃物源头减量和循环利用的支持政策，减少产品中有毒有害物质使用，构建欧盟范围内可持续运行的再生原料市场。计划聚焦资源消耗大且具有资源循环潜力的七大关键产品：电子和信息技术产品、电池和汽车、包装、塑料、纺织品、建筑材料以及食品等。欧洲委员会还通过《欧洲新工业战略》《欧洲新中小企业战略》《为欧洲企业和消费者提供服务的单一市场》等一系列文件，与《新循环经济行动计划》相结合，这将有助于推动实现欧盟经济现代化，并从循环经济转型中获益。

1.2 建设目标

欧盟"无废"计划的总体目标是通过产品、物质和资源的价值在经济中维持的时间最大化、废物的产生最小化，将欧盟打造成可持续、低碳、资源高效且具竞争力的经济体。2016 年欧洲环境局 (European Environment Agency，EEA) 出版的《欧洲循环经济：构建知识库》中给出了用于监测欧洲循环经济的指标体系，包括原料供给、生态设计、生产、消费和废物循环 5 个方面的具体统计指标。

欧盟各国根据物质流分析，在不同阶段设立了不同管理目标。例如，在 2014 年 7 月 2 日，欧洲委员会正式通过的欧盟循环经济发展战略决定中，明确了废弃物管理目标：到 2030 年，城市垃圾回收再利用率达 70%，包装材料废弃物回收再利用率达 80%，资源产出率提高 30%；到 2025 年，禁止填埋可回收再利用的塑料、金属、玻璃、纸制品和生物可降解废弃物；到 2030 年，成员国应努力实现现有的垃圾填埋场清除。

在管理实践中，欧盟统计局（Eurostat）在 2001 年正式出版了物质流账户导则，提出了物质流统计分析的标准框架，包括直接物质投入（Direct Material Input，DMI）、国内物质消费（Domestic Material Consumption，DMC）、原始资源等价消费（Raw Material Consumption，RMC）等。欧盟统计局对各国循环经济主要物质流和经济性指标进行调查统计（表 1），用于评估欧盟循环经济发展情况。调查统计指标分为 4 个层次、24 项具体指标，相关指标基本覆盖了欧盟各国城市生活、工业农业生产、经济发展等各个领域循环经济的具体工作内容。

表 1 欧盟循环经济主要调查统计指标情况

指标名称			指标值		统计年度	
			欧盟	德国	欧盟	德国
产生与消耗		欧盟原料自给率/%	36.4	N/A	[2016]	—
		绿色公共采购	N/A	N/A	—	—
	废物产生量/千克	城市垃圾人均产生量	476	625	[2015]	[2015]
		不包括大宗矿业废物的废物产生量（每 GDP 单位）	66	56	[2014]	[2014]
		不包括大宗矿业废物的废物产生量（每国内原料消耗量）	12.9	11.3	[2014]	[2014]
		食品废物/10^6 吨	76	N/A	[2014]	—
废物管理	循环利用率	生活垃圾回收率/%	45	66.1	[2015]	[2015]
		不包括大宗矿业废物的所有废物循环利用率/%	55	53	[2014]	[2014]
	具体类别废物流的循环利用率/回收率	包装废物的循环利用率/%	65.4	69.3	[2015]	[2015]
		塑料包装的循环利用率/%	39.8	48.8	[2015]	[2015]
		木质包装的循环利用率/%	39.3	25.8	[2015]	[2015]
		电子废物的循环利用率/%	32.2	36.9	[2014]	[2014]
		生物废物的循环利用率/（千克/人）	78	114	[2015]	[2015]
		建筑和拆除垃圾的回收率/%	88	94	[2014]	[2012]

指标名称			指标值		统计年度	
			欧盟	德国	欧盟	德国
二次原料	二次原料与原料需求比值	资源产出率/%	12.4	N/A	[2016]	—
		二次原料使用率/%	11.4	10.7	[2014]	[2014]
	可回收原料贸易/吨	从非欧盟国家的进口量	5 484 505	1 273 769	[2016]	[2016]
		到非欧盟国家的出口量	34 801 638	3 121 566	[2016]	[2016]
		从欧盟国家的进口量	N/A	9 592 431	—	[2016]
		到欧盟国家的出口量	N/A	11 542 211	—	[2016]
竞争力和创新力	循环经济相关的私人投资、就业和增加值总额	有形商品总投资（按当前价格计算的国内生产总值占比）/%	0.12	0.09	[2015]	[2015]
		就业总人数占比/%	1.71	1.43	[2014]	[2015]
		按当前价格计算的国内生产总值占比/%	1	0.94	[2014]	[2015]
	循环利用和二次原料相关的专利数量/件		363.78	92.65	[2013]	[2013]

1.3　主要做法及成效

1.3.1　主要做法

一是提出循环经济具体行动措施。相比于 2015 年发布的循环经济行动计划，新循环经济行动计划体现了从局部示范向主流规模化应用的转变，进一步从废物末端治理转向产品前端设计，从废塑料、厨余垃圾、重要原材料、建筑垃圾、生物质废物 5 大优先领域到电子和信息技术产品、电池和汽车、包装、塑料、纺织品、建筑材料、食品 7 大关键产品。截至 2018 年年底，欧盟循环经济行动计划下的 54 项行动现已完成或正在实施。2016 年发布《生态设计工作计划（2016—2019）》（*Eco-design Working Plan* 2016—2019）。修订后固体废物立法框架于 2018 年 7 月生效，该框架提出 2030 年包装废物回收利用率达到 70%；2035 年生活垃圾回收利用率达到 65%，生活垃圾填埋率降低到 10%。2018 年发布的欧盟循环经济塑料战略，是第一个欧盟范围内的政策框架采用特定材料生命周期方法将循环设计、使用、再使用和回收活动整合到塑料价值链中的战略。

二是建立循环经济监测指标体系。欧盟建立了循环经济监测指标体系（A monitoring framework for the circular economy）[6]，对欧盟范围及各国循环经济主要物质流和经济性指标进行调查统计，用于评估欧盟循环经济发展情况。该指标体系包括生产与消费、废物管理、再生原料、竞争与创新 4 大领域共 10 项指标，重点体现了主要废弃物产生情况、循环利用情况和对市场、创新的贡献。2020 年新循环经济行动计划发布后，该指标体系将进行更新，纳入反映新行动计划中重点领域的相关新指标。同时欧盟将进一步研究资源利用相关指标，包括用于反映不同生产和消费模式的材料消耗和资源影响的消费和物质足迹指标，以达到监测和评估经济增长与资源利用脱钩的进展及其在欧盟内外的影响。

三是充分调动各利益相关方参与。欧盟在推进循环经济转型过程中，充分重视引导资金流向更可持续的生产和消费模式。首先发挥金融导向作用。欧盟通过地平线 2020 计划、凝聚政策基金、欧洲区域发展基金等多种资金来源支持循环经济模式创新和示范，2016—2020 年为循环经济转型提供的公共资金总额超过 100亿欧元。欧盟还充分应用金融工具，如中小企业担保等，调动市场资本支持循环经济。通过建立循环经济金融支持平台，为相关参与方提供循环经济措施、能力建设和金融风险管理方面的指导。其次要重视赋予消费者权利。欧盟利用能效标识、生态标识等绿色标签制度使消费者能够获取准确有效的信息，激励企业提供维修和再利用服务，强化产品维修和升级，实现物尽其用。最后应用数字化推动转型。近年来，欧盟愈加重视人工智能和数字化技术，例如，用于追溯产品、零件和材料的行程，优化能源和资源使用，支撑循环经济商业模式和消费选择。

1.3.2　取得成效

欧盟建立了循环经济监测指标体系（A monitoring framework for the circular economy）来反映循环经济建设在环境管理、资源节约方面取得的成效[7, 8]。一是欧洲固体废物产生强度持续下降。单位国内生产总值废物产生量（不包括主要矿物废物）由 2004 年的 78 千克/千欧元下降到 2016 年的 65 千克/千欧元。2018 年生活垃圾产生量为 489 千克/人，相比于 2008 年降低了 6.1%。二是生活垃圾、包装废物、电子废物、生物质废物等重点领域循环利用率呈上升态势。生活垃圾循环利用率 2010—2017 年不断提高，2017 年达到 47%。三是再生原料占全部材料需求的比例持续增长，由 2007 年的 9.3%上升到 2017 年的 11.7%。基于该指标体系的数据支撑，欧盟通过物质流方法，统筹掌握欧盟范围内资源的输入、使用、循环和输出情况。2017 年欧盟资源输入总量 70.1 亿吨，总循环量 9.3 亿吨，资源循环率为 13.3%，相比于 2010 年的 13%有所上升。通过循环经济转型，欧盟内外部产生了新的商业模式并开辟了新的市场。2016 年，维修、再使用或回收利用等循环经济活动产生了近 1 470 亿欧元的增加值。同时，循环经济转型帮助欧盟重新创造就业机会，2016 年循环经济相关行业雇用了 400 多万名员工，比 2012 年增加了 6%。未来几年会继续创造新的就业机会，以满足再生原料市场全面运作所带来的新的需求。

2　日本循环型社会建设经验

2.1　发展过程

　　2000 年，日本颁布实施了《循环型社会形成推动基本法》，把构建循环型社会上升为基本国策，因此被称为日本"循环型社会元年"[9, 10]。事实上，在《循环型社会形成推动基本法》出台之前，日本循环型社会建设已经经历了一个较长时间的探索阶段。有学者认为日本的循环型社会的建设经历了 3 个阶段：公共卫生的维护及改善阶段（1954—1960 年）、环境保护治理阶段（1960—2000 年）、循环型社会建设阶段（2000 年至今）[11]。本书通过梳理日本废弃物管理相关法律制定情况和实施效果，将日本循环型社会建设的历程划分为 4 个阶段，分别为废弃物末端处置阶段（1954—1970 年）、垃圾分类阶段（1970—1990 年）、资源回收利用阶段（1990—2000 年）和循环型社会构建阶段（2000 年至今）[12]。

2.2　建设目标

日本将循环利用率、最终处置量（专指填埋量）与资源产出率一并作为循环型社会的统领性和约束性目标，并在资源输入、循环、废物排放、其他 4 个方面分别设置了一系列定性和定量的物质流指标和努力指标。在资源输入环节，设置了人均资源消费、城市垃圾减少量、每户每天废物产生量、耐用消费品平均使用年限等努力指标，其中城市垃圾减少量作为落实最终处置量目标的核心支撑性指标，被设定为约束性指标。日本第四次循环型社会推进计划总体目标是到 2025 年资源产出率达到 49 万元/吨，资源循环利用率达到 18%，废弃物循环利用率达到 47%，最终处置量减少到 1 300 万吨（表 2）。

表 2　日本历次循环型社会推进计划总体目标设定情况

指标	2000 年（基准年）	2010 年（第一次）	2015 年（第二次）	2020 年（第三次）	2025 年（第四次）
资源产出率/（万元/吨）	25	39	42	46	49
资源循环利用率/%	10	14	14~15	17	18
废弃物循环利用率/%	36	—	44	45	47
最终处置量/10^6 吨	56	28	23	17	13

2.3　主要做法及成效

2.3.1　主要做法

日本自 2003 年起实施《建设循环经济社会基本规划》，每 5 年为一个阶段，目前处于第三阶段（2013—2020 年）。第三阶段的主要任务是进一步遏制废物产生和循环利用来减少废物的土地填埋处理量；提高回收质量；进一步减少自然资源的利用和环境负担，通过回收金属，使用可再生资源和生物质作为能源来保障资源供应，保证安全等。该阶段提出的目标为，到 2020 年，资源生产率 46 万日元/吨（约27 000元人民币/吨，比2000年增加约80%），循环利用率达到17%（比2000年增加约70%），最终处置量1 700万吨（包括1 275万吨工业废物，比2000年减少约70%）。日本设计了三类指标体系，以衡量社会循环度，包括资源生产效率、循环利用率以及最终处置量。

为了落实2050年的碳中和目标，《绿色增长战略》针对包括海上风电、燃料电池、氢能等在内的14个重点领域制定了具体的发展目标，明确了重点领域当前面临的挑战和未来的行动，并制定了涵盖预算、税收、监管改革和标准化、国际合作等领域综合政策的行动计划。根据模型初步计算，这一战略将在2030年和2050年分别产生约90万亿日元和190万亿日元的积极经济影响。

2.3.2 取得成效

通过制定长期战略和定期评估机制，日本循环型社会建设取得显著成效。

从物质流看，2016年和2000年相比，资源投入到最终处理的流动大幅减少，资源循环的流动正在增加，天然资源等投入量从2000年的1 921万吨下降到2016年的1 319万吨，降幅达45.6%。同期的资源循环利用量增加27万吨，增幅达12.6%。2016年的资源产出率约为39.7万日元/吨，与2000年相比上升了约64%。

从一般废弃物的处理情况看，2017年度的废弃物总产生量为4 289万吨，人均每日产生量为920克。其中，通过焚烧、破碎、分选等过程资源化总量为868万吨，资源化率达到20.2%，最终处理量为386万吨，占总排放量的8.9%。相比于2000年废物总产生量（5 483万吨），减少了近1 200万吨。2000年以后，人均每日废物产生量同样呈下降趋势，在2008年就已降至每天1千克以下。

3 新加坡可持续发展经验

3.1 建设背景

新加坡在《新加坡可持续蓝图2015》（*Sustainable Singapore Blueprint* 2015）[13]中提出了建设"无废"国家的愿景和目标——通过减量、再利用和再循环，努力实现食物和原料无浪费，并尽可能将其再利用和回收，给所有材料第二次生命，使新加坡成为一个"无废"国家。政府、社区和企业将一起落实基础设施和项目，使这种生活方式成为可能。保持新加坡的清洁健康，节约宝贵资源，腾出本来用于填埋的土地，为子孙后代享用。

3.2　建设目标

新加坡"无废"国家愿景是在"新加坡可持续发展蓝图"框架下提出的，其目标是将新加坡建设成为"适宜居住和可持续发展"的地方。在此愿景下，新加坡建立了以回收率为核心的量化目标指标体系，并对废物产生量、回收量、处理量进行了全面统计。在 2015 版发展蓝图中提出，到 2030 年，新加坡的废物回收率达到 70%，生活垃圾回收率达到 30%，非生活垃圾回收率达到 81%。

3.3　主要做法及成效

3.3.1　主要做法

"愿景"运动。新加坡环境理事会（SEC）发起重塑新加坡人的价值观，重新定义环境愿景的运动。从 2014 年 2 月到 4 月，SEC 共举行了 19 次对话，约 440 名参与者分享了他们对新加坡环境未来的想法。人们已经认识到：新加坡清洁、绿色和安全的环境是来之不易的。此次运动形成的集体价值观和环境愿景，从家庭、城市和社区的角度，编入了 2015 年"新加坡可持续发展蓝图"。在一年时间里，有 6 000 人通过谈话、调查和门户网站参与了"新加坡可持续发展蓝图"。

建设"生态智能"宜人城镇。新加坡采取多项措施让居民在家中节约能源和用水，使绿色生活方式成为大众习惯；通过应用集中式管道垃圾回收系统，在保持环境清洁的同时，分离可回收物品。引入新设计和新技术的新一代高度宜居住宅小区；通过"再创家园"、绿色家园计划等项目，重振房地产业，保持可持续发展性；通过"绿色建筑标志"项目，在更广泛的设施和空间中，推广环境可持续性；在城市环境中提供绿色植物，保护自然资源，实现"花园中的城市"；实施更多的"ABC 水域"项目，建造更多的蓝色休闲空间；在社区中，加强居住公共空间；为居民提供节约用水和能源，以及减量、再利用和再循环的生活方式。

"减少用车"。新加坡拥有密集的轨道网络和四通八达的公共汽车系统，方便居民在城市中出行。在社区和部分区域，骑自行车和步行将成为主流出行方式。在新加坡部分地区，将试运行共享电动汽车和无人驾驶汽车。通过共同的努力，新加坡公共交通在高峰时段的占比将从 2013 年的 64%提升到 2030 年的 75%。在城镇引入创新型和创造性的设计，以提供一个更好的骑车和步行环境：到 2030 年覆盖 700 千米，建立一个综合性自行车网络，配套基础设施和使用守则，以保障骑车安全性；在住宅小区和城市中创造更多的无车空间；在新加坡大规模引入无人驾驶汽车；试点电动汽车共享计划，居民无须购买，就可方便使用汽车。

成为"无废"国家。新加坡通过减量、再利用和再循环各种原材料，达到成为"无废"国家的目标。政府、社区和企业联合起来，建立基础设施和制订规划，并成为人们的生活方式。

新加坡在所有新建的高层建筑中引入集中式管道垃圾回收系统，并优化基础设施来促进居住区的垃圾回收；在城镇高层建筑中，推广引入气动垃圾运输系统，实现废弃物安全卫生处置；建造分离可回收垃圾的综合废物管理设施；采取多种措施减少食品和饮料业的食物浪费，并加强电器和电子废物的回收利用。

领先的绿色经济。新加坡创建生活实验室以测试改善生活和环境友好的想法。其目标是提高太阳能使用率，到 2030 年，获得"绿色建筑标志"的建筑物，从现在的 25%提高到 80%。为生活实验室培养创造和创新力，引入新的创新区，如洁净科技园区、南洋理工大学、未来工业园区；计划到 2020 年把太阳能使用量提高到 350 兆瓦。为此，利用"太阳能新星"计划来实现目标；测试更多的绿色创新项目，包括"新加坡可再生能源融合示范"；开发"绿色创新建筑群"，提高绿色建筑数量；提供更多绿色、高质量的工作岗位；鼓励新加坡公司采用一流的可持续发展技术。

建立积极友善的社区。"可持续发展蓝图"鼓励新加坡居民成为保护环境的模范，参与建设社区，建设更加友善的社会。对于居民、企业和政府来说，关心共同的空间和环境，从保护资源的长远角度出发，可持续发展应倡导可持续的生活方式，蓝图中要求建立环境友善的社区，以设计和项目方式为社区提供更多的公共空间；让公众参与区块链项目，以敏锐和明智的方式共同提升自然环境，积累经验并尝试新的可持续技术；与企业合作改造轨道交通系统，使休闲娱乐绿地顺畅连接；创造更多无垃圾示范点，作为"新加坡清洁行动"的一部分；鼓励更多企业关注环境并参与环境计划；通过"公共部门率先实施环境可持续性"2.0 倡议，实现环境可持续发展。

3.3.2　取得成效

自"无废"国家愿景提出以来，新加坡"无废"国家建设取得积极进展[14]。

在减量化方面，从 2014 年到 2016 年，新加坡的废物产生量从 751 万吨增加到 781 万吨，增加了 3.99%，年均增长率为 1.97%。而从 2000 年到 2014 年，废物产生量从 465 万吨增加到 751 万吨，年均增长率为 3.23%。年均增长率的明显降低体现出新加坡在废物减量化方面的成就。

在回收利用方面，2014 年到 2016 年，废物综合回收率从 60% 上升到 61%，生活垃圾回收率从 19% 上升到 21%，非生活垃圾回收率从 76% 上升到 77%，垃圾回收量从 447 万吨增加到 477 万吨，增加了 6.71%。

横向比较来看，2014 年到 2016 年，新加坡废物产生量增加了 3.99%，废物处理量增加了 0.33%，废物回收量却增加了 6.71%。废物回收量的增长率远远大于废物处理量增长率，并明显领先于废物产生量增长率，说明新加坡政府推动废物循环利用的政策取得积极成果。

参考文献

[1] European Commission. Roadmap to a Resource Efficient Europe[R]. COM（2011）0571. Brussels：2011.

[2] European Commission. Towards a Circular Economy：A Zero Waste Programme for Europe [R]. COM（2014）398. Brussels：2014.

[3] European Commission. Closing the loop - An EU Action Plan for the Circular Economy[R]. COM（2015）614 final. Brussels：2015.

[4] European Commission. The European Green Deal[R]. COM（2019）640 final. Brussels：2019.

[5]　European Commission. A New Circular Economy Action Plan For a Cleaner and more Competitive Europe [R]. COM（2020）98 final. Brussels：2020.

[6]　European Commission. A Monitoring Framework for the Circular Economy[R]. COM（2018）29 final. Brussels：2018.

[7]　滕婧杰，赵娜娜，于丽娜，等. 欧盟循环经济发展经验及对我国固体废物管理的启示[J]. 环境与可持续发展，2021，46（2）：120-126.

[8]　滕婧杰，胡楠，臧文超. 欧盟"零废弃"战略实施情况及其启示[J]. 世界环境，2020（3）：37-39.

[9]　邓姗姗. 日本循环经济的政策措施及其对中国的启示[D]. 北京：对外经济贸易大学，2008.

[10]　国家环境保护总局赴日考察团. 从理念到行动：日本建设循环型社会的主要做法[J]. 环境保护，2005（9）：68-72.

[11]　李沛生. 日本循环型社会的现状与展望[J]. 再生资源与循环经济，2008，1（3）：14-18.

[12]　王永明，任中山，桑宇，等. 日本循环型社会建设的历程、成效及启示[J]. 环境与可持续发展，2021，46（4）：128-135.

[13]　Ministry of the Environment and Water Resources and Ministry of National Development，Singapore. Sustainable Singapore Blueprint 2015[R]. 2014.

[14]　于丽娜，郭琳琳，黄艳丽，等. 新加坡可持续发展经验[J]. 世界环境，2018（6）：83-85.

【本章作者：赵娜娜，王永明，滕婧杰】